编 委 会

主　　编　张光弟　俞晓艳　徐庆林

副 主 编　郭淑兰　李金柱

编写人员　张光弟　俞晓艳　徐庆林　宋丽华

　　　　　崔玉琴　郭淑兰　李金柱

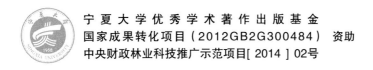

宁夏大学优秀学术著作出版基金
国家成果转化项目（2012GB2G300484）资助
中央财政林业科技推广示范项目[2014] 02号

宁夏彩叶植物景观应用研究

Application Study of Color Plants on Garden Landscape in Ningxia

张光弟　俞晓艳　郭淑兰　李金柱　著

黄河出版传媒集团
阳光出版社

图书在版编目（ＣＩＰ）数据

宁夏彩叶植物景观应用研究 / 张光弟等著. -- 银川：
阳光出版社，2014.12
　　ISBN 978-7-5525-1664-7

　　Ⅰ．①宁… Ⅱ．①张… Ⅲ．①观叶树木—观赏园艺
Ⅳ．①S687

中国版本图书馆CIP数据核字（2015）第003860号

宁夏彩叶植物景观应用研究　　张光弟　俞晓艳　郭淑兰　李金柱　著

责任编辑　王　燕
特邀编辑　门军华
封面设计　石　磊
责任印制　岳建宁

黄河出版传媒集团
阳 光 出 版 社　　出版发行

地　　址　银川市北京东路139号出版大厦 （750001）
网　　址　http://www.yrpubm.com
网上书店　http://www.hh-book.com
电子信箱　yangguang@yrpubm.com
邮购电话　0951-5014124
经　　销　全国新华书店
印刷装订　宁夏精捷彩色印务有限公司
印刷委托书号　（宁)0017435
开　　本　720mm×980mm　1/16
印　　张　20.75
字　　数　320千字
版　　次　2015年8月第1版
印　　次　2015年8月第1次印刷
书　　号　ISBN 978-7-5525-1664-7/S·125
定　　价　68.00元

前言

　　进入 21 世纪，地处西北内陆冷凉干旱区的银川市已把生态建设作为全面建设小康社会的一项重要内容。全面提升城市功能和品位，坚持以人为本、生态优先、实现可持续发展为城市建设的出发点和落脚点，争创"国家生态园林城市"和"联合国人居环境奖"为目标，银川人竭力在自然条件恶劣、人口密集、喧嚣、污染侵染的"钢筋水泥丛林"里，用"有生命的基础建设设施"构筑恬静、幽深、典雅、祥和、美丽、朱雀翔舞的塞上江南——大银川。

　　城市建设步伐的加快，已使银川现有的园林绿化树种远远不能满足园林规划设计和工程建设的需要，急需引种大量的适于银川市气候及地理环境条件的园林植物品种。彩叶植物是园林植物的重要组成部分，它能弥补一般绿色叶植物的不足，特别是观叶、观果型树种的引种，通过群植、列植、丛植或孤植方式可以极大地丰富城市的四季景观。在园林植物配置中，彩叶植物可以丰富构图，调整色彩、形成绚丽的图案和不同的季相效果，已渐成为城市绿化美化中的新宠，发展前景广阔。

　　20 世纪 90 年代，在国内人们才逐渐关注到彩叶植物的应用,特别是近年来在北京、上海等地开始从美国、加拿大、新西兰等地大量引种彩叶植物,特别易于繁殖和推广的灌木品种。在北京、上海、深圳等城市的主要街道已大量种植彩叶植物,尤其是其与绿色叶基础植物材料相互搭配,构成美丽的镶边等图案,达到一般常绿植物无法比拟的效果。其中观果型彩叶植物更具特色,其红叶绿果、红果或黄果可作为景观布局中心和视觉焦点,让游人留恋往返。目前,我国对园林彩叶、观果彩叶植物的研究尚处于初始阶段,对于其种质资源、生态学特性、园林景观配置的最佳效果及规律的评价研究较少、应用不多,书中阐述的内容有作者始于1988年开始的果树矮化砧的研究内容,因这些植物的良好观赏效果,拓展了它们使用范围,受到景观栽培者欢迎,本书的出版将为彩叶植物在西北干旱冷凉区城市景观美化应用中贡献了一份力量。

本书的出版得益于宁夏大学优秀学术著作出版基金、宁夏大学自然科学基金、宁夏回族自治区科学技术厅、银川市科技局的相关项目支持,尤其与国家科技成果转化项目(2012GB2G300484)、中央财政林业科技推广示范资金(201402)的支持密不可分。

本书参编人员郭淑兰完成概述与第四章节的编写,李金柱完成第二章节与第六章节编写。十分感谢书中引用文献学者的研究卓识,为该书的系统阐述奠定了坚实基础。感谢前后参与部分工作的同志,包括冯晓容、李志鹏、李时凯、时杰、王平、吴文忠、陈建平、胡兵、马海瑞、马晓彦、王晶、张雪红、李玉静、杨冰、赵建玉、陈海瑞、田增仙、刘晓琴、沙戈、李志国、李源、张高祥、张璇、何鹏、张永健等。因作者水平有限,加之新的研究手段与技术、成果不断涌现,书中不足之处殷盼指正。

CONTENTS 目 录

第一章　概　述

第一节　彩叶植物引种的背景和意义

一、背景

党的十八大报告首次将"推进城镇化"纳入实现国家现代化的重要部署,并把"生态文明建设"提升到国家建设和发展总布局的高度,意味着中国将由过去的"四位一体"转变为经济建设、政治建设、文化建设、社会建设、生态建设"五位一体"。社会主义工业、农业、国防、科学技术现代化的"四化"奋斗目标改为新型工业化、信息化、城镇化及农业现代化的"新四化目标"。截至 2012 年,我国的城市化率为52.6%,要使城市化率达到或超过 70%,预计需要 10 到 20 年的时间。在 2013 年,全国已有 15 个省(区、市)开展了生态省建设,其中,13个省制定了生态省建设规划纲要,1000 多个县(市、区)开展了生态县建设。环境保护模范城市、环境优美乡村、环境保护友好企业、绿色社区等创建活动正在全面铺开。在 2013 年 9 月国务院发布的《大气污染防治行动计划》中指出,"经过 5 年的努力,重污染天气大幅减少,全国空气质量总体改善,大力推进城市及周边绿化和防风防沙林建设,扩大城市建成区绿地规模"。

据不完全统计,至 2003 年底,全国提出建设生态城市或花园城市、园林城市、森林城市、山水城市、循环经济城市等生态型城市已有135 个。2006 年 10 月在有近百名全国市长出席的全国城市森林论坛会上提出了:"让森林走进城市,让城市拥抱森林"的宣言,标志着城市林业建设已进入了新的发展阶段。如名列国家森林城市第三位,森林覆盖率达到 53.6% 的长沙市在《长沙市城市林业生态圈专项规划》(2003~2020)中,提出城市绿化建设的指导思想是:"以改善生态环境质量为目标,体现可持续发展战略思想,营造人与自然和谐共处的生态环境,形成以森林生态系统为主体的城市生态环境体系"。建设的主要项目包括:环城林带、生态隔离带、绿色通道、江河风光带、森林公园、生物多样性保护区和城郊生态公益林及城市街道、社区园林建设等,由此构成一个完整的森林生态系统。武汉市也相应提出"建设城市森林,构建和谐武汉"的计划。处于内陆城市的银川市在 2008年创建国家园林城市后又提出创建"生态园林城市"的目标。

植物是园林景观构成要素之一,也是规划设计应用最广泛、不可或缺的基础材料。植物造景已成为园林景观设计的主流,城市发展彩叶树种的目标不仅作为城市基础绿化种植、花径、彩篱、行道树等配置,而且还要为实现大园林、大景观及为生态圈和城市林业建设提供素材。无论是在庭院、公园、街道,还是风景区,彩叶植物都可以极大地丰富色彩构图,形成大面积的群体景观、令人赏心悦目的画面,表现出园林的季相美而备受人们欢迎。

受生态条件的限制,绿化中可应用的植物材料较少,选育生产干、枝、花、叶、姿奇特的品种,抗旱、节水、少病虫害、抗污染的具有环保内涵的乡土植物,耐寒、耐热、抗盐碱等抗逆性强,有防护效果,能在立地条件较差的地区种植,以及面向特殊绿化空间的生长缓慢、低维护成本的树种,满足城市绿化为新农村建设需要,兼具生态效果的经济林树种,达到绿化、美化、彩化并举的效果,是园林绿化工作者面临的一个重要课题。

二、意义

银川市地形分为山地和平原两大部分。西部、南部较高,北部、东部较低,略呈西南-东北方向倾斜。地貌自西向东分为贺兰山洪积扇前倾斜平原、洪积冲积平原、冲积湖沼平原、河谷平原、河漫滩地6个部分。海拔1010~1150m,地面坡度为2%左右。土壤类型分为9大类28个亚类48个土属及500多个土种或变种。贺兰山至西干渠之间主要为山地灰钙土、草甸土和灰褐土,东部冲积平原主要为长期引黄灌溉淤积和耕作交替而形成的灌淤土,局部低洼地区有湖土和盐土分布。地表水水源较充足,水质良好,黄河流经银川南北贯穿。银川属典型的中温带大陆性气候,年平均气温9.7℃,极端最高气温35.7℃,极端最低气温为-19.3℃,年平均日照时数2800~3000h,是全国太阳辐射和日照时数最多的地区之一。年平均降水量203mm,无霜期185d左右。气候主要特点为冬寒长、春暖快、夏热短、秋凉早,干旱少雨,日照充足,蒸发强烈,昼夜温差大等。

银川市是宁夏回族自治区首府,是自治区政治、经济、文化、科技、信息中心,自古就有"塞上江南,鱼米之乡"的美称。进入21世纪,地处西北内陆干旱带的银川市把生态建设作为全面建设小康社会的一项重要内容。以全面提升城市功能和品位,坚持以人为本、生态优先,实现可持续发展为城市建设的出发点和落脚点,以争创"国家园林城市"和"联合国人居环境奖"为目标,以"绿、水、路"建设为重点。2000年,银川市委、政府把创建国家园林城市工作作为改善城市生态环境的手段和突破口列入重要议事日程,用创建国家园林城市的举措带动城市建设上台阶。2006年银川市委、政府提出建设西北地区"最适宜居住、最适宜创业"的现代化区域中心城市目标,并在全市大力实施园林绿化、环境综合整治、道路交通治理"三大战役",改善城市环境,提升城市形象。2007年又确定实施规划提升、城乡增绿、特色街区改造、城市重心西移、塞上江南新貌、节能环保、道路畅通、公交优先和市容美化"九大工程"。全市城市建设都以园林绿化为重点,使得园林绿化、美化工作在近5年时间里实现了跳跃式发展。

从银川实际出发,城市园林绿化确立了"城在园中、园在城中,城在湖中、湖在城中,城在林中、林在城中"的建设思路,"城乡一体、社会联动、建管并举、质量俱佳"的指导方针,"增乔扩灌、地被多样、乡土适生、水陆兼顾、因地制宜、合理密植、以人为本、自然和谐"的指导原则,以"塞上湖城、沙间绿洲"为特色定位,以"简约质朴、粗犷清新"为风格定位,以"规划见绿、特色造绿、全民育绿、科技兴绿、依法治绿"为建设方略,促使银川市的园林绿化发展更理性、更科学、更快速,渐渐形成了以乡土植物为主,彩叶植物为辅,大色块、大片林、大绿量的绿化特色绿化指标大幅度增长,并于2007年被国家住建部评为"国家级园林城市"、2010年被全国绿化委员会授予"全国绿化模范城市"称号。2013年底,全市城市(三区)建成区绿地总量、园林绿化覆盖面积和公园绿地面积将分别达到6102.1hm²、6102.1hm²和2033.41hm²,绿化覆盖率、绿地率、人均公园绿地面积三项指标将分别达到43.55%、43.55%和14.77m²/人,稳居西北五省省会城市前列。

城市建设步伐的加快,使得银川市园林绿化植物栽植不再停留于杨、柳、榆、槐等种类与品种上,通过挖掘乡土树种,引种驯化彩叶植物,金枝红瑞木、金脉连翘、金山绣线菊、金焰绣线菊、金红久忍冬、红心紫叶李、紫叶矮樱、紫叶稠李、金叶接骨木、金叶白蜡,以及红花多枝柽柳、欧美海棠(红丽、绚丽、kelsey、火焰、王族等)、红叶乐园(B₉)、景观奈(N₂₉)等品种,分别栽培于城市主要街道绿化景观中。彩叶树种通过露地景观配置、群植、列植、丛植或孤植方式形成绚丽的图案和鲜明的季相效果,丰富城市的四季景观,已成为城市绿化中的新宠,发挥着长期的生态及社会效益,对形成新的园林景观框架材料具有重要的意义,充分体现了"塞上江南、花果飘香"的西北地域特色,并辐射内蒙等周边地区。彩叶植物的应用范围的不断扩大,带动省内外种苗生产公司纷纷引种栽培,所产生的相关效益,影响所及,广泛深刻。彩叶乔灌植物应用对西北地区创建"生态健全城市"、"宜居城市",建立人文、生态、景观相协调的人工植物群落,具有重要意义。

第二节 国内外彩叶植物发展状况

一、国外彩叶植物发展状况

英国造园家克劳斯顿曾精辟地指出:"园林设计归根结底是对植物材料的设计,其目的就是改善人类的生态环境,其他的内容只能在一个有植物的环境中发挥作用。"在植物造景中,显然园林植物尤其是园林树木(灌木、乔木)是构成园林景观的主要材料。

早在 100 多年前,就有欧洲的园艺公司从中国等国家收集原始的植物资源并开展研究工作。有资料统计,北美、加拿大等国家彩叶植物栽培占树木栽培总量的 50%~60%,可以用色彩斑斓来形容其园林景观特征。在英国城市园林景观中,常见的种类就有北美黄栌、北美枫香、北美梓树、连香树、槭树等。美国明尼苏达大学的糖槭林,每到秋季,红黄相间,景色诱人。加拿大的国树糖槭也是著名的秋色叶树种,每年该国都要举办盛大的"槭树节"。国外的园林彩叶植物种类、品种较为丰富,多达近千个,其原因在于他们很早就重视园林植物品种的收集、选育工作。

二、国内彩叶植物发展及引种驯化工作

1. 园林彩叶植物应用状况

国内园林彩叶植物的应用,其中红叶类的有红枫、红叶李、红叶小檗、三角枫、五角枫、红花檵木、紫叶锦带花、火炬树、黄连木等;黄叶类的有洒金柏、银杏、马褂木、金叶女贞、金边瑞香、金边黄杨、金叶刺槐、金合欢等;银叶类的有银白杨、胡颓子等。

2. 国内彩叶植物引种状况

国内对彩叶植物研发应用较为迟缓,直到 20 世纪 90 年代有关部门开始重视彩叶植物的景观应用,尤其是在国家"948"国际先进农业引进项目(1996 年)把引进国外园林优良品种列入"九五"首批重点项目之后,北京林业大学等科研教学单位从荷兰、日本等国家引进了园林植物新品种,如美国红栌、红枫、紫叶矮樱、金叶小檗等。引进的彩叶植物主要集中在北京、上海、浙江、江苏等经济发达、信息交流相对通畅的区域。

据 2012 年全国林业统计年报分析,全国每年以 9000 万亩的造林计划任务大规模推进,收效显著,其中彩叶类植物的应用功不可没。董俊岚(2005)认为,目前彩叶植物不仅用来点缀、配色,还被用来与其他的园林要素合理配置,创造出层次丰富、多姿多彩的园林景观。显然,彩叶植物在城市园林景观氛围营造中占有越来越重要的地位。彩叶植物能弥补一般绿色叶植物的不足,极大地丰富城市的绿化景观色彩度,这使得我国彩叶植物种类的开发及在园林美化中应用还存有极大的空间(袁涛,2001)。

目前全球的观赏植物总共有 3 万种左右,较常用的有 6000 种。中国作为世界园林之母,拥有丰富的树木资源,观赏植物约有 2 万种,常用的有 2000 种以内,可用于园林观果树种 62 科 130 余属。我国彩叶树种资源也较为丰富,据有关单位在 1993 年~1997 年间的初

步调查,彩叶植物达 400 多种,分别属于 62 个科 108 个属。与国外相比,我国对彩叶树种的利用和品种选育尚处于起步阶段。据统计,近几年北京山地野生树木约为 247 种(含变种),隶属于 49 科 117 个属(董俊岚,2005)。北京地区常用绿化彩叶树种主要有银杏、元宝枫、栾树、白蜡、红果臭椿、黄栌、火炬树、栎类、黄连木、紫叶小檗等。1983年,德国玛丽安娜老人到北京园林研究所参观时,将一把金叶女贞插条作为礼物送给了所里的科研人员,经多年的生物学、生态学习性观察,金叶女贞适宜北京的气候特点,经大量繁殖,到 1990 年亚运会时,园林部门在绿地中首次植建了以金叶女贞为主的植物色带,达到了极佳景观烘托效果。从此,金叶女贞不仅成了北京城市绿地中主要的彩叶植物,并带动了当地苗圃产业的发展,促进了地方经济。

上海林业部门启动的种子资源项目中进行了乡土树种的保护、开发、利用和国内外观花、观叶、观果新品种的引进、驯化、试验、示范和推广。该项目共引进 232 个品种,其中彩叶和观花树种 69 个。筛选出一批适宜上海种植的彩叶植物,为"彩色世博"提供了优良的植物材料。为了真正起到示范带动作用,上海市还以此建设了以枫香、银杏、乌桕、槭树、无患子等彩叶树种为主栽品种的五条彩色示范大道,使市民走在街道上就能感受到"彩色上海"的迷人魅力。按照上海市园林局的规划,在城市绿化中将大规模推广应用彩叶植物。

据陈勇,李芳东,廖绍波等(2012)的调查,在深圳城市园林绿化中,已经涉及到彩叶植物共有 37 种 52 属 77 种,彩叶植物中常绿植物 56 种,占 72.73%;落叶植物 21 种,占 27.27%;春色叶植物 26 种,秋色叶植物 26 种;新叶有色植物 15 种,常色叶植物 2 种;双色叶植物 6 种,斑色叶植物 2 种。表现出南方彩叶植物丰富性。

1999 年,辽宁省开始收集、保存、鉴定与利用观赏果树资源。截至 2005 年共收集观赏果树资源 89 份,已鉴定 42 份,并在大连、沈阳、鞍山、葫芦岛等城市园林景观中推广应用。

此外，天津、广东等一些城市开始注意重视彩叶植物的使用，尤其是广东佛山市仅顺德区的调查结果就证实有彩叶植物 65 种（王艳，人吉君，将云仙，2005），隶属于 25 科。其中，红色系 25 种，隶属 14 科；黄色系 20 种，隶属 15 科；白色系 11 种，隶属 9 科；彩色系 9 种，隶属 6 科。

山东仅在引进的观赏果树种类上就涵盖 19 个科 36 属 196 种和栽培种。这些树种与现有果树嫁接既具有良好亲和性，又具有良好的观赏性。如观赏海棠品种，有乔化型、矮化型和垂枝型；叶色从绿色、红色到紫色；花为深粉红色、单瓣或重瓣等等。观赏海棠品种叶片色彩斑斓，艳如朝霞；暮春百花争艳，且花量大，色泽绚丽；其谢花后结有大量绿珍珠、红玛瑙般果实，挂在枝头一直点缀到深冬，是极富观赏价值的彩叶植物，同时果实可作为果冻、果酱的加工原料。

西北地区彩叶植物的发展速度相对沿海城市较慢，甘肃省传统栽植的只有火炬、红叶李等且栽植数量有限。自 2000 年以来，甘肃省推广应用的彩叶植物有近 40 余种，彩叶乔木品种主要有红枫、五角枫、鸡爪槭、银杏、栾树、紫叶矮樱、紫叶稠李、红叶李、金丝柳、中华红叶杨、彩叶杞柳、复叶槭（金叶、花叶、粉叶）等。并开展金叶女贞、红叶小檗、红瑞木、红叶碧桃、金叶榆、绣线菊（金山、金焰）、金叶接骨木、金叶风箱果、金脉连翘、金叶连翘、洒金柏及其他彩叶匍匐、攀缘类植物金叶过路黄、花叶扶芳藤的区域栽培适应性试验和苗木快速繁育技术方面研究和产业化开发的探索。

三、国内彩叶植物景观应用

了解彩叶植物景观应用状况，首先要明确彩叶植物景观设计的原则。彩叶植物色彩丰富，观赏期长，季相变化明显，尤其是枝干色彩可以弥补北方冬季绿地色彩单一的现状，创造出富于变化的园林植物色彩景观,在园林绿地建植中具有广阔的应用前景。在景观设计中应用彩叶植物要遵循以下原则。

1. 构建适宜的植物群落景观

彩叶植物只有在适宜的生态环境下才能充分显示其色彩美。如,美国红栌、金叶女贞等必须在全光照条件下才能体现其色彩美。而有些植物喜半荫,一旦光线直射,就会生长不良,甚至死亡。在彩叶植物景观配置时必须充分考虑植物的生态习性,科学合理地选择适宜的彩叶植物种类,将乔木、灌木、草本、藤本等植物因地制宜地配置为适宜的生态群落,使种群间相互协调,有复合的层次和相宜的季相色彩,构成和谐、有序的园林绿地生态系统。

2. 充分利用彩叶植物的季相变化

彩叶植物分为常色叶植物、春色叶植物、秋色叶植物等。在配置时,应考虑不同植物的季相变化,形成春季桃红柳绿,夏季浓荫蔽日,秋季丹桂飘香,冬季寒梅傲雪,构成季季有景、四季有花的植物景观。

3. 遵从色彩调和的美学原则

彩叶植物艳丽的色彩在增强景观效应的审美情趣中具有强烈的视觉冲击作用。如,北京香山的黄栌、长沙岳麓山的枫林,均有霜叶红于二月花的艳姿。色彩的对比与和谐是彩叶植物造景所必须遵守的美学原则。利用色彩对比调和的植物造景,颜色鲜明,富有感染力。如,北京香山秋天在元宝枫与红栌、栎属等深绿色、灰绿色的圆柏、侧柏、油松等针叶树的衬托下,更加鲜明艳丽而富有感染力。

4. 与环境相协调的原则

彩叶植物在进行配置时应因地制宜,结合具体的环境条件进行合理的色彩搭配,选择适宜的彩叶植物种类。如,体量大的建筑应采用彩叶乔木,或成丛、成片的彩叶灌木进行搭配;而在道路植物配置时,应每隔一定距离配植一株或一丛醒目的红色或黄色彩叶植物,表现一定的节奏和韵律,还能起到交通导向的功能。

四、彩叶植物研究状况

在科研方面,通过对 274 篇涉及彩叶植物(灌木、乔木)类的科研文章统计与类型分析,特点如表 1-1 所示。

表 1-1　我国部分彩叶植物研究性文章类型统计(2007a～2013a)

项目	综述	光合 24 篇·生理	资源	引种栽培	育种	繁殖技术
数量(篇)	8	145	7	75	2	37
比例(%)	2.9	16.4	2.6	27.4	0.7	13.5

数据说明,我国的彩叶植物育种研究尚有很大的提高空间,对生理方面的研究更多的集中在科研院所, 繁殖技术方面的研究多集中在科研单位与生产单位。因此,繁殖技术的突破是使彩叶植物引种后的推广速度加快的原因之一,对于灌木类多采用萘乙酸,吲哚丁酸、ABT 生根粉或药剂间的复配进行嫩枝扦插繁殖。组培扩繁的种类相对较少。

对国内彩叶植物资源的研究性文章较少, 对野生彩叶植物的报道更少,开发挖掘的也不多,而热点多在引进的彩叶植物上。对 274 篇引种应用文章分析,彩叶植物引种栽培已遍及全国各省份,对彩叶植物的定量化评价植物抗逆性(抗寒性、抗寒性、抗盐性)的研究文章不多。

彩叶植物在我国园林中很早就得到广泛的应用,如银杏、黄栌、枫香、乌桕、卫矛、鸡爪槭、紫叶李等,但大部分彩叶植物资源、特别是大批野生彩叶植物资源尚未被开发利用。

彩叶植物在园林植物景观的应用上没得到广泛利用的主要原因,一是我国虽有丰富的彩叶植物资源,但从事彩叶植物资源收集、品种培育方面的研究人员少；二是目前在园林中大量使用的彩叶植物都是国外的进口品种, 从事彩叶植物培育的企业主要集中在经济发达的北京、上海、江苏、浙江等地;三是彩叶植物的引进存在生态适应性方面的问题,园林应用要符合彩叶植物的生物学特性。

我国北方地区受气候条件限制,园林树种相对单调,色彩较为贫乏,所以加强彩叶树种的应用,既是改善城市生态环境、提高城市景观品味,同时也是开发旅游业的需要,间接经济效益不言而喻。

第三节　彩叶植物的定义与色彩成因、影响因素

一、彩叶植物的定义

彩叶植物主要是指以植物色彩器官(非绿色)作为观赏特性的植物。通常包括观叶、观花、观果、观枝等几种,以观叶植物为主。从狭义上说,园林彩叶植物,不包括秋色叶植物,它应在春、夏、秋三季均呈现彩色。广义上说,凡在生长季节叶片可以较稳定呈现非绿色(排除生理、病虫害、栽培和环境条件等外界因素的影响)的植物都可称作园林彩叶植物。

二、园林彩叶植物的分类

1. 按季节分类

(1)常色叶类

即在整个生长季节都保持特殊彩色的植物, 如紫叶小檗、紫叶矮樱、金叶女贞等。

(2)秋色叶类

在秋季叶子呈现彩色变化,如槭树类、银杏等。

(3)春色叶类

在春季新发生的嫩叶呈现彩色变化,如红叶石楠、五角枫、金叶风箱果、金焰绣线菊、魔毡绣线菊、紫叶美国梓树等。

（4）冬色叶类

在冬季植物茎干枝具有彩色特征,如红瑞木、白桦等。

（5）夏色叶植物

在炎热的夏天呈现出特殊叶色的植物,这类品种不多但很珍贵。如金叶欧洲白蜡。

2. 按植物色素分类

（1）按色素分布分类

①单色叶类　叶片仅呈现 1 种色调,或黄色或紫色,如加拿大紫荆等。

②双色叶类　叶片的上下表面颜色不同,如银白杨、原产欧洲北部的银槭等。

③斑叶类或花叶类　叶片上呈现不规则的彩色斑块或条纹,如日本小檗,卫矛属冬青卫矛的变种银边冬青卫矛,叶具白色边缘的金心冬青卫矛,叶面具白色或黄色边缘的金边冬青卫矛等。

④彩脉类　叶脉呈现彩色,或红脉或白脉或黄脉等，如金叶连翘、金叶莸等。

⑤镶边类　叶片边缘彩色,通常为黄色,如胡颓子、金边马褂木等。

（2）按色素种类分类

①黄（金）色类　包括黄色、金色、棕色等黄色系列,如中华金叶榆、金叶女贞、金叶刺槐等。

②紫（红）色类　包括紫色、紫红色、棕红色、红色等 ,如紫叶黄栌、紫叶榛。

③蓝色类　包括蓝绿色、蓝灰色、蓝白色等,如蓝杉、兰叶忍冬。

④多色类　叶片同时呈现 2 种或 2 种以上的颜色, 有粉白绿相间或绿白、绿黄、绿红相间,如金叶红瑞木等。

三、彩叶植物的色彩成因

彩叶植物由自然界的变异或经人工育种、栽培选育而来。植物遗传的、生理的、环境(温度、光照)条件、栽培措施(土、肥、水、修剪)和病毒感染等的因素会引起植物叶片色彩变化。但只有叶片非绿色的变化稳定而有规律,才是形成彩叶植物的必要条件。

1. 栽培措施形成彩叶植物

彩叶植物的呈色与组织发育年龄和环境条件都有密切关系。一般来说,组织发育年龄小的部分,也就是发育初期的部位,诸如新梢幼叶及修剪后长出的二次枝、叶等明显呈彩色,如金叶女贞春季萌发的新叶色彩鲜艳夺目,随着植株的生长,中、下部的叶片逐渐复绿,对这类彩叶植物来说,多次修剪对其呈色是有利的。

2. 栽培环境因素影响彩叶植物

光照强度、光质、时间和温度等外界因素影响花色素的合成及调节与花色素有关酶的活性,从而影响彩叶植物呈色状态。如露地栽培的金叶女贞、紫叶小檗,光照越强,叶片色彩越鲜艳。如金叶连翘、金叶莸等,叶色随光强的降低而逐渐复绿。在设施栽培中,如果持续使用透光度低于70%的遮荫网10~15天,金叶莸及金叶女贞叶片就会转绿。

还有一些彩叶植物叶色随光强的增加色彩趋暗,如紫叶黄栌、紫叶榛等,早春色彩鲜艳,在夏季高光照下,原有的鲜艳色彩明显褪失。此外,温度也影响叶片中花色素的合成;早春的低温环境下,花色素的含量高于叶绿素,叶片的色彩十分鲜艳;而秋季早晚温差和干燥的气候有利于花色素的积累,一些夏季复绿的叶片此时的色彩甚至比春季更为鲜艳,如金叶红瑞木,春季为金色叶,夏季叶色复绿,秋季时叶片呈现极为鲜艳的红色,非常夺目。金叶风箱果秋季叶色又变为金色,与红色果实相互映衬十分美丽。

吕福梅，沈向，王东生等（2005）通过对紫叶矮樱叶片色素含量年变化动态的观测，发现春秋两季花青素的含量较高，而叶绿素含量则是在夏季最高。此外，色素在光环境下不稳定，光照越强，分解越快。有关研究发现花青素在直射光下最不稳定，其次是散射光，再次是暗处。即光照越强花青素越不稳定。

光质对色素稳定性产生影响，花青素发育须有苯丙氨酸解氨酶（PAL）的触发，PAL是诱导酶，光能诱导PAL活性提高，而光对PAL诱导是通过光敏色素来实现的。这种诱导可能是酶的重新合成，也可能是原有酶的激活，而PAL活性的提高又促进了黄酮类物质代谢，其结果是花青素的合成和色泽加深。因此，在彩叶观果果实着色方面，光质是所有影响花青素合成因素中较重要的环境因素。也证实了光照强度与花青素两者呈极显著的线性相关。

前人研究证实，花色素苷的形成与植物组织中的糖分积累有关，即光合产物提供的足够的糖，光照充足糖分的供应好，花色素的含量就高，花色、叶色、果色就艳丽。

在光质成分中花色素苷的形成以吸收蓝光，红光及远红光最为有效。高海拔地区的阳光中蓝光、紫光较多，使其花色品质更好，这是引种的一些品种色彩优于原引种地的原因之一。但是，季节性过多的蓝光、紫光有可能影响一些色叶植物的色彩，比如使金叶女贞植物正常发育受阻。

花色素合成过程中需要光的受体——光敏素（一种结合蛋白），通过光敏素启动或增加相关基因的转录影响花色苷的合成。光敏素有2种结构形式，第1种是没有生理活性的红光Pr，第2种是有生理活性的远红外光Pfr形式。红光可使Pr转化成Pfr形式。远红外光或黑暗可使Pfr形式转化成没有生理活性的Pr形式。这或许是景观配置中遮阴导致叶色无法表达的生理原因之一，也说明彩叶观果植物在配置时除了应考虑授粉等因素外，还必须注意适宜的光照条件保证观赏果实的色泽艳丽与否的问题。光是影响彩叶树叶色变化的直接原因。光照度的强弱，日照时间的长短等外部因素的变化均导致彩叶树叶色深浅的变化。

3. 病(含病毒)虫侵害影响

许多植物的彩斑和条纹是由于病毒引起的，只要这些病毒不影响植物的正常生长，彩斑和条纹也能够稳定地出现，并通过繁殖可以使彩叶性状传递下去，就可以人为地加以诱导和利用，这也是目前彩叶植物育种的一个重要方面。另外，有选择地在生长季节可以较稳定呈现非绿色，排除生理、病虫害、栽培和环境条件等外界因素的影响的植物都可称作彩叶植物。它们是一类在生长季节或生长季节的某些阶段全部或部分叶片呈现非绿色的植物。

有些种类可能是长期栽培条件下出现的变异经选育而成，或者是一种病态表现。因此，彩叶植物的呈色具有不稳定性，在主导条件变化时彩叶植物会失去色彩。乡土植物是经长期适应环境和自然选择的产物，它已融于当地的生态系统中占据某一生态位。因此，它一般具有生态上的稳定性和安全性，如何将彩叶植物与乡土植物两者有机结合是创立生态稳定安全景观新的课题。在营建森林或在园林种植上，生态林业专家们提倡采用宫胁法造林（Miyawaki secological methodtore forestation）（胡静，杨树华等，2003；王希华，陈小勇，1997），该方法强调用乡土树种来营建乡土森林（native forest witunative trees）。宫胁法从 20 世纪 70 年代创立以来，在日本及世界各地应用，已获得大量的成功例证，我国近几年先后在上海、山东等地应用，已经显示出良好的前景。

第四节　彩叶植物在园林景观中的应用方式

一、彩叶植物的造景设计与要求

色彩在园林景观设计中是最容易引起注意因素,植物的叶、花、果色泽成为最重要的园林景观观赏要素,彩叶植物景观是园林中最有吸引力的季相性景观。彩叶树木色彩丰富,观赏期长,季相变化明显,与其他园林组成要素相结合可以创造出各种优美的园林景观。

1. 彩叶植物的造景设计

（1）同一种树种

同一种彩叶植物造景宜表现群体美或个体美景观。若要体现群体美,造景必须要有气势,达到"看漫山红遍,层林尽染"的景观效果,在大型公园、风景区可以大面积栽植,形成疏林景观,也可栽于公园道路两侧,形成林荫路景观;若要体现个体美,可单株种植在庭院、草地、山坡、水边等局部空间,形成庭荫树。

（2）不同树种

不同种彩叶树种的搭配主要体现丰富的色彩和立体的层次美。若要体现色彩美,可以把不同种彩叶树木搭配在一起,列植作行道树或丛植在园林的角隅处。如黄栌、元宝枫与银杏、白蜡配植,秋季红黄相间,色彩调和,再配上秋季开花的宿根花卉、观果海棠植物,不但色彩更加丰富,而且可以进一步表现秋季树相的绚丽多姿。若要体现景观的层次美,可以采用彩叶植物中的乔木或小乔木与草本花卉或观花、观果灌木配植,可以产生多层次的色彩景观,还可以延长观赏期。

2. 园林景观设计对彩叶植物的要求

尽管彩叶植物应用方式灵活多样,但应用时也应遵守基本原则。

一是要符合彩叶植物的生物学特性,例如金叶女贞、金叶连翘要求全光照的条件才能充分体现出其色彩美,一旦处于光照不足的半荫或全荫的条件下,则将恢复其原始叶色——绿色,而失去彩叶效果。花叶玉簪则要求半荫的条件,如果光线直射,会引起生长不良,甚至死亡。二是只有不同色彩及背景植物合理搭配,才能获得最佳观赏效果。如紫红色的紫叶小檗与金黄色的金叶女贞的搭配是彩叶树木之间互为背景,再如在松柏前丛植五角枫,或在大草坪中孤植银杏,在绿色的背景衬托下秋季能显得格外动人。三是在确定好树种之后,还应注意它们与环境之间的协调。在建筑前或立交桥下,为了与环境相适应经常在平面上采用圆形、曲线形等几何图案;在立面上采用直线形、拱形或波浪形;在大草坪上,可做大面积的色块或较大体量的孤植。四是用彩叶植物植成曲线或图案,定期修剪可以促进植株枝叶生长紧密而整齐,并保持较多、较长时间的顶梢新叶,从而延长彩叶植物的观赏期。如在大草坪上,紫叶小檗适宜与金叶女贞(黄色)、朝鲜黄杨等绿色植物相搭配,可构成美丽的模纹图案,可广泛用于北方现代城市的分车绿化带、立交桥下、交通岛绿地、居住小区绿地等。

3. 彩叶植物的配植形式

彩叶植物常见的应用方式有规则式配植和自然式配植。

(1)规则式配植

按照一定的几何图形栽植,具有一定的株行距,体现出整齐、庄严,适用于规则式园林和需要体现庄重的场合,常常采用的形式有中心种植、对植、列植、环植等。

①中心种植 栽植在园林设计构图中心,一般要求树形高大、整齐美观,如栽植于花坛中心、广场中心等。如采用银杏、栾树等。

②对植 同一树种沿构图中轴线两侧栽植的形式,目的在于衬托主景,也能形成夹景,增加景观的深远感,如建筑物前、广场入口、

大门两侧、石台阶两旁等。要求彩叶植物规格一致,如黄杨球、紫叶小檗球等。

③列植　沿着一定的轴线关系的栽植形式,在园林景观构图设计时要体现韵律与节奏的动态变化,这样景观效果好,主要用于道路两旁的行道树、建筑物周围、防护林带、水边种植等。如采用银杏、金叶白蜡、红叶臭椿等。

④环植　采用环形、半圆形、弧形的栽植形式。目的在于衬托主景,常作背景用,种植于花坛、雕塑、喷泉的周围,如采用紫叶矮樱、金叶榆、紫叶李等。

(2)自然式栽植

没有固定的株行距和排列方式,自然灵活,富于变化,适用于自然式园林、风景林、庭院绿化,常见的栽植形式有孤植、丛植、群植、林植等。

①孤植　孤立种植彩叶乔灌木的形式。彩叶植物色彩鲜艳,可作为景观的中心视点或引导视线的作用,主要体现植物个体美。应选择姿态优美,树冠开展,树形挺拔、雄伟、端正的树木。配植得体可以起到画龙点睛的作用,衬托园林中建筑或山石,常用于庭院、草坪、假山、水边。如红叶臭椿、金叶白蜡、银杏等。

②丛植　把彩叶乔灌木植物三、五成丛地点缀于园林绿地中,是最常用的配植方法。彩叶植物既丰富了景观色彩,又活跃了园林气氛,可用于园林建筑的点缀和陪衬,也可用于路旁、水边、庭院、草坪或广场的一侧。如将紫色或黄色系列的彩叶植物丛植于浅色系的建筑物前,或以绿色的针叶树种为背景,将花叶系列、金叶系列的彩叶植物与绿色树种丛植,均能起到锦上添花的作用。如鸡爪槭、金叶槭、紫叶李、紫叶矮樱等。

③群植　成片种植同种或多种彩叶植物的形式。主要是为了体现树木的群体美景观效果。一般要求长度不能超过50m,且长度不能

超过宽度4倍以上。而且整个树群疏密自然,林冠线和林缘线富于变化,林下配灌木和地被植物,以增添野趣,从而形成色彩优美的园林景观,常用于自然式园林、综合性公园的园路边及林地边缘等。如采用元宝枫、黄连木、火炬树、黄栌、美人梅等。

④林植 以块状、片状大面积种植彩叶植物的形式。彩叶植物成片的种植,构成风景林,独特的叶色和姿态一年四季都很美丽。由彩叶植物组成的风景林其美化的效果要远远好于单纯的绿色风景林,常有自然式林带、密林、疏林等形式。由彩叶植物构成的自然式林带可用于城市周围、河流沿岸等,可以取得丰富城市景观的效果,密林一般用于大型公园和风景区,疏林常常用于综合性公园的休息区,如火炬树、金叶国槐、金枝国槐、红叶臭椿、金叶白蜡、黄栌等。

⑤基础种植 彩叶植物与绿色基础种植材料相互搭配构成美丽的镶边、组字、图案等,特别是在绿色草坪背景下的基础种植,往往将彩叶植物衬托得更加美丽,常用于街道绿化、高速公路绿化及工矿企业绿化。如金叶莸、金叶黄杨、金边黄杨、金叶女贞、紫叶小檗等株丛紧密且耐修剪的彩叶植物是极为优良的篱垣材料。

4. 彩叶植物在园林景观绿化中的应用前景

园林植物景观应用设计中,彩叶树木可以丰富构图、调整色彩、形成绚丽的图案和不同的季相效果,在城市园林绿化中发挥越来越重要的作用,应用范围越来越广泛,应用形式多种多样,发展前景广阔。彩叶树木与草本花卉相比,绿化中栽培简单、管理方便,一次栽培可以多年观赏。彩叶植物色彩丰富,适合不同季节的景观布置,极大地丰富了城市的色彩,而且枝繁叶茂,易于形成大面积的群体景观,成为北方园林绿化美化的新宠。

5. 发展彩叶植物应注意的几个问题

纵观全国,城市绿化建设已经从单纯的建绿改为美化彩化城市,新的园林景观工程和设计都需要彩叶植物,旧的绿地改造也需要园林彩叶植物。可以预见的是彩叶植物在城市景观中的应用比例会逐步提高,如不计旧有的绿地升级改造,仅按照每年新增绿地的面积计算(2003–2010年),全国平均每年城市公共绿地面积还要增加20000hm²),园林中对彩叶植物的需求量就会达到 4000 hm²,因此,在发展园林彩叶植物时应注意物种的多样性和应用广泛性。

(1)园林彩叶植物育种的多样性

国内园林彩叶植物基本处于供不应求的状况。乡土彩色树的乔木数量品种也不多,除南方个别灌木品种如红花檵木(*Loropepalum chinense* var. *rubrum*)等,种植面积较大。从国外进口的灌木品种基本都处于品种扩繁阶段,品种较单一,不具有多样性。

国内从事彩叶植物引种手段相对简单,多采用将国外的品种引进,进行大田实用性种植,繁殖速度慢,价格高,还不能满足市场需求。

(2)园林彩叶植物苗圃分布的广泛性

目前,从事彩色树苗培育的企业主要分布在江、浙、沪、鲁和北京周边地区,这些地区苗木生产企业有较强的经济实力、先进的科技、信息方面的优势和发育良好的苗木交易市场,多是国内新品种苗木培育和推广的集散地,而其他地区发展相对迟缓,区域试验有待加强。

综观目前苗木市场,园林彩叶植物品种仍较少,色彩较单一,灌木种类较少,乔木种类更少,这有待园林工作者大力进行园林彩叶植物引种驯化和诱变育种工作,用更多实用的园林彩叶植物来丰富园林植物的生态多样性,为城市的园林景观建设服务。

第五节 宁夏银川市彩叶灌乔植物景观应用现状

一、银川市彩叶、观花、观果(枝)灌,乔木植物的种类名录

通过多年来的技术积累和实地调查记录、数据分析,目前银川市常用的彩叶、观花、观果(枝)灌,乔木植物种类如附表2所示,这些彩色植物可供北方从事园林绿化景观栽培者根据"适地适树"的原则选择使用。

附表2中列举了银川市常用有彩叶观花、观果、观枝灌、乔木种类(品种)67种。其中,灌木38个品种(种),隶属11科22属;乔木29个品种(品系)隶属5科9属。其中,属于项目引种的彩叶灌木类14个品种,隶属6科8属占37%;属于项目引种的观果类植物14个品种,隶属2科2属占48%,占彩叶植物引种种类的1/2,已经具备构成红色、黄色、紫色、黄白色泽的植物景观配置的材料条件。笔者认为应对近年来筛选的17种观叶观果新品种在植株抗性(旱、寒)明确的前题下,应快速扩大繁育应用力度。

二、银川市彩叶植物应用景观配置中存在的问题

银川地处西北内陆城市,属温带大陆性气候,海拔较高,冬季气候寒冷干燥,土壤盐碱含量偏高。由于历史、经济等方面的原因,城市园林绿化建设的重点长期以绿为主,彩叶植物品种应用较少。近年来为创建国家园林城市,增加新品种,才开始引进、筛选适宜在西北地区寒冷条件下生长的彩叶植物,为提升并营建园林精品工程提供优良的植物材料。

1. 彩叶植物品种、色调单一,在景观设计配置中缺少变化与艺术性城市生态环境的改善、景观效果提升速度慢。

目前,银川市应用的彩叶主要集中在金凤区新建设的街道及绿地中,如北京中路、亲水大街及丽景街等,其他绿地应用较少。彩叶植物配置和造型相对简单,表现出千篇一律的面孔,缺乏艺术美感,特别是采用金叶榆、红叶小檗、红花多枝柽柳的几何色块栽植比比皆是。

2. 彩叶植物的驯化、繁育、开发应用推广有待提升。

银川日益发展的园林建设与彩叶植物资源引种、开发的要求差距很大,由于缺乏系统的开发性研究,在银川市内许多具有较高生态价值和观赏价值的国内彩叶植物品种以及当地的一些乡土品种和野生资源未能被有效利用。彩叶植物种苗相对不足和缺乏相应的栽培技术研究,不能为当地的园林植物配置提供科学依据,因而影响到彩叶植物在城市园林绿化中的广泛应用。

3. 景观设计者对彩叶植物品种及习性了解不够深入,导致彩叶植物应用效果不佳。

设计者忽略植物病原菌的寄主关系,导致植物生长期病害、虫害较易发生,使防治难度加大。

4. 立地条件不清楚,设计中不考虑土壤、灌溉等条件,盲目进行植物设计与种植工作。

5. 彩叶植物的养护管理不够重视。许多彩叶植物用作植物曲线或模纹图案,需要经常修剪,控制其高度和形状,促进植株枝叶生长紧密而整齐,并保持较多的顶梢新叶,延长其彩叶植物的观赏期。

三、加快彩叶植物发展与应用的几点建议

1. 加大彩叶植物新品种引种、驯化研究,提高本土化培育措施的科技含量。

随着全球气候的变化,一些原来在北方不宜越冬的彩叶植物经过多年的引种、驯化已能安全越冬,并开始大量应用。根据彩叶植物生态功能、美化功能,并结合生产功能,要合理地制定彩叶植物新品

种引种推广近期目标和长远规划，针对目前彩叶植物栽培技术和产业发展方面存在的问题，组织开展科研攻关，探究各类彩叶植物引种驯化技术、无性繁殖的最佳基质配比技术、栽培水肥供给技术，找出常见病虫害的病因并提出有效防治措施。

2. 加强引种彩叶植物的生态生理研究。如彩叶树种叶色变化的机理、遗传稳定性、外界环境条件，如温度、土壤、病毒等变化对其叶色变化的影响，综合分析彩叶植物色彩成因。

3. 针对市场需求，建立系统的生产培育与推广应用营销网络。加强专业队伍建设，组织专业知识培训，提高专业技术单位、公司、农户的专业素质，实行有效的营销策略与机制，逐步建成专业的彩叶苗木培育基地。确定适宜推广种植的品种，采用组织培养、工厂化育苗等技术设施加快其繁育速度，确保种苗的供应。有效发挥科技优势，推广高效、实用的扩繁方法，快速生产新优彩叶植物，促进彩叶植物培育向专业化、规模化方向发展。

4. 彩叶苗木生产单位应与园林设计施工部门互通信息，尤其是应该利用多种宣传媒介，尽可能与设计人员、应用单位建立联系，促使彩叶植物品种在城市园林建设中得到迅速广泛的应用，并做到"适地适树"。

5. 开发利用野生资源，选育高品质、抗逆性强的地方彩叶植物新品种。野生植物适应当地的气候和土壤条件，在维持当地生态系统的平衡与稳定方面具有很高的生态意义，其在城市园林中的应用，不仅能展示地域特点，形成地标性植物，也可提高城市园林绿地的生态效益。就宁夏而言，一是应有计划、有目的将宁夏六盘山地区野生彩叶植物种类及分布等情况进行全面调查，摸清资源状况，以便进一步开发、利用、保护；二是有计划地建立自然保护区，以利于资源的繁衍和保护；要充分利用野生彩叶植物资源，因地制宜、科学地进行引种驯化，尝试多种引种驯化方式，如扦插扩繁等，既利于推广，又利于保护资源不受破坏。三是对野生彩叶植物的杂交育种进行深入研究，以便最终得到耐旱、观赏价值高、耐寒、适于盐碱土壤、对北方气候适应性强的具有自主知识产权的种类（或品种），从而可以大面积露地栽培，美化、彩化城市环境。四是有计划地将地方特色彩叶植物引种驯化并应用到城市园林建设中，在保护珍稀、濒危野生彩叶植物的同时创造宁夏独特的植物景观，突出城市园林的地方人文特色。

6. 加强植物群落的科学配置，为达到彩叶植物最佳的生态效益。

严格贯彻城市园林绿地植物多样性的原则，对公共绿地、居住区绿地、道路绿化、风景林地建设等要加强彩叶植物的应用，突出植物造景。在园林树种的搭配上，不仅要考虑各种彩叶植物的适应性和美学原则，而且应使创造出的植物景观具备科学性和艺术性两方面的高度统一，达到植物个体美与群体美的协调。在彩叶植物选择上，要依据宁夏各地区气候、土壤特点，结合植物生态学习性，灵活选用观赏植物，使植物多样性在街道、公园、绿地、机关单位、学校、居住区等地得到充分体现。

众所周知，在绿化苗木市场上，彩叶植物是最具活力的种类品种之一。虽然因国内苗木生产面积迅速扩大，一些传统品种出现结构性过剩，但一部分彩叶植物苗木作为名优新品种在宁夏才刚刚起步，必将随着市场需求迅速发展，而且会占有越来越重要的地位。因此，采用先进的培育技术，提高彩叶苗木规格质量，才能更有效地促进彩叶苗木产业的健康发展。

第二章　彩叶乔灌植物营养繁殖

植物繁殖手段多种多样，种子繁殖是最古老并沿用至今的形式之一。由于某些种类彩叶植物，只开花不结实，营养繁殖是其扩大种群数量的重要手段之一。营养繁殖方法自古有之，在古农书《四民月令》（公元 2 世纪，崔实"音"）就有描述硬枝繁殖方法："是月底（农历二月底）尽三月，可掩树枝，令生，二岁以上，可移种"。《齐民要术》（北魏·贾思勰）、《农政全书》（明·徐光启）等对植物的营养繁殖有了越来越多的记载。而现代生物学技术的应用使得营养繁殖技术水平达到了更高层次，扩繁量加大，成苗期缩短。

第一节　彩叶植物的营养繁殖方法

根据梁玉堂、龙庄如等人总结归纳，将植物的营养繁殖划分为如下若干种。

一、利用脱离母体的各种营养器官的繁殖法

按繁殖材料和具体繁殖技术可分为扦插繁殖、埋条繁殖和根茎留土繁殖。

1. 扦插繁殖

扦插繁殖是利用植物的根、茎、叶等繁殖材料进行扦插，培育成

独立个体的繁殖方法。扦插繁殖分为插条繁殖、插叶繁殖、插根繁殖3种形式。

表2-1 扦插繁殖方法分类

扦插繁殖	插条	硬枝扦插	利用木质化枝条进行扦插
		嫩枝扦播	利用半木质化的嫩枝，一般带叶扦插
	插叶	叶片扦插	叶片或带叶柄扦插
		叶芽扦插	叶带芽或芽原基扦插
		针叶束扦插	针叶束水培繁殖
	插根	长根段扦插	一般10.0cm以上的根段，直插或斜插
		细短根段扦插	利用细（0.2~0.5cm）、短（3.0~5.0cm）根段插根繁殖

2. 埋条繁殖

将枝条埋入土中（或地下茎），促进生根、发芽、成苗的繁殖方式。

表2-2 埋条繁殖方法分类

埋条繁殖	平埋	按行距开沟，把枝条水平埋入土中
	点埋	开浅沟，水平放条，每隔一定距离（20.0~30.0cm），埋一土堆，在土堆内生根
	弓形埋条	把枝条弯曲成弓形，弓背向上，埋入土中的一种繁殖方法。一般用于造林

3. 根茎留土繁殖

利用留在土壤中的根上的不定芽或茎上的芽萌发声生新个体的繁殖方法。

表2-3 根茎留土繁殖方法分类

根茎留土繁殖	留根育苗	起苗后，留在土壤中的根上的不定芽萌发成苗
	根蘖更新	采伐后，利用留在土壤中的根产生根蘖苗
	平茬育苗	为改善苗木的干形或者取干做插条而进行平茬，平茬后茎桩的芽萌发成苗
	萌芽更新	采伐后，伐桩上的芽萌发成苗

二、利用不脱离母体的各种营养器官的繁殖方法

这种方法的新个体在生根发芽前，主要由母体供应营养物质和水分，当生根成为一个完整的新个体后与母体分离。按繁殖材料和具体繁殖技术可分为压条繁殖和分生繁殖。

1. 压条繁殖

是将枝条压埋入土或在空中将欲压部分包以湿润物质，使之生根后再切离母体，成为独立新个体的繁殖方法。

表 2-4　压条繁殖的方法分类

压条繁殖法	低压繁殖	堆土压条	利用枝条丛生的母株，用土将枝条基部埋住，促其生根。
		堰枝压条	普通堰枝压条：将接近地面的枝曲其一部分压埋土中
			波状压条：对长而柔软的枝条，可连续弯曲压埋入土，拱出地面的部分萌芽
			放射状压条：以母株为圆心，把四周枝条成放射状压埋入土中
	高压繁殖	枝条分布较高或较硬，不易弯曲，可将欲压部分包以湿润物，促其生根，也称空中压条	

2. 分生繁殖

利用根上的不定芽、地下茎节上的芽和茎基的芽繁殖新个体，最后切离母体的繁殖方法。

表 2-5　分生繁殖的方法分类

分生繁殖	分蘖	根上的不定芽萌发成根蘖苗，然后切离母体
	分株	地下茎或茎基处的芽萌发成苗，然后切离母体

3. 嫁接繁殖

将植物部分器官如枝、芽等(称接穗)接在另一株植物的枝、干或根(称砧木)上，使之愈合成活，成为独立个体的繁殖方法。

表 2-6　嫁接繁殖的方法分类

嫁接繁殖	枝接	切接	在砧木截断面一边,紧靠木质部切接口
		劈接	在砧木截断面中央,垂直劈接口
		皮接	把接穗插入砧木皮层与木质部之间
		舌接	将接穗下端和砧木上端削成斜面,并纵切一劈口,成舌状,然后将两斜面对准使舌部交叉插紧
		绿枝接	利用正在生长中的嫩枝梢作砧木和接穗或将贮藏硬枝做接穗嫁接于砧木生长的绿枝上
		根接	用根作砧木
		腹接	在砧木腹部切斜口
		髓心形成层贴接	使接穗的髓心与砧木形成层紧贴
		子苗接	利用生根发芽尚未展叶的子苗作砧木,进行劈接
	芽接	丁字形芽接	在砧木上开丁字形接口
		块状芽接	接芽为块状
		套芽接	接芽为管状套
		分段芽接	在砧木上分段接数个芽
	其他器官接		胚、果实、茎尖等微接
	二重砧接		在普通砧木上接中间砧,再在中间砧接栽培种
	靠接		将不脱离母体的砧、穗靠接

4. 微体快速繁殖

基于植物细胞全能性的理论,在无菌条件下,利用离体的营养器官或组织产生完整新个体的繁殖方法。这种方法的特点,一是作为繁殖的外植体很小,小至细胞;二是繁殖的速度快、繁殖系数高,有的树种,十几天可培养成一株试管苗,一个芽一年可培养 100 万株苗;三是初期在无菌条件下,进行试管育苗。此法虽也是利用离体器官进行无性繁殖,但与常规的方法比较,有极其显著的快繁特点。

三、彩叶灌木植物扦插繁殖原理与方法

(一)彩叶灌木植物繁殖的方法

彩叶灌木植物繁殖的方法可以多种多样, 生产中常采用扦插繁殖技术。扦插繁殖因扦插的枝条木质化程度又区分为硬枝扦插和嫩枝扦插。

1. 硬枝扦插

每年 3~4 月份进行。采用成熟的翌年生枝条,将枝条剪成 10cm左右, 剪口剪成上平下斜, 上芽离剪口 1.0cm 左右, 下芽离剪口 0.5cm,扦插前将插穗整理好,25~50 穗为一捆,插前将插穗基部 3cm长(基部 1 芽)浸泡在配制的生根剂中,低浓度采用 4~12 小时浸泡,较高浓度采用速蘸挂浆方式。

2. 嫩枝扦插

北方地区在 6 月后,平均气温达到 20℃可以进行嫩枝扦插,扦插时注意选择生长充实的枝条,将插穗剪成 2~3 芽为一节,长度为 5~15cm,扦插前将插穗下部 3cm 长(基部 1 芽)浸泡在配制的较高浓度生根激素浆液中,速蘸挂浆后扦插。

扦插繁殖是植物种苗进行大规模工厂化生产的有效途径之一。由于其成本低廉,对设施的依赖程度较低,一直备受青睐。实际生产中,由于在夏季可以获得较多的植物材料,彩叶植物的繁殖常采用嫩枝扦插技术。

(二)影响彩叶灌木植物扦插繁殖的生理、生化因素

从植物学意义上来说,扦插成活的关键是其不定根的形成。早期关于扦插繁殖的研究侧重于从形态解剖上对插穗的生根机理进

行解释。随着研究的深入，人们逐渐关注影响扦插生根的综合要素，如插穗在母株上着生的位置即位置效应（Topophysis）的影响；激素（生根剂）种类、质量浓度，生根基质的影响；插穗空间及根际的温度与湿度的影响等。已有不少研究表明，在木本植物的扦插试验中，激素种类与质量浓度都会影响插穗不定根的形成，但最适的激素质量浓度会随植物种类的不同而变化。据 Jarvis（1983）的报道，只要在插穗适应的范围内，激素质量浓度愈高，其生根率也愈高。与此相反，Hartmann、王国良和闫小红等的研究表明高浓度的激素对茎段插穗的生长产生不利影响。基质的不同也会影响插穗的生根，这主要决定于其物理特性，如基质的保水性、通透性、颗粒空隙度大小等。据 Hartmann 等报道，考虑到植物种类、插穗类型、扦插季节及基质成本等不同因素的影响，很难找到适于各种观赏植物扦插生根的基质。

1. 插条成活原理

（1）插条生根的形态特征

插条生根从形态上划分，不定根在插条上着生的部位是皮部和愈伤部位（包括插条下切面的自由愈伤组织和刺激愈伤组织——插条基部下切口以上 3cm 范围内出现的明显膨大部分），皮部形成的根为皮部根，愈伤部位形成的根为愈伤根。

插条生根的数量及各部位根所占的比例是相对稳定的指标，它与树种遗传特性、组织结构和生理功能的关系较密切，而受土壤条件和栽培技术的影响较小。

梁玉堂，龙庄如（1993）认为，各树种插条根系的长度、粗度、重量等，易受土壤条件（土壤养分、水分、通气状况等）和栽培技术（插条时间、插条规格、插后管理等情况）的影响。他们将各树种插条的生根分为三种类型。

①愈伤部位生根型 树种插条绝大部分根为愈伤根，占总根数的 70% 以上，皮部根较少，甚至没有，许晓尚、童丽丽(2006)发现垂丝海堂不定根由诱生根原基发育形成，诱生根原基源予愈伤部位形成的初生维持与维营形成层高 12 处细胞的分裂分化。愈伤部位生根型树种见表 2-7。

表 2-7 愈伤部位生根型主要树种

树 种	学 名	科 属
紫玉兰	*Magnolia liliflora* Desr.	木兰科木兰属
郁李	*P. japonica* Thunb.	蔷薇科李属
李叶绣线菊	*S. prunifolia* Sieb. et Zucc.	蔷薇科珍珠梅属
珍珠梅	*S. sorbifolia*(Linn.)A.Br.	蔷薇科珍珠梅属
山楂	*Crataegus pinnatifida* Bunge.	蔷薇科山楂属
重瓣棣棠	*Kerria japonica* DC. var. *plena* C.K.Schn.	棣棠花属
李	*Prunus salicina* Lindl.	蔷薇科李属
绣线菊	*Splraea* sp.	绣线菊属
锦带花	*Weigela florida*(Bunge)A.DC.	忍冬科锦带花属
紫薇	*Lagerstroemia indica* Linn.	干屈菜科紫薇属
女贞	*Ligustrum lucidum* Ait.	木樨科女贞属
连翘	*Forsythia suspensa*(Thunb.)Vahl	木樨科连翘属
黄杨	*Buxus sinica*(Rehd.)Cheng	黄杨科黄杨属

②皮部生根型 树木的插条绝大部分根为皮部根，它占总根量的 70% 以上，而愈伤根较少，甚至没有。

表 2-8　皮部生根型的园林植物品种

树　种	学　名	科　属
紫穗槐	*Amorpha fruticosa* Linn.	豆科紫穗槐属
迎春花	*Jasminum nudiflorum* Lindl.	木樨科茉莉花属
爬墙虎	*Hedera sinensis* Tobl.	五加科常春藤属
接骨木	*Sambucus williamsii* Hauce	忍冬科接骨木属
金银花	*Lonieera japonica* Thunb.	忍冬科忍冬属
柽柳	*Tamarix chinensis* Lour.	柽柳科柽柳属
黄栌	*Cotinus coggygria* Scop.	漆树科黄栌属
红瑞木	*Cornus alba* Linn.	山茱萸科山茱萸属

③中间生根型　树种插条愈伤根与皮部根的数量相差较小。

表 2-9　中间生根型的园林植物品种

树　种	学　名	科　属
樱花	*Prunus subhirtella* Miq.	蔷薇科樱属
小檗	*Berberis thunbergii* DC.	小檗科小檗属
金边黄杨	*E. japonica* var. *Aureo-marginatus* Nichols.	卫矛科卫矛属
银边黄杨	*E. japonica* var. *Albo-marginatus* T. Moore	卫矛科卫矛属
大叶黄杨	*Euonymus japonica* Thunb.	卫矛科卫矛属
山葡萄	*Vitis amurensis* Rupr.	葡萄科葡萄属
葡萄	*V. vinifera* Linn.	葡萄科葡萄属
金边女贞	*Ligustrum lucidum* Ait cv. 'Aureo-marginata'	木樨科女贞属
探春花	*Jasminum floridum* Bunge	木樨科茉莉花属

表 2-10　树种插条生根分类

项　目	皮部生根型	中间生根型	愈伤部位生根型
皮部根占总根数(%)	70~100	30~70	0~30
愈伤根占总根数(%)	0~30	30~70	70~100

（2）插条不定根的排列方式

①皮部根的排列方式　皮部根在插条上的排列方式,因树种分为散生、簇生、轮生及纵列 4 种。了解不同树种插条不定根的排列方式,对插条的截取有一定的指导意义。如轮生排列的树种应选用节间短的枝条做插穗,并使下切口位于茎节稍下处,如红花多枝怪柳等。散生:如红瑞木等。簇生:如金山绣线菊等皮部根多属此种。纵列:葡萄科等多属品种。

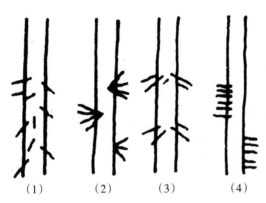

（1）散生（2）簇生（3）轮生（4）纵向排列

图 2-1　皮部根排列方式示意
（引自梁玉堂,1993）

②愈伤根的排列方式　愈伤根的排列方式取决于愈伤组织的特性和形状。而插条下切口愈伤组织的形状因树种及插条的粗度而异。一般有以下 3 种情况。

愈伤组织长满整个下切面呈圆球形或扁状,愈伤根在整个愈伤组织上呈须状或簇状。

愈伤组织只在插条下切口横断面的形成层周围形成瘤状环,愈伤根从环的四周边缘长出呈轮状, 插条的髓心部分并未被愈伤组织所覆盖。

除下切面形成愈伤组织外,在下切口向上3cm范围内,由于受刺激,促使薄壁组织迅速分裂,形成明显肥大的刺激愈伤组织,而愈伤根除部分着生于自由愈伤组织外,多数由刺激愈伤组织长出。

(3)新茎根

插条成活后,由上部第一个芽(或第二个芽)萌发而长成新茎,当新茎基部被基质掩埋后,往往能长出不定根,这就是新茎生根。

新茎基部所产生的不定根,常呈轮状排列,其数量因树种而异。一般新茎根的数量为皮部根的15%~65%。

有的树种,如紫叶李为愈伤部位生根型,皮部根很少,但新茎基可长出不定根。对能产生新茎根的树种,在新茎部及时进行培土,能促进新茎生根。从而使插条形成三层根(愈伤根、皮部根、新茎根),以增加根系数量,提高苗木的产量和质量。

(二)插条生根的解剖特性

插条上生长的皮部根或愈伤根都由根原基发育而形成。按照根原基形成的时间和原因可为两类。

1. 先生根原基生根

在树木生长期内,枝条中就形成了根原基,这种根原基是在插条扦插以前形成的,因此称先生根原基。当插条扦插在适宜条件下,先生根原基可以分化发育形成皮部根。

先生根原基是一团特殊的薄壁细胞群,其细胞质较浓,排列较紧密。通常位于枝条宽髓射线与形成层的结合点上。枝条未脱离母体,其分化较慢。苹果属、山茱萸属等的树木枝条能形成先生根原基。各树种间根原基发生的时间差异显著。马德滋先生等研究圆柏先生根原基认为,圆柏先生根原基由第二年开始形成,到第五年其生根成活能力最强。苹果的先生根原基一般在第一年或第二年形成。

树木先生根原基形成的时间,主要取决于树种的生物学特性,与环境条件也有一定的关系。同一树种,在不同条件下,先生根原基形成早晚有差异。枝条具有先生根原基,且数量多、分布广,插条繁殖容易生根成活。苹果属枝条中先生根原基的品种数量也不少,但扦插繁殖却很难生根成活,原因在于苹果先生根原基的经过一年以上的时间才能完全木质化,根原基失去分裂机能所致。相反,葡萄枝条并未发现有先生根原基,但扦插后容易生根成活。

2. 诱生根原基生根

插条经刺激和环境的诱导而产生的根原基,继而分化发育而形成根,称诱生根原基生根。

从细胞全能性观点来看,植物有分生能力的薄壁组织,在一定条件下,能够分化根原基。就树木插穗来讲,扦插以后,诱生根原基主要在幼嫩愈伤组织细胞、形成层细胞、射线细胞、韧皮部薄壁细胞等部位产生。

幼嫩愈伤组织细胞分化诱生根原基是较普遍的现象。刺槐等豆科树种,均能在插条幼嫩愈伤组织中分化诱生根原基,也可称为愈伤根原基。

幼嫩愈伤组织除了能形成诱生根原基之外,它的形成至少在两方面对插条生根是有利的,即保护插条免受腐烂和利于插条吸水。

嫩枝扦插时,起初由于叶片蒸腾受外界气温影响很大,插条在生理上极不稳定。这一过程至愈伤组织形成才趋于缓和。在愈伤组织内部很快分化出愈伤木质部,与插条维管组织相连接,形成了有利于吸收和运输的解剖结构(梁玉堂、王道通,1987)。因此,鉴于幼嫩愈伤组织能产生诱生根原基,并具有保护伤口,吸收水分、养分的功能,应该说,愈伤组织与插条生根有着很密切的关系。

难生根的树种绝大多数是愈伤部位生根。由幼嫩愈伤组织细胞分化发育根原基,最后形成愈伤根,它的形成需要经过根原基发端细胞—根原基发端—根原基—愈伤根等一系列分化和形成过程。最初阶段是在幼嫩愈伤组织内,薄壁细胞的细胞质变浓,细胞核增大,进行这种反分化的薄壁细胞,称为根原基发端细胞。很多根原基发端细胞,组成根原基发端,根原基发端细胞经过一系列的分裂和发育,形成根原基。初期的根原基外形呈卵形,随后中心部位发生不规则分裂;外围细胞的分裂速度又加快,故使细胞群的体积开始伸长和扩大;中心和外围细胞进一步分裂,逐步形成根原基形成层柱、基本分生组织、原表皮等,最后形成一个外形似指状的突起,组织上完善的根原基。根原基经过细胞分裂和伸长生长,突破愈伤组织,突出体外,成为愈伤根。

愈伤组织生根是一种较普遍的现象,愈伤根原基的分化,首先依赖于愈伤组织的形成。因此,从解剖学的观点看,愈伤组织作为不定根发端的前体,它与插条生根有直接关系。

此外,大块愈伤组织可以消耗大量有机养分,因此,愈伤组织的过量生长,对愈伤根的形成也是不利的。

3. 插条生根的生理、生化基础

(1)植物激素

生长素是最早发现的一类植物激素。Sachs(1882)就首先指出,插条基部积累的来自芽和叶的某些物质具有促进生根的作用。Kogl 等(1934)从植物中分离出提纯的吲哚-3-乙酸(IAA),确定 IAA 是一种天然的生长素后,很快就发现 IAA 具有促进不定根形成的作用(Thimanaand Koepfli,1935)。由于 IAA 易于被氧化分解,生产上广泛使用的是人工合成的类生长素物质,即吲哚-4-丁酸(IBA)和 α-萘乙酸(NAA)。

插条生根过程一般伴随着 IAA 含量的升高。对半枝莲、松叶菊等插条研究，IAA 在根原基形成前后出现最高值，生根后下降。即使具有先生根原基的树种插条如杨树，也呈现类似的变化，且有树种生根愈伤活性愈强的倾向（和田英夫，1969）。碳原子示踪研究表明，IAA 主要通过维管束的极性运输积累到根发端区。IAA 的积累诱导生根（Friedman，R.A.Altman and E.Zamski，1979；Smith and Thorpe，1975）。有的研究还认为，IAA 是根原基形成的"触发器"且在不定根形成初期比后期作用更大，有时 IBA 是不可缺少的（Mohammed and Eriksen，1974；Haissig，1970，1972，1982）。

生长素促进插条生根的方式，首先表现在对插条内部养分分配的调节作用，使插条下切口附近，准确地说是使根原基发端区，成为体内养分的吸收中心。这是由于生长素处理增加了细胞壁的透性，或用其他方式影响了正常的渗透过程，从而造成较大比例的代谢产物积累到了根发端区（Cameron，1970）。Haissig（1982）证实，生长素促进糖向插条基部的运输和代谢。Breen 和 Muraoka（1973）用 IAA 处理李树插条，发现基部 ^{14}C 含量是未经处理插条基部的 6 倍，且 87%~95% 的放射性物质集中在插条基部的乙醇提取物（含蔗糖、葡萄糖、果糖、山梨糖醇）中。

植物的生长发育活动受酶的调节。IAA 处理又常常导致某些酶活性加强和产生。如 IAA 能诱发茎组织内形成淀粉水解酶，促进磷酸激酶的活性，从而推动呼吸链的快速运转，为生根提供充裕的能量和代谢产物。但 Haissig（1982）以菜豆插条为材料，研究糖酵解和磷酸戊糖途经中几种酶的活性，发现只有甘油醛-3-磷酸脱氢酶受 IAA 促进，葡萄糖-6-磷酸脱氢酶，磷酸果糖激酶和 6-磷酸葡萄糖酸脱氢酶不受 IAA 影响。

Jan 和 Nanda（1970）使用某些代谢抑制剂如 5-氟脱氧尿苷，放线菌素和放线菌酮,通过调节 DNA 和 m-RNA 复制而影响生根所需蛋白质的合成,成功地抑制了 IAA 的作用。他们分析,IAA 对生根的促进作用,很可能在于 IAA 解除了对 m-RNA 合成的基因抑制,诱导 m-RNA 的合成,从而产生生根所需要的酶蛋白。IAA 对核酸的影响也许是根本性的。

细胞分裂素是一种促进细胞生长与分裂的植物激素。一般说,单独使用细胞分裂素对生根没有或很少有促进作用。细胞分裂素主要调节芽的产生。它与生长素在控制植物器官发育方向上存在着一种复杂的、有时甚至是相互制约的关系。

赤霉素的作用主要是促进植物茎的伸长。有研究表明,赤霉素对插条生根阶段性影响比较明显, 在根原基发端阶段使用赤霉素有很强的促进生根效果,发端前、后阶段则有抑制作用(Smith 和 Thorpe,1975)。赤霉素的作用主要是降低了根原基内的细胞分裂,阻碍了生长素在根原基发端阶段发育过程中的作用。降低插条组织中天然赤霉素的水平会刺激不定根的产生。

脱落酸是一种植物生长抑制剂。秋海棠叶插表明,脱落酸促进叶插条不定芽的产生,但减少不定根形成的数量,不定根长度也受到显著影响(Heide,1968)。

适当浓度(10~20mg/L)的脱落酸能够增强生长素促进生根的效果,但当浓度为 50mg/L 时,则表现出强烈的抑制作用(Basu,1970)。

脱落酸能够促进洋常春藤插条生根, 并可部分地抵消赤霉素对插条生根的抑制作用(Chin 等,1969)。

乙烯也是一种内源生长激素,它的生理作用是多方面的。使用一定浓度(约 10mg/kg)的乙烯不但可促进插条内先生根原基的生长,对茎和叶组织内不定根产生也有促进作用(Zim-merman 和 Hitchcock,1933)。由于生长素诱导产生乙烯的缘故,研究者据此认为生长素促进生根与乙烯的产生有关。

（2）生根辅助因子

生根辅助因子是相对于生长素在生根中的作用而提出的。自从Sachs（1882）提出生根物质至20世纪30年代发现并广泛应用生长素处理促进插条生根后，发现有时生长素对生根的促进作用并不理想，常受其他一些因素制约。无芽插条用生长素处理，对生根是无效的。有些研究证明，叶也能产生促进生根物质，带叶插条，叶早脱落，对生根是不利的。

因此，除生长素外，插条体内还存在一种由芽和叶内产生的一类特殊因子，对生根是必不可少的。植物生理学家把这类辅助生长素而产生促进生根作用的物质称为生根辅助因子。也有的文献把这类物质增强生长素促进生根的效果称为增效作用，因此这类物质"成根素"（rhizocaline）又被称为生长素增效剂。

（3）内源生根抑制物质

一些天然难生根的树种不能生根，同插条内含有内源生根抑制物质有关。Spiege（1954）用纸层析方法研究葡萄枝条，发现枝条内存在二种生根抑制物质，其中一种溶于水，用水浸泡枝条可提高插条生根的数量和质量。浸出液对易生根的葡萄（*V. vinifera* L.）插条生根有很强的抑制作用。难生根葡萄（*V. berlandieri* L.）枝条内抑制物质含量较高。

西洋梨休眠季节枝条芽内抑制物质含量最高。尤其是枝条芽内抑制物质含量几乎在全年所有季节中都很高，这是何时扦插都难以生根的原因。

梁玉堂等（1987）的研究认为，刺槐和白榆插条一般在秋末较春季难以生根。是因秋末枝条内存在有很高的抑制物质含量，而春季抑制物质含量基本消失，生长物质含量大大提高。插条的生根能力受内源抑制物质和生长物质比例的消长变化所控制。实践中，常采取休眠枝条冬藏法,休眠枝条扦插基部加热法(枝条上部裸露部分仍保持低温状态)和初春扦插前浸水处理等措施,以降低枝条内抑制物质含量,增加内源生长物质含量,达到提高扦插生根率的目的。

(4)不定根形成过程中插条组织内的代谢变化 由于剪切插穗使植物组织受到创伤刺激,以及插条脱离母体后内外条件的改变,就必然导致插条组织内正常生理生化反应的变化。插条愈伤组织的形成和不定根的产生,基本上代表了这一特殊时期植物组织内代谢的方向。发育反映代谢、代谢控制发育两者之间表现出互为因果关系。

碳水化合物代谢对不定根发育起着重要的营养和能源供给作用。有研究表明,生根期间插条基部的淀粉含量持续下降,其中山梨糖醇下降最显著,而游离糖的浓度则保持稳定。游离糖的水平可能是通过淀粉和山梨糖醇的降解来维持的(Breen and Muraoka,1974)。淀粉作为碳水化合物的供给源被利用(Molnar 和 Lacroix,1972)。

生长素处理能明显促进淀粉的降解,增加插条基部糖的含量(Breen and Muraoka,1973)。淀粉降解的酶主要来自茎插穗组织,而不是根原基。嫩枝扦插中,由于枝条体内贮藏的养分少,尽管组织和生理状态活跃,连续的光合产物供应也是插条生根的一个必要条件,这是嫩枝扦插必须带叶的原因之一。特别是对于那些生根期长,且难生根的树种,即使插条体内贮藏的碳水化合物很丰富,也需要通过叶片光合作用或其他形式补充养分。

淀粉水解形成的单糖经过磷酸化生成 6-磷酸葡萄糖后进入有氧代谢途经。有氧代谢提供了不定根发端和生长所需能量、碳素骨架及其他代谢产物,显然抑制有氧代谢就会抑制生根。

6-磷酸葡萄糖通过糖酵解(EMP)过程形成丙酮酸或部分经过磷酸戊糖途径(PPP)生成丙酮酸,进入三羧酸循环。研究者认为,带叶插条比不带叶插条(无根)的 3-磷酸甘油醛脱氢酶的活性高;IAA 处理过的带叶插条,3-磷酸甘油醛脱氢酶的活性比未处理的带叶生根和无根无叶的插条高。用 IAA 处理无叶插条,既促进根原基发端,也提高了 3-磷酸甘油醛脱氢酶的活性。当然,在磷酸戊糖途经中 5-磷酸核酮糖也可以形成 3-磷酸甘油醛。此外,6-磷酸葡萄糖脱氢酶的活性无论插条是否产生根原基或用 IAA 处理, 在 72 小时内部显著提高。但在生根插条中,特别是用 IAA 处理过的插条,3-磷酸甘油醛脱氢酶的活性远远高于 6-磷酸葡萄糖脱氢酶的活性。

Sircar(1983)对插条氮素代谢研究发现,氮素含量同根原基发端似乎并无太大关系。因为不管插条生根与否,插条基部的总氮、可溶性氮和游离氨基酸的含量都是先增加后降低的。 Hyun(1967)指出,插条组织中精氨酸、组氨酸、赖氨酸,特别是 r-氨基丁酸含量较高时生根不良。Kaminek(1969)发现,用 IBA 处理插条抑制根原基发端,增加了 r-氨基丁酸的含量对生根不利。

有研究发现,蛋白质和 DNA 合成发生在根原基的细胞开始分裂之前, 酶活性提高可能是早期合成的蛋白质的某些部分先期活动的结果。由此看来,某些蛋白质对根原基的激活起特殊作用。例如,过氧化物酶与抑制物质的破坏有关, 这些抑制物质可能具有阻碍导致不定根形成的代谢过程的作用。其他酶活动增加可能只是关系到迅速恢复一般细胞的活动。琥珀酸脱氢酶和细胞色素氧化酶则涉及到细胞的呼吸作用,而淀粉酶是把淀粉分解成为糖,作为各种连续合成过程的一般底物(Molnar and Lacroix,1972)。

(三)影响彩叶灌木植物扦插插条生根的内部、外部因素

1. 内部因素

(1)插条生根类型

插条生根类型主要决定于树种的遗传特性。一般来讲,中间生根型的树种,插条繁殖较容易。愈伤部位生根型,皮部生根型的树种较

困难。

(2)树种解剖特性

通常具有先生根原基树种的插条容易生根。这些树种的插条扦插后,在适宜的条件下,根原基分裂、增殖,突破皮层长出根,最先生出的根对插条成活具有决定的意义。但树种和插条内根原基的发育状况不同,生根能力也有差异。

从愈伤组织的功能来看,插条扦插后,尽快形成幼嫩愈伤组织,对插条生根有利。插条组织内的机械组织对插条生根有一定的影响。有些树种生根困难的原因,在于茎皮层组织内有一个厚壁的机械组织环,阻碍了环内侧形成的不定根原基向外生长。Beakbane(1961)对多种果树一年生枝条研究后发现,生根困难的树种常常具有很高的厚壁组织。根际萌发枝中,厚壁组织环薄,中间由薄壁细胞隔断,是不连续状。也有研究认为生根难易的最大差异在于厚壁组织环内侧的茎组织形成根原基的能力,而这一点很可能同根发端组织的细胞扩展、增生直到形成根原基的能力有关。

梁玉堂和王道通(1987)对白榆和刺槐研究发现,它们一般很少皮部生根。经解剖学观察,两树种茎组织皮部都不同程度地存在有厚壁组织环。但经过一定处理(切伤),刺槐和白榆均可由愈伤部位生根。并认为,皮层厚壁机械组织的存在对以愈伤部位生根为主的树种来讲,影响不大或没有影响。

(3)贮藏物质

插条生根(包括萌芽)是一个需要消耗大量营养物质和能量的过程。高的碳水化合物含量有利于生根,高含氮量则影响生根数量,促进枝叶的营养生长。

Haun and Cornell(1951)对天竺葵母株用三种浓度的氮、磷、钾营养液培养后再进行扦插,结果表明,低、中浓度的氮与高浓度相比,提高了插条生根率。

　　枝条碳水化合物含量高低,直观上可通过茎的硬度确定。低碳水化合物含量的枝条软,有韧性;而高碳水化合物含量的枝条坚硬,不易弯曲,折断时有响声。一般来说,水肥条件适中,光照充足的林木枝条较经常处于高水肥或遮荫下的 C/N 比率高;树冠向阳一侧中部侧枝的 C/N 比率高于其他方向和部位;枝条中下部位的 C/N 比高于梢部。又据报道,带花芽的枝条不利于生根。因为开花时需消耗大量养分,相应减少了对生根的供给(Tukey,1931)。

　　梁玉堂认为,C/N 比率作为衡量插条生根能力的营养指标,在很多情况下并不适用。嫩枝扦插时,C/N 高的插条不一定就生根良好。许多成熟枝条的 C/N 比率高,但较幼龄枝条扦插生根要差得多。

　　2. 外部原因

　　(1)母树的年龄

　　母树年龄愈大,插条生根的能力愈弱。这一规律在难生根树种中表现尤为突出。这在对苹果、梨扦插试验中已经证实,插条形成不定根的能力随母树年龄的增加而降低。

　　同一母树上,因枝条着生部位不同,插条生根能力也不同。根颈部位的生理年龄小,插条生根能力强。着生在主干上的枝条,再生能力也较强,插条成活率高,相反,树冠部分和多次分枝的侧枝,插条成活率低。生产上常采用伐干促进根际萌发新枝,修剪或修整树篱的方式,以回复或保持母树的幼年状态。有资料报道,使用激素处理促进植株成年态向幼年态转变,可获得意想不到的效果。常春藤成年植株经生长素处理,诱发了幼年性状的重现。比如采用赤霉素处理巴梨、李和扁桃(Cheydrock 和 Visser,1976)等。

　　在 1975 年,南京林业大学的研究也证实了母树年龄对插条生根能力的影响与组织内生根抑制物质含量有关。

(2)插条类型

根据插条成熟度不同,可把插条分为硬枝和嫩枝二个类型。很多情况下,采条时期又往往决定了插条的类型。落叶树种硬枝插条在休眠季节采条,嫩枝插条则在生长季节采条。

对硬枝或嫩枝插条的选择,若从生理和组织发育状态说,春季或夏季选取的嫩枝插条较冬季硬枝要容易生根。而实际上,在常规条件下扦插,嫩枝要较硬枝难于控制环境条件,所以确定插条选取的类型,还要考虑树种和扦插条件。

目前,根据我国大多数生产苗圃的条件,硬枝仍是广泛应用的一种繁殖材料。大多数落叶树种和一部分常绿树种,采用硬枝扦插都能获得满意的结果。但硬枝插条在休眠季节抑制物质含量较高,这时扦插不易成活。一般生产上常采用冬季低温(0℃~5℃)砂藏、生长素处理促进生根。但随着自动间歇喷雾下带叶扦插技术的推广和应用,嫩枝插条将得到广泛应用。许多难生根树种在弥雾下带叶扦插,都已取得较高的扦插成活率。

关于采条的最适宜适时期因树木种类而异。如女贞几乎在全年的任何时期采条都易生根。

(3)插条的叶面积

嫩枝扦插,插条带叶与否,与生根关系很大。因为叶片能够合成生根所必需的物质,维持微量的光合作用,以补充嫩枝插条生根营养之不足,故保留一定数量的叶面积对生根有利。然而从插条扦插至生根前的这一阶段时间考虑,叶面积愈大,蒸发量也愈大,插条易枯萎死亡。

带叶插条叶面积保留大小,关键取决于对扦插条件的控制。温、湿条件控制比较好的插床,叶面积可相应保留大一些,否则应剪除部分叶片。

(四)插条繁殖技术

1. 扦插繁殖床的布设方法

(1)露地插床

对于容易生根成活的树种,较多采用露地扦插繁殖。接骨木、多枝柽柳、绣线菊、枸杞等均可进行露地扦插育苗。

露地扦插一般在室外进行,扦插基质就是圃地土壤。根据树种要求和圃地土壤特点,可做成各种苗床(高床、低床、平床)和垄(高垄、低垄)。低床、低垄一般在干燥地区应用。在地势较低,特别是要求排水良好的树种,为了便于排水,同时有利于提高地温,可用高床、高垄。高床、高垄一般为南北走向,床高 20~25cm,长度随扦插量确定,床间留有 50~80cm 的作业道。露地扦插环境的控制,只能用简单的措施,如为了提高和保持地温,可用地膜覆盖;为了减少强光照射,降低蒸发,可进行遮阳网遮盖等措施。

(2)塑料大棚及日光温室内插床

在这类设施中,通常制做高垄扦插床,南北走向,床高 25~30cm,长度随扦插量确定,床间留有 50~80cm 的作业道。温室内做床有时可以在床下布设加热的电热丝来提高基质温度。扦插期间可用补光灯等增加光照,条件许可也可增加温度、湿度、光照等自控设备,以提高苗木的产量和质量。

2. 常用的药剂种类

(1)生根激素

常用的生根激素有萘乙酸、吲哚乙酸、吲哚丁酸、ABT 生根粉、2,4-D 等。

使用方法:先用少量酒精(50%、70%浓度)将生根激素溶解,然后配制成不同浓度的药液。低浓度溶液,浸泡插穗下端 6~24h,高浓度可进行速蘸处理(几秒钟到 1 分钟),也可以将溶解的生根激素与滑石粉混合均匀制成糊剂,用插穗下端浸蘸挂浆扦插。

（2）化学物质

用化学药剂处理插穗能显著增强新陈代谢作用,从而促进生根。

常用化学药剂有蔗糖、高锰酸钾、二氧化锰、氧化锰、硫酸锰、硫酸镁、磷酸、硝酸银、尿素等。

（3）杀菌剂

在插条繁殖中,插穗感病腐烂是经常遇到的问题。常用预防药剂有多菌灵、克菌丹、敌克松、瑞苗清等。

（二）硬枝扦插繁殖

1. 插条（插穗）的采集

（1）插条的来源

①从良种采穗圃中采集　从良种化要求来看,插条应由良种采穗圃供应。需要特别强调的是,采条母树一定要生长健壮,无病虫害,同时符合各林种对采条母树的要求,母树树龄要小。

②利用1~2年生的苗干　采用1~2年生苗干做插条,最好选择优良无性系。插条育苗以一年生枝条为好。

③从生长健壮的幼龄母树上采集　木质化插条,一般在秋末冬初树木落叶后至第二年春天芽萌动前采集。过早,营养物质尚未回收。过晚,枝条含水量损失太多,芽已萌动,大量营养物质用于生长,枝条扦插后成活率低。至于某一树种,在整个休眠期中,何时采集为宜,还要考虑其它因素。有些种条经过冬藏,枝条内的抑制生根物质显著降低,因此应在秋季采条。而刺槐枝条,秋采冬藏后,抑制生根物质并未降低,而春季随采随插,效果良好,所以,应在春季采条。

（2）插穗的截制（剪穗）

采集的枝条应及时截制成插穗。在截制过程中,尽量提高枝条的利用率。同一枝条,由于部位不同,生根能力差异显著,截制插穗时,必须因树制宜,考虑枝条质量的异质性。木质化不好,养分含量少的梢部是不能做插穗的。

插穗的长度决定于树种的特性和环境条件,同时还要考虑插穗的粗度,节省枝条,扦插方便等因素。皮部生根型树种,为了使插穗有较多的先生根原基,可适当长些;愈伤部位生根型树种可适当短些;生根快的树种宜短,生根慢的树种宜长。从环境条件考虑,干旱地区或疏松土壤宜长,湿润地区或土壤较黏重宜短。插穗太长,则入土过深,下层土温低,通气不良,下切口愈合慢,生根少,生长细弱;同时浪费枝条。相反,插穗过短,所含根原基数量少,营养物质少,也不利于生根。此外,粗壮枝条可短些,细弱枝条可长些。作为育苗用的插穗,多数落叶树种,以 10~20cm 为宜。柽柳等插穗长度可为 10cm、15cm。金叶接骨木等插穗保留 2~3 芽,有些生长健壮的短插穗也可保留一芽。

插穗的粗度因树种及用途而异。插条育苗,速生树种的插穗粗度为 1~2cm,一般不小于 0.2cm。

除了要求带顶芽的插穗之外,一般树种的插穗上切口为平切口,离开最上面一个芽子 1cm 为宜(干旱地区可为 2cm),太短上部易干枯,影响发芽,过长,扦插后露出地面的部分太多,损失水分太多,而成苗后,上部易形成死桩。

下切口的形状、种类很多,木本植物多用平切口、单斜切口、双斜切口、踵状切口等(图 2-2)。

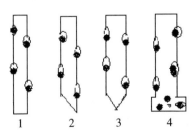

(1)平切口;(2)单斜面切口;(3)双斜而切口;(4)踵状切口

图 2-2　插穗下剪口形状

平切口生根较均匀,便于机械化截条,对于皮部生根型以及生根较快的中间生根型树种,应采用平切口。斜切口与扦插基质接触面积大,形成面积较大的愈伤组织,可吸收较多的水分、养分,提高成活率,但常形成偏根,一般根系多集中在斜面先端,同时截条也较费工。愈伤部位生根型树种,下切口应为斜切面,并力求下切口在芽的附近。踵状切口,一般是在插穗下带2年生枝时采用。

截取插穗时,要求切口平滑,防止劈裂表皮及木质部,以免积水腐烂,影响愈伤生根。要注意保护插穗上端的芽,不受损伤。截制插穗应在背阴处或室内进行,以防干燥。截好的插穗,25~50穗捆扎,上盖湿润物或清水池中浸泡,准备处理、贮藏或扦插。

(3)插穗的贮藏

秋季采条、截穗,春季扦插,插穗要进行越冬贮藏。良好的贮藏条件,可使插穗中抑制生根物质减少,并促进下切口愈伤组织的形成。通用的贮藏方法选择高燥、排水良好的地方挖沟或坑,其深度取决于地下水位的深度和土壤结冻层的厚度。一般深度为60~80cm。长度取决于插穗的数量,宽度以工作方便为宜。贮藏时,先在沟底铺5cm的湿沙(沙的湿度为饱和含水量的60%),再把成捆的插穗直立(小头向上)于沟内,排满一层,上填5cm厚潮湿砂,再放第二层,当放到离地面10~15cm时,上面用潮湿沙覆盖,并用土培成屋脊形,以后随温度的下降,还要不断培土。为便于通气,防止发热,在沟内要插通气禾秆把。贮藏期间,要定期检查。以防止霉烂、干燥,使其安全越冬。

(4)插穗的处理

为了提高插穗的繁殖效果,在扦插前对插穗要进行处理。一般根据树种生根的难易,采用不同的处理方法。

①浸水处理 最简单的一种处理方法。扦插前,将插穗浸泡在水

中,使插穗吸足水分再扦插,有利于生根、抗旱。这种措施在干旱地区插条育苗尤为重要。同时,插穗经浸泡,对于消除抑制生根物质也有一定作用。浸泡时间,一般为 2~3 天,最好在流水中浸泡,如无流水,每天要换水1~2 次。硬枝扦插最好枝条随时采条,随时扦插。

②生长素处理　插条生根的难易,主要决定于树种的特性。生长素对插条成活有头等重要的影响。适当增加生长素的含量,可以加强淀粉和脂肪的水解,提高过氧化氢酶活性,增加新陈代谢作用,提高吸收水分的能力,促进可溶性化合物向插穗下部运输和积累,促进生根。但生长素浓度过大,刺激作用将转化为抑制作用,使插穗内的生理作用遭到破坏,甚至引起中毒死亡。因此,在应用时,要因树制宜,严格控制浓度和处理时间。

③化学药剂处理　常用蔗糖溶液浓度为:1%~5%浓度浸泡插穗下端 12~24h,扦插前将浸泡过的部分用清水冲洗一下,以免感染病菌。蔗糖液与萘乙酸等激素混合处理插穗,其效果比单独用蔗糖液或激素处理更好。

用 0.05%~0.10%的高锰酸钾溶液浸插穗下端有杀菌作用。梁玉堂等用 50~100mg/kg 维生素 B_1 处理悬铃木等插穗,均取得良好的生根效果。

④杀菌剂应用　常用的杀菌剂有浓度为 800~1000 倍的多菌灵 50%可湿性粉剂, 浓度 400~500 倍的克菌丹 50%可湿性粉剂, 浓度 1000~1500 倍的苯莱特 50%可湿性粉剂,浓度 500~1000 倍的敌克松 70%原粉喷雾处理。

⑤催根处理　生产中对一些扦插繁殖难生根的树种曾采用温床催根,在山东等地,刺槐、毛白杨、白榆等树种插条繁殖,扦插前,插穗进行高浓度(500~1000mg/kg)生长素处理,采用高垅地膜覆盖或用低床塑料拱棚方式育苗,都取得良好的效果,这样可省去复杂的催根

过程。

催根电热温床的准备　在日光温室的东头(或西头)用塑料布隔开一间温室作催根用。其顶棚上盖的保温被(或草帘)暂不打开,以避免日光照射而升温。温度上升,并将这间温室后山墙上的通风窗打开,使室内气温下降到10℃以下。再在温室的地面上用地热线和控温仪组装成5~6 m²的电热温床,四周用砖围起来。组装时,温床两端要各固定一根5 cm×5 cm粗的木条,其上每隔5 cm要锯一深约1 cm的小槽,以便将地热线嵌入槽内,使之固定。然后,在布好的电热线上铺一层5 cm厚的湿沙或潮湿蛭石即成。电热温床建好后,要调试其温度保持稳定在25℃左右时便可使用。地温在25℃左右、气温在10℃以下的最佳催根条件,一般品种的插条在10~12天就可以形成良好的愈伤组织,有些还能长出小根,而插条上部芽眼不萌发,达到极为理想的催根效果。

催根使用的基质　催根常用细沙或蛭石等基质。沙子的保湿性虽好,但在透气性上不如蛭石,实践表明,应用蛭石作基质的催根效果比沙子要好。用蛭石作基质除在插条上床时浇1次水外,在整个催根过程中,一般可不再浇水,因而使催根温度一直保持在较稳定最佳状态。

催根时间　利用保护地育苗,催根的时间在北方可提早到2月下旬进行,3月上旬便可将催好根的插条分别插入准备好的塑料袋中,在塑料袋里经过2.0~2.5个月的培养,在5月晚霜过后即可定植。

插条预处理　对一些生根较困难的树种或为了某种目的,在采条前,对将来要用作插穗的枝条进行预处理,以取得良好的插条繁殖效果。对树干基部的萌生条或根蘖枝条的基部埋土,树上枝条可用黑布或黑纸袋套装,进行黄化处理,可促进插条生根。

（5）扦插方法

种条从贮藏窖中取出后，先在清水中浸泡 24 小时，使之吸足水分。然后根据品种剪成 10~12cm，最长的 15cm 左右插穗。剪条时，顶端要留饱满芽，在顶芽上方 1.0~1.5cm 处平剪，以减少种条内水分的蒸发，在下端近芽 0.5~1.0cm 处、芽眼的对面 45°左右斜剪，使之有较大伤口面，易于形成较大的愈伤组织。然后将剪好的插条按长度分类，每 25~50 穗捆成一捆，下端墩齐，以便催根时插条基部受热一致，愈伤组织形成整齐。捆好后在种条上挂上名牌，再排放在电热温床上，将种条下部盖上蛭石（露出顶芽）催根。在催根开始时，如蛭石较干，则需用喷壶浇 1 次水。在催根过程中，只要蛭石还保持湿润就不必浇水，但必须经常检查催根温度是否正常。催根后第 10 天开始，要对插条愈伤组织的形成情况进行检查，若愈伤组织形成很好，并有少量出现小根，即可取出上袋。若愈伤组织形成不很完全，则可再埋入蛭石中继续催根 1~2 天。

取出上袋的催根插条，要经 1 次挑选，将愈伤组织形成不好的或尚未形成愈伤组织的少数插条选出，另行捆好，再放入电热温床，继续催根；同时要把催根过量、根长出较长的插条（少量）选出。这些带根插条要像栽小苗一样，栽入营养袋中，以免伤根过多，影响苗木质量。大多数愈伤组织形成正常，甚至有的出现一点小根的插条，均可直接扦插上袋，每袋插入 1 根，营养袋中的营养土 可用园土、腐叶土（或草炭）和黄沙各 1 份配制成，也可用草炭 2 份加黄沙 1 份配制。如有经腐熟的鸡粪或饼肥，可在配好的营养土中加入 3%~5% 的有肥料，以增加营养土的肥效。但切忌加入未经腐熟的肥料，以免肥料发酵，烧坏幼根。

第二节　彩叶植物营养繁殖的环境条件

彩叶植物营养繁殖的环境条件决定了繁殖植物材料的种类与实际效果。要做好彩叶植物的营养繁殖,尤其是扦插繁殖,必须考虑以下几方面条件。

一、设施

设施条件是营养繁殖的硬件配置,设施条件优劣与繁殖的成苗量及质量通常会存在一定关联。

1. 普通日光温室

把受光面(前坡面)夜间用保温被覆盖,东、西、北三面为围护墙体的单坡面塑料温室,统称为日光温室。其雏形是单坡面玻璃温室,前坡面透光覆盖材料用塑料膜代替玻璃即演化为早期的日光温室。日光温室的特点是保温好、投资低、节约能源。

日光温室主要依靠吸收白天日光光照提高温室内环境及地面、墙体等温度并在夜间由墙体、地面等蓄热部位释放热量,结合保温被的合理使用使之维持温室内部温度, 或和保温加温设备协同来维持温室内温度。由于日光温室是较简易的设施,充分利用太阳能,在寒冷地区一般不加温就可进行苗木繁殖栽培。

日光温室在北方应用较多,一般作为晚秋的防霜、御寒或者在早春解冻前育苗用。

在国内各地,日光温室的结构不尽相同,分类方法也比较多。按墙体建造材料分主要有干打垒土温室、砖石结构温室、复合结构温室等。按后屋面长度分,有长后层面温室和短后层面温室及无后屋面温室;按受光面(前屋面)形式分二析式、三析式、拱圆式、微拱式等。按结构分,有竹木结构、钢木结构、钢筋混凝土结构、全钢结构、全钢筋混凝土结构、悬索结构,热镀锌钢管装配及不锈钢管复合材料结构等。

（1）日光温室的性能

日光温室的透光率一般在 60%~80%，室内外气温差可保持在 21℃~25℃。

①日光温室的采光　太阳辐射是维持日光温室温度或保持热量平衡最重要的能量来源,也是植物进行光合作用的主要光源面。

②日光温室的保温　日光温室的保温由保温围护结构和活动保温材料(保温被)两部分组成。前坡面的保温材料通常使用柔性材料以便于日出后收起,日落时放下。

对新型前屋面保温材料的研制与应用要满足自动机械化卷放作业、价格适中、重量适宜、耐老化、防水等要求。

（2）日光温室的构造

主要由日光温室的"三要素"即围护墙体、后屋面和前屋面三部分组成。其中,前屋面是温室的全部采光面,白天采光时段前屋面只覆盖塑料膜(或采光板)采光,当室外光照减弱时,及时用保温被等保温材料覆盖塑料膜,以维持温室的保温。

日光温室后层面可以采用彩钢保温板,后墙和两侧山墙采用砖,外侧可以增设彩钢保温板覆盖,墙体热阻值应达到 $2(1/m^2 \cdot ℃ \cdot hr)$ 以上,并有蓄热特征。采光面可用单层膜、充气膜、PE 中空板等材料配合柔体保温被实施夜间保温。

对于生产单位而言,日光温室完全可以满足生产单位植物扦插繁殖的需要,还可以使用塑料大棚、小拱棚或阴棚结合小拱棚扦插繁殖苗木。

2. 高效节能日光温室

（1）高效节能日光温室的性能特点

①采用热镀锌骨架，轻巧坚固，防腐防锈。

②透光性保温性进一步提高。在北纬 40°左右，冬至前后有 4~5 小时阳光投射角超过 50°，室内受光处于最佳状态，室内南北透光率差异减小。

严寒冬季晴天时，室内外温差达 22℃~25℃，室内 10cm 地温不低于 11℃，室内气温较普通型日光温室提高 3℃~5℃，后墙表面和地温均有相应提高。

③采用高脊无柱式结构设计，并加大采光面前端角度，室内空间大，便于机械化作业、多样化、立体化种植，土地利用率高。

④采取计算机优化采光曲线，采光好，升温快。

⑤新型复合保温被配合复合保温墙体，多重保温效果好。

⑥采用强化后屋面板，质量轻，结构强度好，保温性能优，是目前较好的后屋面材料。

⑦采用电动卷被机构，自动化程度高。

⑧可采用机械式手动或自动卷膜通风，提高综合性能。

（2）设计要求【二代日光温室（-GH）结构为例（图 2-3）】

棚长 80m，后山墙高 2.8m，后山墙至下风口宽度（净跨度）8m。改造建设，可将原温室内脊高立挂钢梁移至温室后山墙外 0.8m 处，与地面夹角 75°，每 3m 一个，下部做 1m³ 425# 砼浇注，砼凝固后，上端横担ϕ20cm 钢管与两侧山墙等长并焊接。拱架依据宁夏二代日光温室基本参数，设计拱架脊高 4.2m，后屋面仰角 42°、长度 1.81m、水平投影 1.35m；拱架直接焊接于后山墙外横担钢梁上。后屋面由内向外为防水板（2.0mm），防水油毡，发泡聚苯乙烯颗粒，防水板，油毡，挂浆网，水泥找平层，外布 SBS 防水卷。

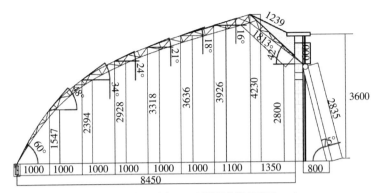

图 2-3　二代日光温室(-GH)棚型参数示意(mm)

(3)二代日光温室(-GH)建造材料

①基建材料　¢4cm、¢6cm 焊管,焊条(型号:大桥牌),防锈漆,亚光防水面漆,¢8mm、¢10mm 圆钢,水泥(425#),砂石,红砖等。

②配套安装材料　防风卡槽(0.7mm),卡簧(塑封),卡片,卡箍,高强度钻尾螺丝(2.5~3.0mm),电动(或手动)卷膜器,镀锌管(¢4cm、¢6cm)。

(4)二代日光温室(-GH)相关参数

表 2-11　二代日光温室 -GH 主要设计参数

参数	数值	参数	数值
主拱架长度(m)	8.5	前屋面水平投影长(m)	7.1
跨度(m)	8.45	温室前角(°)	32
脊高 (m)	4.23	拱架底角(°)	60
后墙高 (m)	3.6	后屋面仰角(°)	42
脊跨比	0.5	横拉杆数(根)	3
墙跨比	0.4	骨架间距(m)	1
后屋面坡水平投影长(m)	1.35	骨架数(根)	80
棚长(m)	80	保温被有效覆盖面积(m²)	687.2

（5）二代日光温室（-GH）采光屋面角特点

温室前屋面采光入射角 θ、有效截获面积计算依据下式：

$$\theta=90°-\beta-\alpha$$

式中，

α 为太阳高度角，单位°；

β 为屋面倾角，单位°。

根据日光温室参数及光能的截获量图，可计算出光能有效截获面积。

为提高温室屋面的透光率，应尽量减小屋面的太阳光入射角 θ，如图 2-4 所示。θ 值越小，透光率越大，反之透光率就越小。当太阳正对日光温室前屋面时，入射角 θ=90°-β-α。因太阳高度角 α 时刻在变化，所以太阳高度角统一采用冬至日正午时刻的固定 α 值衡量入射角 θ 值随 β 变化特点。在冬至日正午，银川太阳高度角 α 为 28.6°，θ= 90°-β-28.6°。

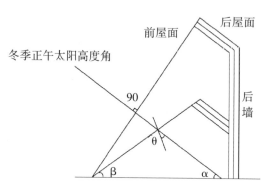

图 2-4　太阳高度角和采光屋面角示意

增加距底脚 1~2m 处的 β 值变化对减少入射角 θ 值最为明显。二代日光温室-GH 拱架倾（水平）角与距底角距离的关联方程可以表达为 $y(\beta)= 70.46e^{-0.22x}$，$R^2 = 0.962$，呈现指数关联。同时，入射角 θ

值与距底角距离的关联方程变化趋势符合对数关系，方程可以表达为 $y(\theta)= 24.19\ln(x) + 0.365$，$R^2= 0.980$。

（6）温室的跨度、高度与受光截面特点

日光温室跨度和高度影响光能截获量，在冬至日正午，银川的太阳的高度角为 $\alpha=28.6°$，一代和二代日光温室-GH 在不同跨度和脊高下，光能的截获量如图 2-5 所示。二代日光温室-GH 光能截获量比原一代温室增大 34%。

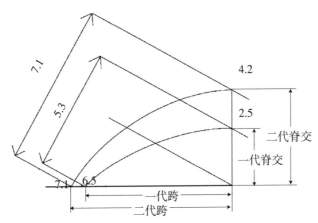

图 2-5　一代与二代结构温室光能的截获比较示意

（7）温室墙体

温室墙体厚度依当地气候和建材而定，新型构件式高效节能日光温室由于采用了复合保温墙体，有效降低了墙体厚度，节省用砖 1/3 以上，仅 37cm 厚的复合保温墙体，保温性能可达 90cm 砖墙的效果。中间保温层采用聚苯烯泡沫板，厚度 5~15cm（具体依各地区气候条件而定）。一般内墙采用 24cm 红砖墙体，外墙采用 37cm 或 24cm 红砖墙体或加气砖。

（8）后屋面材料

后屋面采用轻质高强度 GMC 复合保温板，该板系聚苯板双面强化处理而成。密度为 $18kg/m^3$ 左右,导热系数 $0.03W/M \cdot K$,抗压强度> $0.8kg/cm^2$,吸水性<0.08%,阻燃。施工简单,GMC 保温板上面抹 2~ 3cm 厚水泥砂浆,再做两布三涂防水即可,寿命 10 年以上。

(9)主体拱架

采用普通焊管或热镀锌钢管,主要类型有普通钢管焊接式、镀锌钢管焊接式、热镀锌钢管装配式,根据温室跨度,各地区不同,又有单拱或双拱之分,拱间距 1.0m,温室两侧分别有一根固膜桁架,每根固膜桁架安装卡膜装配,采光面 3 道纵拉杆,后屋面 3 道纵拉角筋,顶部采用专用覆盖连接架,既增加强度,又便于棚膜、后屋面板和保温被的安装。寿命 15~20 年。

(10)透明覆盖材料

采光前屋面采用外覆盖塑料薄膜,现常用的塑料薄膜有聚乙烯膜(PE)、聚氯乙烯膜(PVC)、醋酸乙烯多功能复合薄膜(EVA)、光转换薄膜等。一般采用国产优质长寿无滴膜,1~2 年换一次。

(11)新型复合保温被及卷铺机

新型复合保温被采用超强、高保温新型材料多层复合加工而成,具有质轻、防水、防老化保温隔热、反射远红外线等功能,使用寿命可达 6~7 年,保温效果好,同等条件下,较草苦温度提高 12℃,易于保管收藏。

电动卷铺机采用小功率、大扭拒温室专用电机直接驱动,设有自动摆杆伸缩装置,只需 3~4 分钟就可实现保温被的整体卷放作业,具有省时、省力、省电、可靠性高、操作方便等优点,可增加温室 1 小时采光量。

(12)日光温室环控实用设备配套

①降温系统的配置

除采用手动机械卷膜放风装置和后墙通风口自然通风系统外还

可以安装以下系统。

自动外遮阳降温系统。这一系统主要作用是在夏季薄膜外实施离膜遮阳、降温。由于温室内、薄膜与遮阳网之间、遮阳网外形成三个温度带,中间的高温带利用空气流动可带走部分热量。同时这一系统可以根据日照情况随时开闭,也可根据作物对光照的不同要求选择不同透光率的遮阳网,灵活主动并可实现自动控制。

风机–湿帘强制降温系统。在温室侧墙一侧安装风机,风机数量和型号根据温室的空间、地域以及计算通过湿帘的风速综合考虑,两台风机可满足80m长温室的降温要求。温室另一侧安装湿帘,在湿帘外固定防虫网,防止室外杂物及蚊虫通过湿帘进入室内。由于某些新型日光温室跨度达到10m,上风向安装的湿帘面积可以增加到12.5m^2,过帘风速一般不大于1.8m/s。湿帘风机系统与外遮阳系统共同作用,可显著降低温室内温度。当室外温度达到35℃时普通日光温室内为38℃,连栋温室内为28.5℃,而安装湿帘的新型日光温室为29℃,比普通日光温室低9℃。完全可以满足植物扦插越夏栽培。

喷雾加湿降温系统。为满足一些彩叶植物对扦插育苗期间较高的湿度需求日光温室还可设计安装喷雾降温系统。这一系统与外遮阳配合使用降温效果非常明显。由于雾喷降温对湿度影响太大,有时容易引发病害,该系统通常仅在夏季中午温度过高时间段使用。

②加温与保温系统的配置

地热盘管加温系统。这一系统是根据热耗指标将辐射地热盘管按一定间距双向循环固定在保温材料上,在温室水泥地面和后墙上铺设,通过地热管加热温室地面和墙面,在温室中均匀散发热量,从而在1.8 m以下形成一个热气层,达到增加温度的作用,温室内温度可以达到15℃以上,周期耗煤量为7~9元/m^2。

研究表明,地中加热采暖方式热量缓释、均衡,加温梯度由下而上,符合作物生长需求,效果好。同时土地利用率加大 10%。与安置暖气片相比节约能源,节省维护费用。

活动内保温节能防滴幕　温室内置活动二层幕,夜间闭合,白天拉开。它可以与外覆盖薄膜之间形成密闭的空气间层,减少空气对流并增加一部分热阻,而且防止揭帘后棚膜露水直接落在作物上诱发病害,起到保温防露滴的作用。使用二层幕系统的温室与不使用的进行对比,可提高夜间温度 3℃~4℃。

3. 塑料棚

常用的塑料棚有塑料大棚、塑料中棚、塑料小拱棚。

(1)塑料大棚

①塑料大棚的优缺点

优点:容易建造,方便移动,自身无遮荫,透光性能好,增温快,便于操作,也有利于机械作业,且坚固耐用,可用 15~20 年。

缺点:无保温设施,散热较快,冬寒不易保温,该季节多作冷棚使用。同时,由于棚面易积灰尘,影响透光性能,薄膜需 1~2 年更换。

目前, 宁夏在彩叶植物育苗及其他园艺产品保护地栽培中采用塑料大棚比较广泛。

②塑料大棚内温度变化

早春时期夜间气温 -4℃~-5℃时,棚内应维持 0℃以上,白天外界气温达 15℃~20℃时,棚内气温可达 30℃~40℃,应及时通风。塑料大棚白天温度变化和天气阴晴有关,晴天增温效果好。在大棚关闭不通风时,上午随日照加强,棚温迅速升高,春季 10:00 后升温最快,12:00~13:00 达最高温,下午日照减弱,棚内开始降温,最低温出现在黎明前。

塑料大棚在无加温设备的条件下, 棚内温度高于 10℃的天数一般比节能日光温室少约 40 天。如果有热源条件,在塑料大棚内装上增温设施,则其某些种类的彩叶植物繁殖生产效果完全可以达到与日光温室的同等水平。塑料大棚还可作移栽棚使用,供扦插的幼嫩植物"炼苗"使用,作为定植到大田前的准备。

③影响塑料大棚增温效果的因素

与棚体的大小有关。在一定的土地面积上,棚越高大,近地光照越弱,棚内升温越慢,棚温越低。

与大棚的方位有关。冬季南北向大棚透光率又高于东西向大棚 6%~8%,但东西向大棚的北面受风面大,对温度和棚体的稳定都有一定的影响。

与塑料薄膜种类有关。聚氯乙烯膜保温性能好,它比聚乙烯薄膜平均提高 0.6℃,且耐老化,但易生静电,吸尘性强,而聚乙烯薄膜的红、紫外光透过率高于聚氯乙烯薄膜,故升温快,同时又不易吸尘,棚内水滴少。为降低棚内温度除了注意通风排湿以外,还可以通过铺地膜、改变灌溉方式、加强中耕等措施,防止出现高温、高湿和低温高湿现象。

④塑料大棚的建造类型

A. 竹木结构的塑料大棚是由立柱、拱杆、拉杆和压杆组成大棚的骨架、架上覆盖塑料薄膜而成,使用材料简单,可因陋就简,容易建造,造价低。缺点是竹木易朽,使用年限较短,又因棚内立柱多,遮阳面大,操作不便。

B. 竹木水泥混合结构的塑料大棚与竹木塑料大棚的结构相同。

a. 立柱。立柱分中柱、侧柱、边柱 3 种。选直径 4~6cm 的圆木或方木为柱材。立柱基部可用砖、石或混凝土墩,也可用木柱直接插入土中 30~40cm。上端锯成缺刻,缺刻下钻孔,刻留固定棚架用。南北延长的大棚,东西跨度一般是 10~14m,两排相距 1.5~2.0m,边柱距棚边

1m 左右,同一排柱间距离为 1.0~1.2m,棚长根据大棚面积需要和地形灵活确定,然后埋立柱。根据立柱的承受能力埋南北向立柱 4~5道,东西向为一排,每排间隔 3~5m,柱下放砖头和石块,以防柱下沉。柱子的高度要不断调整。

b. 拱杆。拱杆连接后弯成弧形,是支撑薄膜的拱架。如南北延长的大棚,在东西两侧划好标志线,使每根拱架设东西方向,放在中柱、侧柱、边柱上端的刻里,把拱架的两端埋和用直径为 3~4cm 的竹竿或木杆压成弧形,若一根竹竿长度不够,可用多根竹竿或竹片绑接而成。

c. 拉杆。拉杆是纵向连接立柱的横梁,对大棚骨架整体起加固作用。拉杆可用略细于拱杆的竹竿或木杆,一般直径为 5~6cm,顺着大棚的纵长方向,每排绑一根,绑的位置距顶 25~30cm 处,要用铁丝绑牢,使之连成一体。

d. 盖膜。首先把塑料薄膜按棚面的大小粘成整体。如果准备开膛放风,则以棚脊为界,粘成两长块,并在靠棚脊部的薄膜边,粘进一条粗绳。不准备开膛放风的,可将薄膜粘成一整块。最好选晴朗无风的天气盖膜,先从棚的一边压膜,再把薄膜拉过棚的另一侧,多人一齐拉,边拉边将薄膜弄平整,拉直绷紧。为防止皱褶和拉破薄膜,盖膜前拱杆上用草绳等缠好,把薄膜两边埋在棚两偶宽 20cm、深 20cm 左右的沟中。

e. 压膜线。扣上塑料薄膜后,在两根拱杆之间放一根压膜线压在薄膜上,使塑料薄膜绷平压紧,不能松动。位置可稍低于拱杆,使棚面成互垄状,以利排水和抗风。压膜线两端应绑好横木埋实在土中,也可固定在大棚两侧的地锚上。

f. 装门。我国北方大多在南端设门。用方木或木杆做门杠,门杠上钉上薄膜。采用塑料大棚育苗时,一般将棚内土地按大棚走向做成宽 1.0~1.5m 的小厢。每厢需加盖塑料薄膜,盖的方法与小拱棚相同。没有加热设施的大棚,在严寒季节,同样需采用多层塑料膜覆盖保温防冻。

C. 组装式钢管结构大棚是用镀锌薄壁钢管配套组装而成。我国常用的有 GP 系列,PGP 系列,P 系列 3 种。大多用薄壁镀锌钢管作骨架组装,然后覆棚膜而成。这类大棚四周无墙体,棚内无立柱,故又称之为无柱钢架塑料大棚(图 2-6)。这类大棚规格很多,扦插育苗以宽 8~10m、长 50~60m、脊高 2.0m 的为好。选避风、向阳、地势平坦、土壤肥沃、有排灌条件的地块建造较好。在宁夏棚方向以南北长、东西宽为好,有利于作物均衡受光并抵抗西北风。

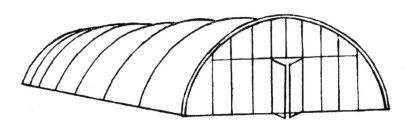

图 2-6　塑料大棚结构示意图

a. 定位。确定大棚的位置后,平整地基,确定大棚的四个角,用石灰画线,而后用石灰确定拱杆的入地点。同一拱杆两侧的入地点要对称。

b. 安装拱杆。在拱杆下部,同一位置用石灰浆作标记,标出拱杆入土深度,后用与拱杆相同粗度的钢钎,在定位时所标出的拱杆插入位置处,向地下打入深度与拱杆入土位置相同,而后将拱杆两端分别插入安装孔,调整拱杆周围夯实。

c. 安装拉杆。安装拉杆有两种方式,一是用卡具连接,安装时用木锤,用力不能过猛。另一种是用铁丝绑捆,绑捆时,铁丝的尖端要朝向棚内,并使它弯曲,不使它刺破棚膜和在棚内操作的人员。

d. 安装棚头。安装时要保持垂直,否则不能保持相同的间距,降低牢固性。

e. 安装棚门。将事先做好的棚门,安装在棚头的门框内。门与门框应松紧适度。

f. 扣膜。将膜按计划尺寸裁好,用压膜槽卡在拱架上。压膜线可用事先埋地锚的方法固定,也可在覆膜后,用木橛固定在棚两侧。

（2）塑料中棚

中棚棚宽 5~6m,中高 1.45~1.80m,长 10m 以上,面积 50~300m²。覆盖 3 片薄膜,留两条放风口。用于育苗时,棚内一般再加小拱棚覆盖,也可用于分苗或单株栽培。

（3）塑料小拱棚

小拱棚的大小根据塑料薄膜的宽度、地形和育苗量确定。西北地区在温度偏低的年份,需要加盖双层或三层塑料膜防冻保苗,但应注意两层膜之间保持一定距离,阻止两层膜之间的空气对流,形成隔热层。

日光温室和塑料大棚两种设施都会使用到棚膜和压膜线,这两种产品的质量会显著影响设施的使用效果,尤其应当注意选择高质量的棚膜。

二、棚膜

棚膜(shed plastic film)用于制作塑料大棚和温室的塑料农膜。覆盖后可为植物提供一个良好的温度、湿度及光质量的小气候环境,并可防止病虫害、减少自然灾害的影响,从而提高植物的产量及品质,或缩短和延长植物生长周期。

(一)常用薄膜的类型

1. 聚丙烯膜(PP)

非拉伸聚丙烯膜(CPP)

双向拉伸聚丙烯膜(BOPP)

2. 聚乙烯膜(PE)

低密度聚乙烯膜(LDPE)

线性低密度聚乙烯膜(LLDPE)

3. 聚酯膜(PET)

4. 尼龙膜(PA)等。

(二)判断薄膜质量的相关性能指标

判断薄膜质量常用透明性、比重(g/mm^2)、每千克膜的面积($m^2/kg\cdot10um$)、拉伸强度(kg/cm^2)、伸长率(%)、冲击破裂强度(kg/cm^2)、撕裂强度($g/25um$)、热收缩性、热焊温度(℃)、透湿性($g/12h\cdot m^2\cdot25um\cdot30℃\cdot90\%RH$)、透氧性($g/12h\cdot m^2\cdot25um\cdot30℃\cdot90\%RH$)来评价，表2–12为几种薄膜12项指标简要说明。

(三)常用棚膜产品

塑料棚覆盖材料主要有塑料农膜、无纺布和寒冷纱等。目前我国生产上常用的塑料薄膜有聚氯乙烯(PVC)、聚乙烯(PE)及乙烯、醋酸乙烯(EVA)等。塑料农膜的种类和特性如下。

1. 聚氯乙烯(PVC)农膜

我国生产的聚氯乙烯农膜大多为透明膜，部分为半透明膜。透明膜的可见光为露地的80%~85%、红外光的45%、紫外光的50%。

聚氯乙烯(PVC)农膜比重大，燃烧时能放出氯化氢，有刺鼻臭味。其特点是保温性能强，热传导率可达到$0.35kcal/m^2\cdot h$；抗张强度(纵横)、断裂伸长率，均强于普通PE和EVA薄膜。最大的缺点是容易吸附尘埃，易降低透光性，影响棚内植物生长。目前，国外已生产了

表 2-12 薄膜质量的相关性能指标

指标 \ 类型	PP		PE		PET	PA
	BOPP	CPP	LDPE	LLDPE		
透明性	透明	透明	透明或半透明	透明或半透明	透明	透明
比重（g/mm²）	0.90	0.89	0.92	0.92	1.37	1.14
每公斤膜的面积（m²/kg·10um）	110	113	109	109	73	88
拉伸强度（kg/cm²）	1925	420	160	390	2025	875
伸长率（%）	80	600	400	600	108	375
冲击破裂强度（kg/cm²）	10	2	9	11	28	5
撕裂强度（g/25um）	5	185	250	440	47	35
热收缩性	会	不	会	会	会	不
热焊温度（℃）	不能焊接	183	150	150	不能焊接	220
透湿性（g/12h·m²·25um·30℃·90%RH）	7.0	5.4	9.5	9.5	20	385
透氧性（g/12h·m²·25um·30℃·90%RH）	2400	3850	8450	8393	77	40
简要说明	比较廉价，性能较均衡，易加工，是最广泛的包装薄膜之一，对氧气等气体的阻隔性能较差。	比较廉价，性能较均衡，易加工，广泛应用即可作单膜也可作复合膜的热封层，对氧气等气体的阻隔性能较差。			强度高，对氧气等气体的阻隔性能较好，是复合薄膜常用基材之一，价格较高。	强度高，耐穿刺性能特别好，对氧气等气体的阻隔性能较好，对水分的阻隔性能较差，价格较高。

防尘薄膜，两面都不易吸附尘埃，对作物生长十分有利。聚氯乙烯本身没有毒，由于在生产薄膜过程中添加了邻苯二甲酸二异丁酯增塑剂，造成对植物有害。目前，日本 85% 以上棚膜采用 PVC 农膜。

2. 聚乙烯(PE)农膜

根据聚乙烯生产工艺特点,又可将其分为 3 种类型,即高压低密度聚乙烯(LDPE)、低压高密度聚乙烯(HDPE)和线性低密度聚乙烯(LLDPE)。高压低密度聚乙烯(LDPE)薄膜简称低密度膜,是我国目前聚乙烯农膜用量最大的一种。其特点是密度低,每吨膜覆盖面积大,透明度和柔软性好;易成型加工,可做成 0.01mm 以上厚度的地膜和 0.05~0.15mm 不同厚度的棚膜。低压高密度聚乙烯(HDPE)薄膜是用低压法聚合成的一种聚乙烯树脂,用它吹制成地膜,其厚度为0.005~0.007mm,常被称为超薄地膜,其特点是密度高、刚性好、强度大,但透明度差,耐老化性不及(LDPE)薄膜。

3. 线性低密度聚乙烯(L-LDPE)

薄膜简称线型膜,它具有高压膜和低压膜的特性,抗张强度和耐穿刺性能与低压高密度聚乙烯膜接近,比高压低密度薄膜高 2~3 倍,耐高温性强。我国北京市塑料研究所及有关厂家已生产了线性低密度聚乙烯与低密度聚乙烯共混地膜、棚膜及线型低密度聚乙烯防老化农膜(连续使用 3 年)。用线型聚乙烯生产的吹塑薄膜,在厚度减薄 30%~50%时,薄膜抗张强度、抗冲击强度和抗撕裂强度等性能均达到技术指标。因此,在生产上节省原料和降低成本。

PE 农膜是我国用量最多的农膜,比重小,放在水里呈漂浮状态,燃烧时有熔蜡状物产生,无刺鼻臭味。其特点是透光性好,价格较便宜,耐低温能力突出。PE 农膜缺点是容易透过红外线而降低其保温能力,抗张力和伸长率也略差,不加防老化剂易老化。

4. 乙烯-醋酸乙烯(EVA)农膜

EVA 薄膜是乙烯-醋酸乙烯树脂吹制而成。这种膜的抗张力、伸长率、保温性等介于聚氯乙烯和聚乙烯之间。

5. 国内常用的功能膜

塑料薄膜的广泛应用,促进了薄膜向多品种、多功能、优质耐用方向发展。目前,我国已研制、生产的主要功能膜有以下几种。

①防老化膜 是农民最喜欢的农膜之一。普通农膜由于受到光、热、氧、水分、微生物、机械等多种因素的综合影响,导致其物理性能、机械性能和外表变劣,直至破裂,影响使用年限。这种质变现象通常称为老化。如果在加工膜时加入防老化剂,即可生产成防老化薄膜。目前,我国生产的聚乙烯防老化膜,一般能使用两年,从而降低了生产成本,节约了原料,深受欢迎。

②无滴薄膜 普通薄膜很易在薄膜表面形成水珠,降低其透光性能,增加棚内湿度。近年来我国生产的无滴膜,可使薄膜表面的水分不成水滴,而成水面,并沿着薄膜表面自然流到地下,克服了有滴膜棚内湿度高的弊病。

③有色薄膜 根据蔬菜生长对某些光质的要求,可将薄膜加工成红、蓝、黑、紫等多种颜色,用于提高产量、改善品质和防除病虫害。蓝光可加强叶绿体的运动,有利于植物生长;红光可增强叶绿素的光合作用。目前,生产上使用比较多的有银灰色地膜,主要用于防避蚜虫;黑色地膜主要用于防除杂草或软化土壤;紫色膜,俗称韭菜膜,用于覆盖韭菜可增产20%~30%。此外,还有红色膜、白色膜、黑白双色膜等。但某些颜色的薄膜,如绿色膜能使植物光合能力下降,生长减弱。

④紫外线阻隔膜 近年来,紫外线阻隔膜是研制应用的新型薄膜之一。它可以阻隔390um以下波长的紫外光,达到促进作物生长,抑制某些病害的目的。据报道,采用阻隔紫外线薄膜覆盖的蔬菜,能促使茎叶长大,推迟叶片老化,增加产量。缺乏紫外线,如菌核菌、灰霉菌无法形成孢子,但炭疽病菌没有紫外线也能繁殖,只是繁殖速度变慢。日本资料介绍,紫外线阻隔膜可抑制果菜类菌核

病菌子囊盘的形成,使之仅能形成柱状体,不能开盘,多数不能形成子实体而枯死,病果率明显降低。某些害虫,如叶螨、蚜虫、南方蓟马,在缺乏紫外光时,无光感。这样就可采用紫外线阻隔薄膜来控制某些病虫害。但蜜蜂在无紫外线条件下也无光感,这会影响其授粉活动。

⑤多功能农膜　多功能膜是农膜的发展方向。如北京市塑料研究所研制生产的多功能棚膜,具有阻隔紫外线、增温(红外光透过率低)、全光性好(阳光经膜后变为散射光,有利植物的光合作用)和防老化四种功能。北京塑料十二厂等国内十多家工厂生产的 0.05mm 厚耐老化多功能农膜,用于中、小棚覆盖可使用一年以上,使生产成本显著降低。

⑥全遮光节能帘膜　正面为黑色铝箔条设计,吸收白天全部的太阳辐射,反面为银色铝箔条设计,反射夜间的地面长波辐射,使全遮光节能帘膜具有保温性能好、节能、超强遮光、表面平整、挺度好的特点。

⑦超长寿命大棚膜　强度高,具有良好的耐老化性能和物理机械性能,流滴性能和保温性能好,连续使用寿命可达两年以上,广泛用于农业种植生产。

⑧PET 抗病毒保温帘膜　可以阻隔 380nm 以下的紫外线,干扰了有害昆虫的生长繁殖;对远红外线透过率小于 15%,使得晚间温室内的保温效果大大提高。如果结合遮阳帘膜一起使用,可组成双层结构的温室,保温效果更好。

⑨UV-PET 反光外遮阳帘膜　采用高比例的铝箔条设计,使温室内植物不受强紫外线的伤害;降温效果明显;折叠式的设计,可随时对温室的光环境进行调节,采用丝与膜组合编织的结构使其遮阳、通风率均优于网状结构,较 PE 外遮阳网纹结构提高 50% 以上,抗风

能力强。由于采用了多种特殊的制造工艺,这种遮阳帘膜不兜风,收缩率小于0.5%,挺度好,不变形,折叠效果好,寿命10年以上。

三、基质

(一)基质的概念

基质是为用于支撑植物生长的材料,可以是泥炭、蛭石、珍珠岩等几种物质的混合物,在现代工厂化扦插育苗生产已广泛应用。

(二)基质的主要作用

1. 支撑植物

为根系生长提供基础,起支撑植物使其直立生长的作用。

2. 保持水分

植物生长需要水分,基质如珍珠岩可以吸持自身重量3~4倍的水分,质量好的泥炭也可吸持自身重量几倍的水分。这在植物扦插,尤其是绿枝(嫩枝带叶)扦插时能够保证在扦插喷雾间歇期间不致使扦插植物失水而受到水分的胁迫。

3. 良好的透气性

基质的空隙存有氧气,可满足植物根系呼吸所需的氧气又是吸持水分的场所,因此基质在透气和持水两者之间有着一定的对立统一关系,即基质中空气含量高时,水分含量就低,反之亦然。质量好的基质能够协调水和空气之间的比例,满足植物生长的需求。

4. 缓冲作用

良好的基质也有一定的缓冲作用。缓冲作用可以使扦插植物具有稳定的生长环境,即当外来物质或植物根系新陈代谢过程产生一些有害物质危害植物根系时,基质发挥其缓冲作用会将这些危害消除。在植物扦插生根后的生长过程中,常会因为施用了生理酸性肥料,致使植物吸收肥料过程中产生较强的酸性而危害根系,好的基质可以将这些危害植物的活性酸消除。

显然，良好的栽培基质应具有上述四种作用，而这些特性是由其本身物理、化学性质决定的。

（三）基质的特性

1. 基质的物理性质

对扦插植物影响较大的基质物理性质主要有容重（密度）、总孔隙度、持水量空隙比以及颗粒大小等。

（1）容重（密度）

指单位体积基质的质量。基质的容重反映基质的疏松、紧实程度。容重太大，则基质过于紧实，透水性、透气性都比较差，对植物根系生长不利；容重过小，则基质过于疏松，透气性较好，有利于扦插植物根系的伸展，但不易植物生长过程中的固定。

（2）总孔隙度

指基质中持水孔隙和透气孔隙的总和，以相当于基质体积的百分数来表示。总孔隙度大的基质，它的空气和水分的容纳空间就大，基质较疏松，较利于扦插植物根系的生长，但对于扦插植物根系的支持固定作用或许较差、易倒伏。例如椰糠、蛭石、岩棉等的总孔隙度在90%~95%，单独使用有时就会出现上述现象。

总孔隙度较小的基质较重，如砂的总孔隙度约为30%，所以在实际使用时，常将几种基质混合成复合基质来使用。

（3）大小孔隙比

总孔隙度只能反映在一种基质中空气和水分能容纳的空间总和，它不能反映出基质中空气和水分各自能够容纳的空间。大孔隙是指基质中空气所能占据的空间，即通气孔隙（或称自由孔隙）。小孔隙是指基质中水分所能占据的空间，即持水孔隙。通气孔隙和持水孔隙之比即为大小孔隙比。大小孔隙比能够反映出基质中水、气之间的状况，如果大小孔隙比小，则空气容量小，而持水量大。通气孔隙和持水孔隙最理想的比率是 1:1。

（4）颗粒大小

基质的颗粒大小直接影响着容重、总孔隙度和大小孔隙比。颗粒大小，用颗粒直径表示，同一种基质，颗粒越粗，容重越大，总孔隙度越小，大小孔隙比越大。反之，颗粒越细，容重越小，总孔隙度越大，大小孔隙比越小。因此，为了既能满足扦插植物根系吸收水分的需要，又能满足根系吸收氧气的需要，基质的颗粒宜粗但不能太粗，颗粒太粗。虽然通气性好，但持水性较差，种植管理上要增加喷雾的次数；颗粒太小，虽然能有较高的持水性，但通气不良，容易使基质内水分过多，造成缺氧，影响根系的生长。

2. 化学性质

基质的化学性质对植物生长有较大影响，主要有基质的化学组成及由此引起的化学稳定性、酸碱性、阳离子代换量、缓冲能力和电导率。

（1）化学稳定性

基质的化学稳定性是指基质发生化学变化的难易程度。

（2）酸碱性

基质不同，酸碱性也不一样。基质酸碱性分为酸性、碱性和中性。过酸和过碱都会影响营养液的平衡和稳定，必须对各种基质进行检验，采取相应措施予以调节。

（3）阳离子代换量

基质的阳离子代换量（CEC）以 100g 基质代换吸收阳离子的毫摩尔（mmol/100g 或 cmol/kg）数来表示。有的基质几乎没有阳离子代换量，有些却很高，它会对基质中的营养液产生很大的影响。基质的阳离子代换量既有不利的一面（即影响营养液的平衡，使人们难以按需控制营养液的组分），也有有利的一面（即保存养分、减少损失），并对营养液的酸碱反应有缓冲作用。

（4）缓冲作用

基质的缓冲能力是基质在加入酸、碱物质后，基质本身所具有的缓和酸、碱变化（pH 值）的能力。缓冲能力的大小，主要是由阳离子代换量以及存在于基质中的弱酸及其盐类的多少决定的。一般阳离子代换量高的基质，其缓冲能力就大。含有较多碳酸钙、镁盐的基质对酸的缓冲能力大，但是缓冲作用是偏性的（只缓冲酸性）。含有较多腐殖质的基质对酸碱两性都有缓冲能力。总的来说，在常用基质中，植物类型基质都有缓冲能力（如泥炭），但大多数矿物性基质缓冲能力都很弱。了解基质的缓冲能力，便于在生产中充分利用其优点。

基质缓冲能力的大小，不能用理论计算出来，但可通过加入定量的酸或碱后，测定其 pH 值的变化求出。

（5）电导率

基质的电导率（EC 值，ms/cm）是指基质未加入营养液之前，本身原有的电导率。它反映基质中原来带有的可溶性盐的多少，直接影响到营养液的平衡。如树皮、谷壳等基质含有较多的盐分，而一些质量较高的泥炭是由苔藓植物经过矿化和腐殖化作用形成的，其盐分含量较低，即 EC 值较低，便于在使用过程中调配，不会造成对扦插植物的伤害。使用基质前，应对其电导率了解清楚，以便作出适当的处理。不过电导率只反映盐分总含量。

表 2-13 田土与扦插基质理化性质比较

栽培基质	比重（密度）（g/cm³）	全孔隙率（孔）	气相率（%）	液相率（%）	阳离子交换量 CEC（cmol·kg⁻¹）
田土	1.10	54.4	10.4	44.0	1.8
河沙	1.40	45.5	26.6	18.9	<3.0
蛭石	0.36	89.6	16.0	70.6	100~150
珍珠岩	0.18	92.4	55.6	36.8	0.5
腐叶土	0.20	90.7	52.0	38.4	98.0

来源：俞晓艳，张光弟（2002）。

从表(2-13)中可以看出:珍珠岩与其他基质比较,全孔隙率、气相率高于蛭石、田土、河沙;比重低于蛭石、田土、河沙;液相率、阳离子交换量低于蛭石而高于田土、河沙;说明珍珠岩在测试基质中质量最轻。蛭石液相率、阳离子交换量明显高于珍珠岩、农田土、河沙,则具有较强的保水、保肥能力。朱士吾,1989指出盆栽用土的阳离子交换量在 $100cm^3$ 中以 10~100 当量摩尔为好。超过这一标准则会造成盐类积聚的危险。由于蛭石具有较高液相率,较低的气相率、通气率,因此,单独使用则有造成盐类积聚的可能。将蛭石与其他基质混合则有利于扦插植物的根系生长发育。显然将基质按不同比例相混合,既可降低成本又能促进扦插植物的生长。

3. 基质的分类

(1)按基质的组成成分分类

可分为有机基质和无机基质两类。如砂、石砾、岩棉、蛭石和珍珠岩等都是无机物组成,称为无机基质。而树皮、泥炭、蔗渣、谷壳是由有机残体组成的,称为有机基质。而陶粒、炉渣(粒径 1.0~1.5mm)、锯末通常不用做扦插基质材料使用。

(2)按基质的性质分类

可分为惰性基质和活性基质两类。所谓惰性基质是指基质本身不能提供养分,如砂、石砾、岩棉等。活性基质是基质本身可以为植物提供一定的营养成分或具有阳离子代换量,如泥炭、蛭石等。

(3)按基质使用时组分不同分类

可分为单一基质和混合基质。单一基质是指以一种基质为生长基质的,如砂培用的砂。所谓混合基质是指由两种或两种以上的基质按一定比例混合制成的基质。生产上为了克服单一基质可能造成的容量过轻、过重、通气不良或通气过盛等弊病,常将几种基质混合,形成混合基质来使用。结构控制比较好的基质可以单独使用。

（4）种苗生产常用的基质种类

现在园艺上常用的扦插基质原料有很多，但由于扦插育苗生产的特殊性，我们应当使用即安全又经济的基质：加拿大进口泥炭、国产蛭石和珍珠岩，或者这二者、三者的混合物；当然有些扦插植物在素沙中就容易生根，并且根量、根长并不比在其他基质中的差。

（5）扦插育苗常用的基质种类

①泥炭 泥炭为湿地植物被掩埋后，经较长的历史年代分解而成。质地较轻，而且疏松，蓄含养分，有团粒结构，保水性和排水性良好，多呈微酸性或酸性反应。泥炭是穴盘扦插育苗使用基质的最主要部分，泥炭质量的好坏可采用一看、二摸的方法来判断，要得到更为详实的资料，准确的质量品质数据，除从供应商要资料和产品说明外，还要把泥炭提供与实验室中，对其颗粒大小、阳离子交换量（CEC），总空隙度、空隙大小、最大持水量进行检验，了解基质的固、液、气三种状态及其比例的关系。泥炭大多数以 2:1 或 3:1 比例与沙组成混合物使用，是许多树种扦插的良好生根基质。

商品基质：成本较高，但品质均一，使用安全可靠如"发发得"（加拿大产品）、"伯爵"（加拿大产品）等。

优质泥炭的特性：呈弱酸性，具有良好的保水性及通透性；存储肥料的能力强；不含杂菌及杂草种子，清洁无污染；与土壤混合后，其物理性能强，分解能力差。

②蛭石 蛭石（Vermiculite）是一种片状的矿物质，外表类似云母，其化学结构式为 $(Mg, Fe, Al)_3[(Si, Al)_4O_{10}(OH)_2]\cdot 4H_2O$。原蛭石精矿的化学成分大体为 SiO_2 35%~41%、MgO 15%~26%、Al_2O_3 6%~17%、Fe_2O 10%~35%、K_2O 3%~7%、H_2O 8%~11%。

蛭石主要通过膨胀形式被应用。将原蛭石精矿处于 1100℃高温中，内部的水分被迅速蒸发，使原蛭石精矿迅速膨胀 8 倍~20 倍，具有较好的物理特性,特别是具有良好的防火性、绝热性、附着性、抗裂性、抗碎性、抗震性、无菌性以及对液体的吸附性等。一般情况下,用于园艺的是较粗的膨胀蛭石。蛭石经高温膨胀后形成轻度多孔片状粒状物质,容重为 $100 \sim 130 kg/m^3$,密度 $0.6 \sim 0.7 g/cm^3$,呈中性至碱性(pH7~9);产品经高温生产,无病菌存在。蒸气消毒后能释放出适量的钾、钙、镁。作为扦插生产种苗,主要是利用蛭石良好的通气性和保水性。因其易碎,随着使用时间的延长,容易使基质致密而失去通气性和保水性,所以粗的蛭石比细的使用时间长,且效果好。因此,生产扦插苗应选择较粗的薄片状蛭石,即使是细小种子的播种基质和作为播种的覆盖物,都是以较粗的为好。蛭石有较好的化学缓冲能力,在水中不会溶解,其吸水能力强,每立方米蛭石能吸收 500~650L 的水。蛭石有相当强的阳离子交换能力。目前,市场上供应的园艺蛭石根据片径大小分级销售。扦插苗生产用的蛭石片径最好在 3~5mm。蛭石不耐压力,特别是在高温的时候,因施压会把其有孔的物理性能破坏。通常是按一定比例混入泥炭中使用。有时蛭石以 1:1 比例与珍珠岩等(或中等颗粒的沙、苔藓等)混合使用降低育苗成本。罗新建,张瑞等(2012)采用蛭石及珍珠盐获得效好接骨木嫩林扦插效果。

当今世界蛭石精矿年产量估计有 51.5 万吨,约 75%产自美国和南非,其他产自俄罗斯、中国、津巴布韦、巴西、澳大利亚和印度等国家。近年来,由于保护地栽培、设施园艺和节水农业的兴起,蛭石运用于园艺呈快速发展趋势。蛭石在以色列及中东地区用途广泛,而北美仍是世界最大的蛭石用户。据资料介绍,在美国,蛭石主要由园艺师用作生长基或基质改良剂,1998 年美国消费蛭石约 17 万吨。美国最早是 Jim Boodley 和 Ray Sheldrake 博士在"泥炭类似物"的研究中由泥炭、蛭石、磷酸盐、氮类化合物、铁等组成的制成了"无土生长基",这种产品对嫩枝及硬枝插条特别有用。并可用于多种植物(包括蔬菜)的播种。在东亚,日本使用园艺蛭石迄今已 23 年历史,韩国为 8 年以上,两国年消费总量已超过 5 万吨,并呈继续增长的趋势,在未来 10 年里,中国园艺蛭石的消费量将超过日本和韩国的总和而跃居主导地位。

③珍珠岩　珍珠岩是火山岩浆的矽化合物,将矿石用机械法打碎并筛选,再放入火炉内加热到 1400℃,在这种温度下原来有的一点水分变成了蒸汽,矿石变成多孔的小颗粒。珍珠岩是一种建筑材料,干燥时微风浮动。珍珠岩比蛭石要轻得多,颜色为白色,较轻,容重为 100kg/m³ 左右,通气良好,无营养成分,质地均一,不分解,无化学缓冲能力,阳离子代换量较低,pH7.0~7.5,对化学和蒸气消毒稳定。珍珠岩含有钠、铝和少量的可溶性氟,可能会伤害某些植物。但其保水性明显低于蛭石,排水、通气性极好,因此广泛用作叶插生根基质,特别是在弥雾条件下扦插。一般 2~4mm 的珍珠岩适合在园艺生产和种苗生产上使用,可吸收自身重 3~4 倍的水。因其本身较硬,有一定的形状,故主要用来增加基质中的通气量。但由于膨胀珍珠岩容重过轻,浇水后常会浮于基质表层,造成基质"分层",以致基质上部过干,下部过湿;若基质中珍珠岩比例过大,会使扦插植株根系生长环境过于疏松,植株根系不能与基质紧密贴合,最好以不同的比例与蛭石、泥炭等混合使用。

④沙　植物扦插常用 2~4mm 径级的沙,特点是通气性和排水性均良好,但保水性稍差,易干燥,因此要特别注意灌溉、喷水或遮荫。沙粒的选择要适中,使其既能保持一定水分,又不至于排水过快。过细或过粗都不利于生根。对于一些彩叶灌木,插条在沙中形成的根系往往较其他生根基质长,侧根少,且脆弱,如扦插金山绣线菊、金焰绣线菊等。宁夏的荒漠沙同样可以作为扦插基质使用。

(6)选择使用扦插基质时要注意的问题

检查泥炭等基质的组成成分及含量。肉眼观察与基质检测两种方法并用。

进口基质由于考虑到运输成本的问题,一般都采用压缩包装。在使用时,凡打开包装的泥炭最好一次性用完,对被压缩过的基质要进行充分的膨松复原,然后充分湿润后使用。

基质在存放中也要注意防止污染。

第三节　植物扦插繁殖日光温室、大棚内的设施环境因素

保护地设施是利用各种材料建造成有一定空间的建筑结构,它能有效控制扦插植物生长发育所需的生态环境因素。由于室内可以全封闭,实现同外界环境隔绝,使其生态条件同露地存在很大差别。为了利用和控制好这种设施,以创造扦插植物生长的最佳环境条件,必须了解调控设施内生态因素的变化。

一、光照

光是扦插植物,尤其是带叶绿枝(嫩枝扦插)光合作用必不可少的能源,光照不足,光合产物少,就会直接影响到扦插植物的生根与生长,并出现未生根前叶片黄化脱落、叶片薄而软、枝蔓不易成熟等不良现象。

保护设施内的光照条件常因薄膜的新旧程度、灰尘污染情况而有很大差异,与露地的光照条件相比,它具有强度减少、光照分布不匀、散射光增多等特点。保护设施内的光照虽比露地要减少20%~30%,但由于设施内的温度增高,生长期加长,总的光合作用效率还是比露地高,这有利于有机物质的积累。因此,宜采用透明度好的塑

料薄膜来增加透光率。同时,为了提高扦插植物的光能利用率,应提高设施内早春和晚秋的温度,延长扦插植物光合作用的时间。大型现代化温室,一般都有良好的光照条件,可根据需要补充光照。日光温室或塑料大棚必要时也可用补光灯来补充阴天或早晚光照的不足;长度 80m 跨度 9m 温室配置 25~30 盏 45W 植物补光灯即可满足阴天或夜间补光之用。

据资料介绍,日本农户在地面覆盖反光膜,以增加设施内散射光的强度,利用这一措施可显著增加棚架下 25%的光强度,升高温度 1℃,有利于提高苗木有机物质的积累。

光对不定根产生的影响,可追溯到对枝条的选择方面。多数树种,光照充足的枝条较背阴部位的枝条扦插后生根要容易些。带叶扦插中,枝条获得适宜光照对生根有利。因为插条生根需要靠叶片光合作用补足营养,以及获得生根所必需物质。但强光照促进蒸发量增加,易造成插条失水枯萎,可见插条生根并不需要很强的光照。实际应用中,常采用遮阳网等遮光措施,以遮挡部分光线,调节需光和蒸腾的矛盾。目前推广的全光弥雾带叶扦插技术,使这一矛盾基本上得到了较好的解决。

黄化处理(缺光)是实践中巧妙利用光影响促进插条生根的一个典型例子。Herman 与 Hess(1963)黄化处理促进生根在于软化了茎组织中的机械硬组织,降低了细胞壁厚度,促进了淀粉的降解以及和黄化后生根部位高含量的 IAA 和低浓度的酚化合物存在有关(Plotnikova,1980)。

二、温度

温度是影响扦插材料生根与生长发育最重要的生态因素,它影响扦插植物生命活动的整个进程,也直接决定着扦插苗木的等级、质量。不同的扦插材料有不同的扦插生根温度及苗木生长温度,过高或低都会产生不利的影响。

保护设施虽然有塑料薄膜的覆盖,减少了热量的辐射和对流,可较多地保留太阳的辐射热,但其温度条件却具有升温快,降温也快,不仅在一天之内的变化大,而且棚内温度也有很大差异,有时一天之内可经历从寒带温度(0℃以下)到热带温度(30℃以上)的反复变化,这种变化在塑料大、中棚里更为明显。因此,设施内的温度控制和调节是保护地扦插育苗环境控制的关键技术问题,只有根据所扦插的品种生长发育阶段对环境的不同要求,人为地控制和调节棚内的温度,才能保证得到质量合格的苗木。

日光温室和塑料大棚中温度的另一个特点是早春气温上升快,而地温上升缓慢,因而容易出现扦插植株在基质外部分生长发芽和基质内插穗茎部尚未生根之间的矛盾。实践证明,在基质下部布设电热丝来提高基质温度而适当降低棚内空气温度对硬枝扦插生根十分重要,确保先生根是硬枝扦插成功的保障。棚内基质覆盖地膜后再进行扦插也是行之有效的方法,它可提高基质温度4℃~6℃。

环境因子的温度是随季节变化的。这也使有些树种插穗的生根能力随季节发生变化。易生根树种露地扦插,只要扦插时期适宜,温度并无太大影响。但大多数树种,扦插生根的适宜温度应比较接近于植物在自然条件下生长的适宜温度。

通常以基质温度20℃~25℃、室温25℃~28℃为宜,温度超过30℃对插条生根不利。

插条生根与下切口愈合所要求的适宜温度不同。20℃~25℃有利于愈伤组织的形成和生根。扦插生根的适宜温度可随空气湿度条件改变。

在插条生根期间,一般要求气温低于基质温度来抑制地上部分生长,促进基部的愈合和生根。生长季节的嫩枝和半硬枝扦插,气温和基质温度都比较高,如气温高于基质温度,叶片蒸腾失水加快,水分亏缺,光合作用下降或停顿,呼吸消耗反而增大,不利于生根。因此,常采取遮阳、喷水、喷雾等措施来降低温度。有研究表明,多数树种嫩枝扦插,地上部分保持21℃,扦穗基部保持23℃~27℃,均能取得良好生根结果(Hartmann 和 Kester,1975)。

休眠季节和早春进行的硬枝扦插,为保持适宜的气温和基质温度差,常采取基部加温措施。尤其是在早春,插条叶芽的生长往往先于根的产生,这时如进行基部加温,使根的产生先于叶芽生长或保持同步,会减缓生根前叶芽生长所带来的水分失衡问题。

插床基部加温(27℃)和上部芽仍保持低温状态(室外平均温度4℃左右),降低了插条内源生长抑制物质含量,增加了生长物质含量和芽的活动能力,促进了生根。生产中常用的插床基部加温措施有电热丝人工加热。此外,春季在田间条件下,还可通过作垄或地膜覆盖提高地温。一般垄式比平床基质温度提高2℃~5℃,地膜覆盖提高2℃~4℃,使用土壤增温剂也可提高基质温度2℃~4℃。

此外,对于大多数树种来说,昼间温度保持21℃~26℃,夜间温度保持15℃~21℃,较适宜插条生根。

三、湿度

设施内的相对湿度比露地高得多,且常受气温的影响,易形成高温高湿的环境。设施内的相对湿度也受灌溉状况、气温高低、植株蒸腾作用的强弱以及设施通风状况不同而有很大差异。扦插生根前,设施内的相对湿度要高,一般应控制在80%~90%,并保证基质的湿度不频繁变化,对基质过度、过频喷水不利于保持基质稳定的温度。生根后基质湿度应适当降低,防治烂根。新梢生长期要适当控制灌水,注意通风换气(棚内气温达到30℃时,及时通风降温、降湿),使相对湿度控制在60%左右,以利植物生长充实,避免徒长并减少病害发生。

湿度是影响扦插生根的最重要环境因子之一,它包括空气湿度和扦插基质内水分含量两方面。带叶扦插时,生根迅速的树种插条可通过产生的不定根,吸水补偿叶片的蒸腾损失,而对生根速度慢的树种,则必须降低叶片失水,以维持插条生命力至完全生根。只靠剪除部分叶片或部分遮荫可以防止一定量水分蒸发,但是留有足够数量的叶片及其光合作用对生根是有利的。据资料介绍,最优扦插基质水分是叶片周围空气水蒸气压应接近于叶片内细胞间隙的水蒸气压,蒸腾失水会降低。嫩枝扦插的插条生根前,空气相对湿度应在85%左右。

扦插基质的湿度过高,对插穗的生根有害,严重时导致插条腐烂。基质的湿度过高导致生根部位基质气相率低而缺乏足够氧气,无法保证插条组织有氧代谢。扦插基质中的水分含量一般应保持在15%~25%为宜。有资料介绍,插条由愈伤组织产生和生根,各阶段对扦插基质含水量要求不同,通常以前期为高,后期生根略低。在完全生根后,应逐步减少水分供应,使苗木在基质内外平衡生长,增加新生枝的木质化程度,以适应移植后的田间管理环境。

硬枝扦插,在叶芽萌发后、未生根前阶段,应与带叶插条的水分管理一样受到同等重视。叶面喷水、遮荫、床面铺敷塑料棚等,都为常用的保湿促根措施。自动间歇喷雾技术的应用使扦插育苗中的水分管理更为科学。通过喷雾使叶面保持一层水膜,提高空气的相对湿度,降低了气温特别是叶片的温度;既能提高光合作用,又不致使基质内水分过多,为插条创造了一个理想的生根环境。

四、氧气

有资料显示,基质空气/湿度比例对愈伤组织和不定根产生的类型也有影响。不适宜的空气/湿度比例也会导致所形成的不定根变异。植物种类不同,对氧的需要量有所差异。一般说,多数植物插条生根基质应保持15%以上的氧浓度。蔷薇科苹果属植物的B_9(红叶乐园)硬枝扦插时出现这种现象。为保证洋常春藤充分的根生长则需要大约 10mg/kg 的氧气（Zimnerman，1930）。

五、酸碱度（pH 值）

基质的 pH 值水平影响插条愈伤组织形成的类型及不定根向外生长；树种不同，对扦插基质 pH 值要求不同。一般树种在中性条件下，愈伤组织形成及生根良好。许多杨、柳树种在中性或微碱性条件下，插条繁殖效果良好。柽柳科植物等则能在盐碱含量较高的土壤上进行插条繁殖，如红花多枝柽柳插条，在含盐量高达 0.5% 的盐碱地上能正常生根，这说明各树种插条生根时对 pH 值的适应性与该树种的生物学特性密切相关。

第四节　几种彩叶乔灌木扦插繁殖试验

一、试验材料与方法

（一）试验材料

1. 生根剂名称

（1）ABT 生根粉（中国林科院商品）。

（2）奈乙酸（α-NAA）（中国北京化学试剂公司，含量≥99%）。

（3）吲哚-3-丁酸（天津天泰精细化工有限公司，含量≥99%）。

2. 植物材料

金山、金焰绣线菊、金红久忍冬、红花多枝柽柳、金叶、紫叶小檗、金叶接骨木、紫叶矮樱、红心紫叶李、金叶、金脉连翘共计 11 种。

3. 扦插基质

素沙、蛭石。

（二）试验方法

1. 试验药剂浓度与插穗量

试验使用的生根剂种类与参试穗量见（表 2-14）所示。

表2-14　ABT生根粉配置及穗量

成活药剂 ABT	素沙	蛭石
处理浓度	穗量	穗量
ABT 5kg 液	50×2	50×2
ABT 7kg 液	50×2	50×2
ABT 10kg 液	50×2	50×2
CK 清水	50×2	50×2

表2-15　α-NAA生根粉配置及穗量

成活药剂 1-NAA	素沙	蛭石
处理浓度	穗量	穗量
α-NAA100mg/kg	50×2	50×2
α-NAA250mg/kg	50×2	50×2
α-NAA500mg/kg	50×2	50×2
CK 清水	50×2	50×2

表2-17　α-NAA ＋ 吲哚-3-丁酸(A+B)生根粉配置及穗量

成活药剂 吲哚-3-丁酸	素沙	蛭石
处理浓度	穗量	穗量
α-NAA100mg/kg + 吲哚-3-丁酸 100mg/kg	50×2	50×2
α-NAA250mg/kg + 吲哚-3-丁酸 250mg/kg	50×2	50×2
α-NAA500mg/kg + 吲哚-3-丁酸 500mg/kg	50×2	50×2
CK 清水	50×2	50×2

＊药剂配置时,分别以定体积内的生根剂质量数为准。

药剂配置使用时加入杀菌剂50%可湿性多菌灵粉剂,浓度为1000倍。配置方法:先将生根剂配置好,后加入多菌灵粉剂,按生根剂的量的1/1000使用。

滑石粉的使用:使用优质的滑石粉(市售),将生根剂调成糊状至可挂住穗基即可(挂浆太厚,易导致穗基腐烂)。

2. 扦插基质与基质的消毒及基质床的制作

（1）扦插基质为素沙、蛭石。泥炭中含有丰富的有机质，基质含水量高，嫩枝扦插易造成插穗基部腐烂。

（2）基质铺在苗床（厚度15cm）上，使用0.3%~0.5%的$KMnO_4$消毒。

（3）扦插时间

8月1~4日开始，看护、观察、记载持续时间至9月10日。

（4）扦插床制作　床面在温室内保证受光均匀，使带叶扦插穗材不因光合营养差异和基质温度差异而导致成活、生长的差别。基质厚度15cm，如果着地做床，在床基的表层撒杀虫剂防治地下害虫和5-氯硝基苯预防苗期立枯病菌。使用温度自计仪插于床位中间，采用微量喷雾喷头与配套软管连接后置于扦插床的上部，喷头的布点应事先根据水压实验确定。为保证插穗有一致的扦插深度，自制等深引插器，使用与插穗接近的细棍等距、等深固定在小木板上，根据插床宽度或操作的便利性制作，小拱棚竹片使用1.0%$KMnO_4$消毒。待扦插完毕后拱上覆薄膜。

3. 穗材的剪取、运输和扦插剪穗

（1）田间插穗的采取

为保证试验条件的一致性，采用半木质化的品种接穗，清晨把品种穗从田间剪下后立即装入聚苯乙烯保温箱中，不要过度挤压。装满后四角放入冰瓶密封。箱中事先带有500ml的塑料冰瓶2~4个（供当天种条使用）。

（2）运输

防止阳光下的暴晒运输，避免剧烈的震动伤及穗叶。

（3）扦插剪穗

通常根据品种选留2~3片叶，2~3节截成一段，基部楔形，插入基质的一端叶片去掉。（根据品种确定是否需要半叶扦插）。

4. 扦插的流程（品种间或有区别）与扦插期管理

采穗→保湿运输→剪穗（单芽、单叶，双芽单叶、双叶）→速蘸药剂

2~3秒后(挂浆)→基质扦插→扦插期管理→幼苗移栽→苗期管理→成苗。管理关键:中午气温高的时候,必须根据情况喷雾。数据结合成活率统计株高、根量、根长3个指标,采用Excel等软件进行处理,通过类比分析,找出不同品种的适宜成活药剂浓度与基质组合模式。

二、试验结果与分析

(一)绣线菊嫩枝扦插试验结果与分析

1. 不同药剂、基质处理对扦插成活率的影响

金山绣线菊、金焰绣线菊采用不同的药剂与基质均能使插穗100%的生根,说明金山绣线菊、金焰绣线菊是一种极易扦插成活的品种,即使是使用清水的对照处理也能达到这种效果,但是不同的激素与基质对扦插苗的苗高、根长、根量的影响差异较大。

2. 不同药剂、基质处理对扦插苗株高、根长、根量的影响

通过图2-7的观察分析认为,基质对扦插苗株高的影响较大,总体趋势是用蛭石扦插成活的绣线菊苗高高于以素沙为基质扦插成活的苗高。

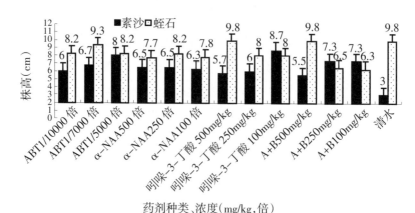

图2-7 不同药剂、基质处理绣线菊扦插苗株高示意

激素处理中,CK(对照)以蛭石为基质的绣线菊扦插苗高生长大于素沙为基质的绣线菊扦插苗,与在蛭石中的激素的ABT 1/7000倍

液、丁酸 500mg/kg、A+B 500mg/kg 处理苗高无差异。说明蛭石作为扦插基质更适应绣线菊扦插苗生长。

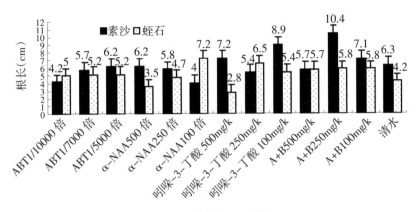

药剂种类、浓度（mg/kg,倍）

图 2-8 不同药剂、基质处理 绣线菊扦插苗根长示意

从绣线菊扦插苗根长示意图 2-8 分析，素沙对根长的影响大于蛭石，素沙基质中药剂以 A+B 250mg/kg（10.4cm）>吲哚-3-丁酸 100mg/kg（8.9cm）>吲哚-3-丁酸 500mg/kg（7.2cm），与蛭石中的 α-NAA100mg/kg（7.2cm）相等。

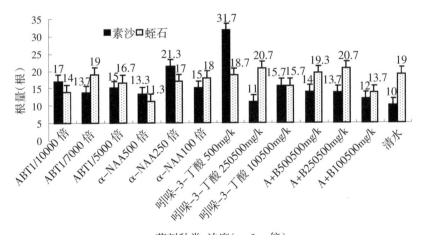

药剂种类、浓度（mg/kg,倍）

图 2-9 不同药剂、基质处理绣线菊扦插苗根量示意

从绣线菊根量柱形图 2-9 分析，在素沙基质中扦插成活率前 2 位顺序为吲哚-3-丁酸 500mg/kg（32 根）>α-NAA250mg/kg（21 根），与蛭石中吲哚-3-丁酸 250mg/kg（21 根）、A+B250mg/kg（21 根）相等。

结合苗高、根量、根长三项指标，综合认为绣线菊嫩枝扦插采用素沙为基质，吲哚-3-丁酸 500mg/kg 速蘸挂浆可以达到进一步增加苗高、根量、根长的效果。

（二）金红久忍冬嫩枝扦插试验

1. 不同药剂、基质处理对金红久忍冬嫩枝扦插成活率的影响

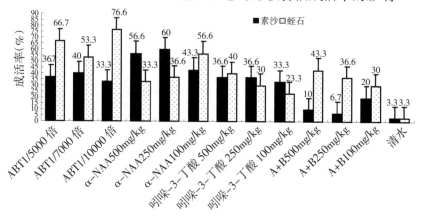

药剂种类、浓度（mg/kg，倍）

图 2-10 不同药剂、基质处理金红久忍冬扦插成活率示意

从金红久忍冬扦插成活率柱形图 2-10 中可以看出，该品种绿枝扦插较难成活，不同基质对该品种的同种药剂处理扦插成活率的影响较大。蛭石基质显然优于素沙基质。采用素沙+α-NAA250mg/kg 金红久忍冬扦插成活率仅为 60%。蛭石+ABT1/5000 倍液扦插成活率为 67%，蛭石+ABT1/10000 倍液扦插成活率为 76.6%。

2. 不同药剂、基质处理对金红久忍冬嫩枝扦插苗株高、根量、根长影响

金红久嫩枝扦插成活后株高柱形图 2-11 显示，素沙 α-

NAA100mg/kg（7cm）>蛭石吲哚-3-丁酸 500mg/kg（6.3cm）>吲哚-3-丁酸 250mg/kg（6.0cm）。蛭石基质+ABT1/5000 倍液（成活率 67％）和 ABT1/10000倍液（成活率 76.6％）株高为 4.8cm 和 4.7cm，成活率在 60％的素沙 α-NAA250mg/kg 的株高为 3.3cm。

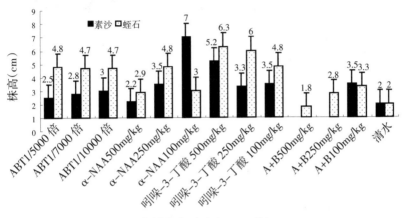

图 2-11 不同药剂、基质处理金红久忍冬扦插苗株高示意

从金红久扦插苗根量柱形图 2-12 分析，蛭石+吲哚-3-丁酸 500mg/kg 根量>素沙 α-NAA 100mg/kg 根量>蛭石 α-NAA 500mg/kg 根量。蛭石+ABT1/5000 倍液（成活率 67％）和蛭石+ABT 1/10000 倍液（成活率 76.6％）根量分别为 12 根和 13.7 根。成活率在 60％的素沙 α-NAA 250mg/kg 的根量仅为 14.5 根。

从金红久扦插苗根长柱形图 2-13 分析，插后 30 天蛭石基质的根长生长值普遍高于素沙基质，根长差异不显著的几种药剂处理是：α-NAA250mg/kg（13.3cm）>α-NAA500mg/kg（13cm）=蛭石吲哚-3-丁酸 250mg/kg（13cm）=吲哚-3-丁酸 500mg/kg（12.7cm）α-NAA100mg/kg（12cm）。

蛭石+ABT,1/5000 倍液（成活率 67％）和蛭石+ABT,1/10000 倍液（成活率 76.6％）的根长值小于平均值 10cm（蛭石基质），以 ABT,1/5000 倍液的根长（9.7cm）高于 ABT,1/10000 倍液的根长（8.0cm）。

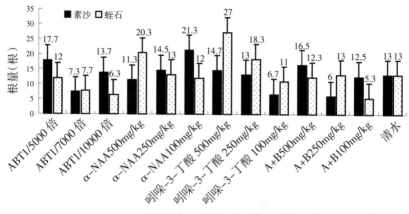

图 2-12　不同药剂、基质处理金红久忍冬扦插苗根量示意

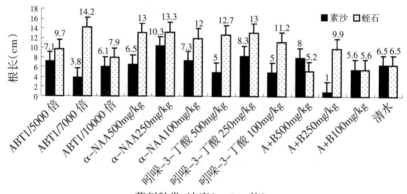

图 2-13　不同药剂、基质处理金红久忍冬扦插苗根长示意

　　因此,在保证金红久忍冬扦插成活的条件下,采用蛭石作为扦插基质以 ABT1/10000 倍液(成活率 76.6%)进行扦插,能在扦插后 30 天达到苗高 4.7cm、根长 8.0cm、根量 14 根的质量状况。其次可以采用以 ABT 1/5000 倍液。

　　(三)红花多枝柽柳嫩枝扦插试验

　　1. 不同药剂、浓度处理对多枝柽柳嫩枝扦插成活率影响

　　以素沙为基质的红花多枝柽柳扦插成活率柱状图 (图 2-14)显

示,红花多枝柽柳是一个嫩枝扦插极易成活的品种(系),对照清水能达到36%的成活率。

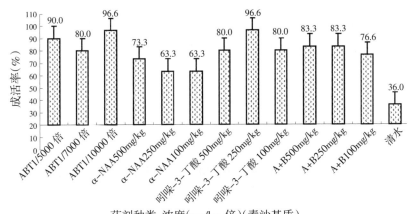

图2-14　不同药剂对红花多枝柽柳扦插成活率影响示意

选用素沙基质,使用激素处理均能进一步提高扦插成活率。成活率在90%以上的激素种类与浓度为 ABT 1/10000 倍液(96.7%)=吲哚-3-丁酸 250mg/kg(96.7%)>ABT,1/5000 倍液(90%)。

2. 不同浓度 ABT 成活粉、吲哚-3-丁酸处理红花多枝柽柳嫩枝扦插苗株高(cm)/根量(根)/根长(cm)影响(图2-15、图2-16、图2-17)

ABT 1/10000 倍液(96.7%)、吲哚-3-丁酸 250mg/kg(96.7%)、ABT 1/5000 倍液(90%)株高值分别为 10.3cm/6.0cm/3.7cm、6.3cm/5.0cm/3.8cm、11.7cm/5.3cm/3.6cm。

综合苗高、根量、根长三指标的比较后认为,ABT1/10000 倍液(96.7%)与吲哚-3-丁酸 250mg/kg(96.7%)扦插红花多枝柽柳在根量、根长指标相近,如果追求扦插苗苗高,可以使用 ABT1/10000 倍液即可。

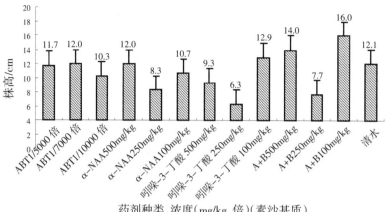

图 2-15　不同药剂处理红花多枝柽柳扦插苗株高示意

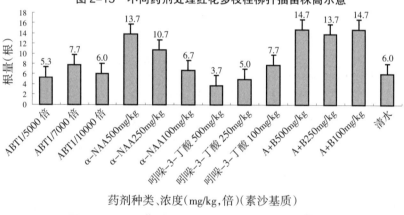

图 2-16　不同药剂处理红花多枝柽柳扦插苗根量示意

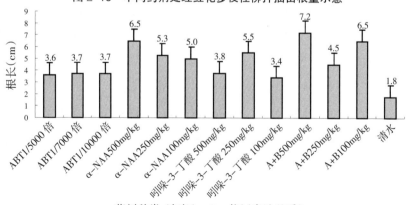

图 2-17　不同药剂处理红花多枝柽柳扦插苗根长示意

（四）金叶小檗嫩枝扦插试验

1. 不同药剂、基质处理对金叶小檗嫩枝扦插成活率影响

对金叶小檗嫩枝扦插成活率柱形图 2-18 分析，该品种对生根激素比较挑剔，吲哚-3-丁酸激素不适宜嫩枝扦插使用，A+B（NAA+吲哚-3-丁酸）250mg/kg 的素沙基质为 76.6% 的成活率。以蛭石为基质，ABT 1/5000 倍液处理插穗成活率达到 93.3%。

2. 不同药剂处理对金叶小檗嫩枝扦插苗株高/根量/根长影响

金叶小檗株高柱形图 2-19 中显示，蛭石基质的株高均高于同种药剂处理的素沙基质。使用 ABT1/5000 倍液在蛭石基质中的扦插株

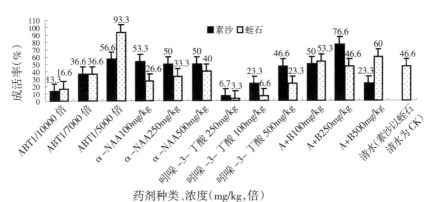

图 2-18　不同药剂、基质处理金叶小檗嫩枝扦插成活率示意

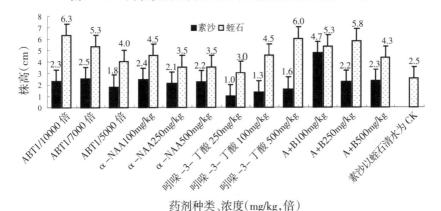

图 2-19　不同药剂、基质处理金叶小檗嫩枝扦插苗株高示意

高(cm)/根量(图 2-20)/根长(cm)(图 2-21)为 4.0/5/7.2。

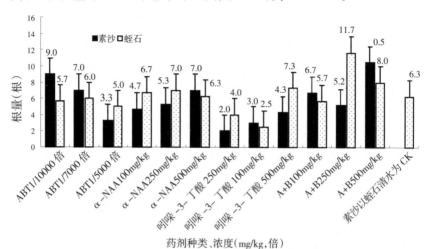

图 2-20 不同药剂、基质处理金叶小蘖嫩枝扦插苗根量示意

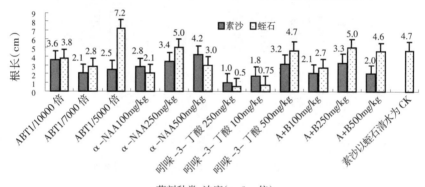

图 2-21 不同药剂、基质处理金叶小蘖嫩枝扦插苗根长示意

3. 不同药剂处理对不同木质化程度金叶小蘖嫩枝扦插成活率影响(图 2-22)

试验发现,金叶小蘖不同木质化程度对嫩枝扦插成活率影响较大,试验以素沙作为基质采用不同药剂对木质化程度不同的枝条进行扦插,结果表明:嫩枝的部位对成活率影响很大,以半木质化的试材成活率高于嫩梢尖且差异显著。半木质化试材中以素沙+α-NAA100mg/kg 处理的成活率最高,达到55%。

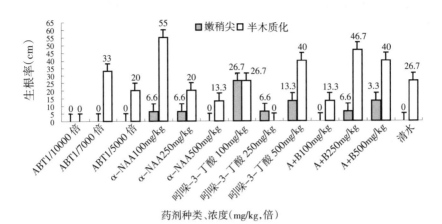

图 2-22 不同药剂处理金叶小蘗不同木质化程度成活率示意

（五）金叶接骨木嫩枝扦插试验

1. 不同药剂、基质处理对金叶接骨木嫩枝扦插成活率影响

从金叶接骨木柱形图 2-23 分析，认为该品种是一种极易扦插成活的植物。罗新建、张瑞、罗颖（2012）对 5 种接骨木的扦插试验验证了这一结果。

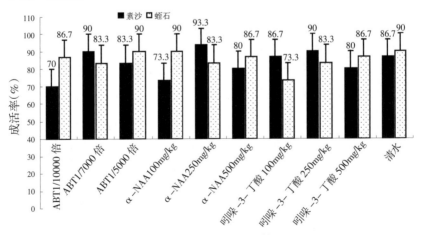

图 2-23 不同药剂、基质处理金叶接骨木嫩枝扦插成活率示意

金叶接骨木嫩枝扦插成活率 90% 以上的 6 种处理方式是蛭石+清

水、素沙+ABT1/7000 倍液、蛭石+ABT1/5000 倍液、蛭石+α–NAA100mg/kg、素沙+α–NAA250mg/kg（93.3%）、素沙+吲哚–3–丁酸（250mg/kg）。

2. 不同药剂处理对金叶接骨木嫩枝扦插苗株高、根长影响

金叶接骨木嫩枝扦插株高柱形图 2–24 显示，不同药剂处理株高统计结果排序为素沙+吲哚–3–丁酸 250mg/kg（6.9cm）>素沙+α–NAA250mg/kg（93.3%）(6.5cm)>蛭石+ABT,1/5000 倍液（6cm）>蛭石+清水（5.7cm）>素沙+ABT,1/7000 倍液（4.2cm）= 蛭石+α–NAA100mg/kg(4.2cm)。

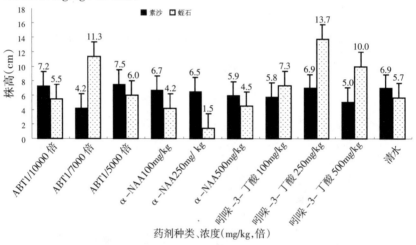

图 2–24 不同药剂、基质处理金叶接骨木嫩枝扦插苗株高示意

金叶接骨木嫩枝扦插根长柱形图 2–25 显示，不同药剂处理根长结果排序为素沙+吲哚–3–丁酸 250mg/kg（10.7cm）= 蛭石+清水（10.7cm）>素沙+α–NAA250mg/kg（10.2cm）>蛭石+α–NAA100mg/kg（9.7cm）>素沙+ABT,1/7000 倍液(8.1cm)>蛭石+ABT,1/5000 倍液(8.0cm)。

结合成活率统计数据分析，金叶接骨木的嫩枝扦插处理模式最佳为素沙+α–NAA250mg/kg，扦插成活率为 93.3%。蛭石+清水的处理模式同样能使扦插成活率达到 90%。说明金叶接骨木极易成活，以素沙为基质能进一步降低育苗生产成本。

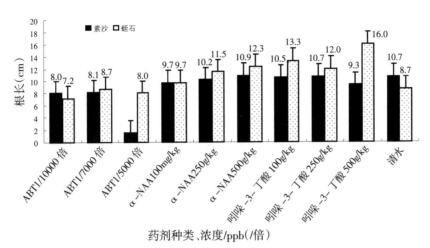

图 2-25 不同药剂、基质处理金叶接骨木嫩枝扦插苗根长示意

（六）紫叶矮樱嫩枝扦插试验

1. 不同药剂、基质处理对紫叶矮樱嫩枝扦插成活率影响

不同药剂处理紫叶矮樱嫩枝扦插成活率柱形图 2-26 显示，基质与不同浓度的成活激素对紫叶矮樱扦插成活率有很大的影响。其中包括蛭石+ABT 1/5000 倍液，蛭石+（A+B）250mg/kg，蛭石+ABT 1/10000 倍液；成活率分别为 73.3%、70.0%、66.0%。尽管如此，这样的成活成活率比相关资料的介绍还要低 10%左右。

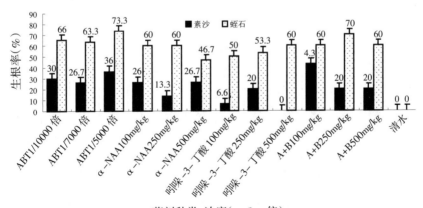

图 2-26 不同药剂、基质处理紫叶矮樱嫩枝扦插成活率示意

2. 蛭石作为基质，不同药剂处理对紫叶矮樱嫩枝扦插株苗高、根量、根长的影响

根据成活率统计，蛭石+ABT 1/5000 倍液，蛭石+（A+B）250mg/kg，蛭石+ABT 1/10000 倍液处理方式的苗高（cm）/根量/根长（cm）值分别为 2.3/7.7/10.0、6.0/7.3/6.8、1.0/5.6/6.4。

以成活率为主衡量指标，兼顾苗高（图 2-27）、根量（图 2-28）、根长（图 2-29）指标比较后认为，使用蛭石+（A+B），250mg/kg 扦插处理模式能保证紫叶矮樱绿枝扦插成活率达到 70% 的较高水平，能达到苗高 6cm、根量 7.3 根和根长 6.8 cm。

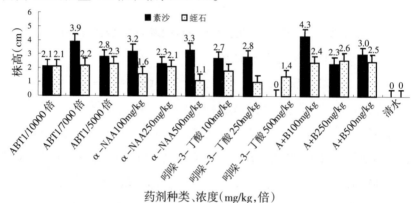

图 2-27 不同药剂、基质处理紫叶矮樱嫩枝扦插株高示意

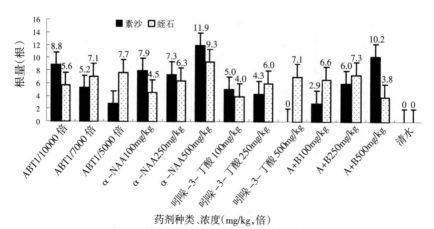

图 2-28 不同药剂、基质处理紫叶矮樱嫩枝扦插苗根量示意

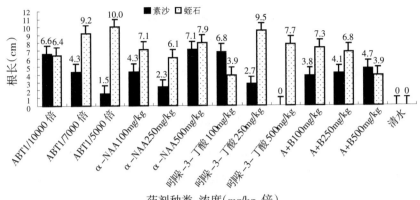

图 2-29 不同药剂、基质处理紫叶矮樱嫩枝扦插苗根长示意

尽管紫叶矮樱的绿枝扦插是获得苗木的繁殖手段之一，但是根据树体休眠枝条抗寒性的测序，认为紫叶矮樱在银川还是应该以抗逆性砧木嫁接繁殖为主。

（七）红心紫叶李嫩枝扦插试验

红心紫叶李生长季可取扦插试材极为丰富，对实现彩叶树规模化嫩枝扦插育苗十分有利。不同药剂处理红心紫叶李嫩枝扦插穗基愈伤与成活率柱形图 2-30 显示，以素沙+ABT 1/10000 倍液处理成活率较高，但比紫叶矮樱扦插成活率低，不同药剂处理效果仍不理想，其基质种类、枝条选择状态还应进一步研究，其种苗的嫁接繁殖是目前主要方式。

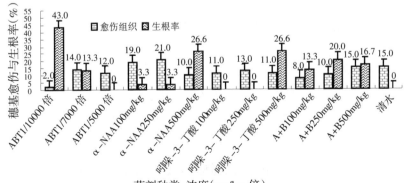

图 2-30 不同药剂红心紫叶李嫩枝扦插穗基愈伤与成活率示意

（八）草炭基质+α-NAA 500mg/kg 对几种彩叶植物嫩枝扦插成活率的影响

表中数据表明，做为扦插基质，草炭有与蛭石更好或相近的效果，优于素沙。但草炭有丰富的有机质，基质含水量高，作嫩枝扦插基质，易造成插穗基部腐烂，不易于观察基质含水量。

表 2-18　草炭＋α-NAA500mg/kg 对几个彩叶植物嫩枝扦插成活率统计

品种名称	扦插基质	成活时间/天	移栽成活率/%	根长/cm	根/条	插条 40d.后生长量,高/cm
金脉连翘	草炭	13	95	13.5	8	10.0
	蛭石	13	95	14.5	10	5.5
	素沙	15	35	11.5	4	1.5
金叶连翘	草炭	10	90	12.6	8	7.5
	蛭石	10	90	11.3	15	5.3
	素沙	14	75	5.9	7	4.6
金山绣线菊	草炭	8	100	7.8	22	7.5
	蛭石	8	100	8.9	18	4.5
	素沙	10	71	7.5	11	6.3
金焰绣线菊	草炭	8	98	7.6	22	6.3
	蛭石	8	95	8.9	18	5.2
	素沙	12	73	7.1	14	4.5

三、结论

绣线菊嫩枝扦插采用素沙+吲哚-3-丁酸 500mg/kg 速蘸挂浆模式可以达到进一步增加苗高、根量、根长的效果。

金红久忍冬嫩枝扦插以 ABT 1/10000 倍液（成活率 76.6%）为主扦插液进行扦插，就能达到苗高 4.7cm 的中庸高度和根长 8.0cm 及根量 14 根的质量状况。其次可以采用以 ABT 1/5000 倍液。

红花多枝柽柳易于生根，ABT 1/10000 倍液（96.7%）、吲哚-3-丁酸 250mg/kg（96.7%）根量、根长指标相近，如果追求多枝柽柳扦插苗苗高，可以使用 ABT 1/10000 倍液。

金叶小檗嫩枝较难生根,单一的激素不适宜嫩枝扦插使用,而素沙基质+复配剂 A+B（NAA+吲哚-3-丁酸)250mg/kg 可以达到76.6%的成活率，以蛭石基质,ABT 1/5000 倍液处理插穗成活率达到93.3%。

金叶接骨木易于生根，素沙+α-NAA250mg/kg 扦插成活率达到93.3%。蛭石+清水金叶接骨木嫩枝扦插成活率达到 90%,这为进一步降低生产成本提供了可能。

紫叶矮樱嫩枝选用蛭石+（A+B）250mg/kg 处理，扦插成活率达到 70%。

红心紫叶李嫩枝选用素沙+ABT 1/10000 倍液处理成活率较高，但是基质类型与激素及插穗选择有待研究。

第三章 彩叶乔灌植物嫁接繁殖技术

嫁接繁殖已有3000多年的历史。最先出现靠接法起源于"连理枝"。后来又由枝接又发展到芽接。在古农书《齐民要术》里已有皮接法和劈接法记载。《王祯农书》《花镜》中已有六种嫁接方法,比如身接(今高接)、根接(今低接)、皮接、枝接、厣接(今芽接)、搭接(今合接),并提出嫁接技术的基本要诀"衬青、就节、对缝"。就是说嫁接用的砧木、接穗不要太老;要注意取枝的节间,这里的组织分生能力强,嫁接成活率高。古人还指出:"木还向木,皮还近皮"(《齐民要术》),"皮肉相向插之"(《王祯农书》)的要领,即砧木和接穗两者形成层要对齐才能愈合成活。

尽管古时植物分类尚没有分出植物科、属、种,但是已经注意砧木、接穗的亲合力。古人已知砧木和接穗要"取实内核相似,叶相同者,皆可换接"(《农政全书》),"其实内子相似者,林檎、梨向木仝砧上……皆活,盖是类也"(《四时纂要》),就是强调砧木和接穗亲缘相近才能嫁接成活。在接穗的选取上,还要注意发育阶段和生长的位置,《齐民要术》中说嫁接梨的接穗"根蒂小枝,树形可喜,五年方结子,鸠脚老枝,三年结子而树丑"。同时还注意了接穗生长的位置,在园中栽培的要用旁接(开张的角度大),这样形成的树冠开张角度大;在房前栽植的,接穗要选取中心枝,这样形成的树冠高耸。这和当前植物营养繁殖中的"位置效应"理论是一致的。

目前,虽然生物工程已有很大进展,细胞培养、组织培养和细胞融合等新技术相继出现,但在生产上嫁接仍是木本彩叶植物繁殖的主要方法。在嫁接技术上,学者除了继续研究各种树木的最佳嫁接方法外,着重于以下技术的研究和推广。一是砧木和特定品种间亲和力的研究;二是关于嫁接树体控制的研究;三是培育和推广抗性强的砧木;四是砧木改良的研究和应用;五是培育无病毒嫁接苗木。

第一节　嫁接繁殖砧木选择与育苗

生产上利用实生苗的作用主要有:一是用作砧木;二是培育新品种;三是培育实生苗。嫁接繁殖的砧木选择始终是各国专业工作者十分关注的工作,适宜的砧木对接穗品种的良好营养生长发育、繁殖生长、病虫的抵抗及环境的适应都非常关键,对于彩叶植物繁殖、应用也是如此。

一、砧木的种类

砧木可以分为实生砧和无性系砧木。

(一)实生砧

种子繁殖的砧木叫做实生砧。这种砧木生产简单而成本低,能在短时间内获得大量的苗木。由于实生砧的根系较完整,且大部分病毒不通过种子传播,因而实生砧带其母株病毒的机会较少。当前生产砧木的主要方法还是实生砧育苗,但是,实生砧育苗的主要缺点是它的遗传变异性,因而使嫁接植株也会发生一定程度变异,由种子培育出来的砧木可能是高度杂合的,因母株可能与有关种进行了授粉杂交。以致经常看到同一个种的实生砧嫁接同一品种接穗,而长出的嫁接树在植株高矮、生长势强弱、甚至树皮颜色都有很大的差异,在一定程度上削弱了嫁接植株一致性的优点。这也是嫁接育苗容易出现商品苗较大质量差异的原因之一。

为减少嫁接苗的变异性，要从防止实生砧变异入手，选择优良砧木母树，防止它杂交授粉，从优良母树上采种育苗。同时在苗圃里要淘汰同龄的弱苗、小苗砧木，甚至淘汰已嫁接成活、但是生长不好的嫁接苗。在生产上可按苗木地径和根系发育情况分级，达到一级苗的出圃，对二级苗、三级苗继续培育一年再出圃，并制定彩叶植物嫁接苗的分级标准。

（二）无性系砧

选择或培育出对接穗有良好影响的砧木，再用营养繁殖法加以繁殖而获得的砧木。这种方式使同一无性系的砧木植株有相同的遗传性，尽可能保持它对接穗一致性影响，如生长植株高矮、开花结果习性、抗逆性等。

无性系砧繁殖主要用扦插、压条、分蘖等方法。英国东茂林实验站（1912 年）搜集和培育的苹果营养繁殖的砧木系统。按照对接穗生长势影响的不同，把砧木分成矮化、半矮化、乔化、极乔化 4 种，1917年陆续公布了 27 个类型（M_1~M_{27}）；1945~1951 年选出 15 个抗性类型的茂林麦顿砧木（MM_{101}~MM_{105}）。近年来，我国推广矮化栽培，除有从英国茂林实验站引进 M、MM 系砧木，从美国引进 CG 矮砧进行试验外，还通过圆叶海棠和外来矮化砧的杂交，培育出兼有两者优点的砧木。笔者前期工作中引进到宁夏 10 余个在国内表现较好的砧木，并从中选出 B_9、N_{29} 具有观赏价值的矮化砧木应用于园林景观配置中。

总之，砧木改良已引起植物学和园艺学家的注意，已从过去不选择授粉树或从野生树上采种，进展为从抗病和种子萌发率较高或其它优良性状突出的母树上采种，再进一步人工杂交培育优良无性系砧木。在我国，除发展彩叶观果植物时应注意引进优良矮化无性系砧木加以利用外,大部分观果彩叶植物嫁接还需使用实生砧。对砧木须关注其和特定接穗品种之间的嫁接亲和力、抗逆性;及对因砧木而造成的嫁接植株树体个体差异、色彩保持一致性、观赏果实的适度负载量因素。

综上所述,理想的砧木应具备以下条件:①容易繁殖,树干光滑无刺,易于嫁接;②与栽培品种亲和性良好;③具有所希望的抗逆性或避逆性(盐碱、寒、旱、热、病虫害等)、生长势与色彩体现;观果彩叶植物嫁接后能适时结果,结果负载适量;④根系发达,能从土壤中吸收足够的树体生长发育需要的物质。

二、实生砧木的育苗

(一)种子的采集

无论彩叶植物繁殖所用砧木苗或果苗繁殖所用的砧木实生种子,都应采自生长健壮、无病虫害的优良母株。尤其实生果苗(新疆野苹果)或观赏使用苗木(平邑甜茶、八棱海棠等)也要注意其母株的丰产性和优良品质。生长健壮的成年母株产生的种子,充实饱满,其苗木对环境条件的适应力强,生长健壮,发育良好。

1. 种子采集应注意的问题

(1)种子的成熟度

种子的成熟度是决定种子质量的主要因素之一。未成熟的种子,种胚发育不完全,内部养分不足,发芽率低,生活力弱。特别是核果类早熟品种的种子,因其生长期短,发芽率很低,故不宜采用。

(2)种子的生活力

在采收和剥取大量种子时,要注意防止果实堆积发热或因缺乏氧气而降低种子的生活力。从果实加工厂也能获取大量的砧木种子,但必须避免种子高温处理和机械损伤。大多数种子在45℃以上,种胚因损伤而失去生活力。

（3）种子处理

种子从果实中取出后，一般需达适度干燥，达到适宜的含水量在贮藏中才不致发生霉烂和失去生活力。最好是把种子放在通风背阴处阴干，因为晒干的种子，千粒重小，破籽率大，出苗率低。主要果树砧木种子采集和处理方法见表3-1。

表3-1　主要果树及砧木种子的采集和处理方法

种类	采种时期(月)	出种率(%)	处理方法
山桃	8	30	去果肉晾干
山杏(小)	6	25	同上
海棠	9~10	2~2.5	同上
沙果	8	2	同上
新疆野苹果	9下~10	3	同上
杜梨(小)	9下~10	3~6	同上
酸枣	9	25~60	同上

（4）种子贮藏

种子阴干后，应进行精选，清除残存的杂屑和破粒，使纯度达到95%以上。精选后的种子，使其含水量降至15%左右后再贮藏。

一般贮藏种子的含水量在15%以下，含水量高的种子如果气温也较高，则呼吸作用旺盛，易引起种子霉烂变质。贮藏环境空气湿度（相对湿度）应保持在50%为宜。

温度的高低，可影响种子的呼吸作用。当温度高时，种子的呼吸作用旺盛，其贮藏物质被呼吸大量消耗而降低其生活力。但温度过低又会使种子内的自由水结冰而损伤种胚，故多数砧木种子贮藏温度应保持在0℃~5℃。

大量贮藏种子时，还应注意种子堆内的通气状况。在通气不良的情况下，会加剧种子的缺氧造成无氧呼吸，产生氧化不完全的有毒物质，呼吸累积大量 CO_2 使种子受害。

贮藏的方法,因不同的种子而有差异。例如,小粒种子中的海棠、杜梨等;大粒种子中的山桃、山杏等,在种子充分阴干后,放在通风良好、干燥的屋内贮藏即可。

(二)种子的后熟

砧木种子采收后,经过一定时间的后熟过程才能萌发,这是其系统发育中形成的一种生物学特性。

种子在后熟过程中,进行一系列的生理、生化变化,如种皮的吸水力增强,细胞间胞间联丝恢复联系,原生质的透性及酶的活性提高,复杂的有机物质大分子逐渐转化为简单小分子有机物质等,为种胚萌发创造条件。

种子的后熟需要一定的温度、水分和空气条件。当环境条件不适宜时,则后熟作用缓慢或停止。

秋播的种子是在田间自然条件下完成后熟的。春播的种子则必须在播种前进行层积处理(即沙藏处理),以保证其后熟作用顺利进行。

层积处理是最常用的人工促进种子后熟的方法,多采用冬季露天沟藏。方法是首先选择地势较高,排水良好的背阴处挖沟,沟深60~90cm,长宽可依种子多少而定,但不宜过长和太宽。如种子量大,可采取分沟沙藏。先将细河沙冲洗干净,除去其中的有机杂质和土粒。沟底先铺一层3~5cm湿沙,然后放一层种子,再铺一层湿沙,再放一层种子,层层相间存放。也可以把种子与湿沙混合在一起存放,混合时小粒种子需湿沙5倍左右,以不使种子相互接触为度。大粒种子需湿沙15~20倍。沙的湿度以手握成团而不滴水即可。当层积堆到离地面约10cm时,可复盖湿沙到达地面,然后用土培成脊形。沟的四周应挖排水沟,以防雨、雪水侵入。沟中还应竖插1~2个秫秸把,以利通气。在北方对仁果和核果类的种子也有采用冰冻的方法贮藏。冬季将种子加水结成冰块,埋在室外背阴处的雪中,翌年春冰雪溶化后播种,出苗良好。内蒙古自治区四子王旗农技站采用以雪代沙的雪藏法,也取得了良好效果。

在沙藏的后期,应注意检查 1~2 次,上下翻动,通气散热并剔除霉烂种子。如果沙子干燥,应适当撒水增加湿度。尤其是在早春,由于温度上升,部分种子已经长出幼根,但尚未达播种适期时,为控制萌发,必须加冰降温。此外,贮藏或层积过程中注意防鼠害。

如果需后熟种子量不大,可以采用蛭石与种子混匀后放置在冰箱里层积处理,温度更容易精确控制。层积后期依据播期安排使层积温度渐升,有利于种子"努嘴"或"露白"播种。后熟期的长短,则根据砧木种类、种子大小和种皮厚薄而不同。种子大或种皮厚则需要时间长,如山楂、山杏等,宜行冬藏,即小雪后沙藏;种子小、种皮薄则需时间短,可以春季沙藏。沙藏时必须了解不同种子后熟期所需要的日数(表 3-2),以使沙藏期与播种期相适应,避免造成种子已大量发芽而尚未到播种期的被动局面。但沙藏过晚,至播种期种子还未萌动,也会影响出苗率。为了适应大面积播种,最好根据播种面积和劳力情况,分期沙藏,分期播种。当沙藏种子的 10%~20% 露白芽时播种最好。

表 3-2　常用砧木种子层积日数

砧木名称	层积日数(日)	砧木名称	层积日数(日)
山楂	240(隔年出苗)	杜梨	60~80
山桃	80 左右	沙果	60
毛桃	80 左右	海棠	50
山杏	80	八棱海棠	60
酸枣	80 左右	新疆野苹果	70

(三)播种前的准备

1. 土壤准备

苗圃地应在秋季播前进行深翻熟化。一般深翻 25~30cm 为宜,以增加活土层,提高肥力。

(1)作畦

每亩施腐熟有机肥 2000~3000kg,并结合进行土壤消毒,将肥料翻入土中,平整后备用。在播种前作畦,畦长为 10m,宽 1m,每亩可作畦 50 个。

(2)播种时间

秋播:秋播可以省去沙藏、催芽等工序,由于播种期较长,种子能在田间通过后熟,翌春出苗较早,生长期较长,生长快而健壮。

山桃、山杏、等粒大壳厚的种子,进行秋播,有利种壳开裂。秋播选择土壤物理性较好、湿度适宜,冬季较短而不严寒的地区进行。在宁夏因冬寒且大气干燥,如需秋播则要覆膜保墒。

春播:在风沙大或冬季严寒的地区,土壤干旱或过于粘重易于冻裂,秋播的种子不能顺利通过后熟,导致出苗率低而不齐,这种地区就应春播。粒小皮薄的种子以春播为宜,春播应尽量提早,当表土开始解冻时即可播种。

春播后提倡覆膜保墒,有利提高地温和出苗率。春播面临出苗后的晚霜预防。

2. 播种方法

(1)条播

海棠、杜梨、新疆野苹果等种子,每畦可播 4 行,采用双行带状条播(大小垅),带内行距 15cm,带间距离 50cm,边行距畦埂 10cm,有利于嫁接操作。实生果苗繁殖不需嫁接的彩叶植物,每畦可等距播种 3 行。

播种深度依种粒大小和土壤性质而异。如海棠和杜梨可在 2~3cm 以内,疏松土壤可略深,粘重土壤可略浅。播种沙藏种子时可与湿沙一起播下。播后立即盖土,并轻轻镇压,进行地膜复盖。

（2）点播

大粒种子如毛桃、山樱桃、中国李子等，可按一定行距和株距点播，一般按行距约30cm开沟，株距约15cm点种。覆土深度为种子横径的2~3倍，旱地可适当加深。

3. 播种量

播种量是指在单位面积内所用种子的数量。通常以kg/亩来表示。为了有计划地采集和购买种子，应正确计算播种量。计算的依据是计划育苗数量、株行距、当地的气候条件和种子的质量等。但计算的播种量常因贮藏过程中或播种后的损失，一般要比计算数多些。常用的砧木种子每公斤的种子数、惯用播种量和出苗数等见表3-3所示。

表3-3 主要果树砧木的播种量及成苗数

树 种	每千克种子粒数（粒）	播种量（kg/亩）	成苗数（万株/亩）	播种方法
海棠	56000 左右	1.0~1.5	1.2~1.5	条播
新疆野苹果	40000 左右	1.5	1.0	条播
杜梨（大）	28000 左右	1.5~2	0.7~1.0	条播
杜梨（小）	60000~70000	1~1.5	0.7~0.8	条播
毛 桃	360~400	40~50	0.5~0.6	条播、点播
山桃（大）	240~280	40~50	0.5~0.6	条播、点播
山桃（小）	400~600	20~25	0.6~0.7	条播、点播
山杏（大）	900 左右	50~80	0.6~0.7	条播、点播
山杏（小）	1800 左右	25~30	0.7~0.8	条播、点播
酸 枣	5000 左右	5~6	0.6~0.7	条播、点播

*引自：河北农业大学《果树栽培学》[M]，北京. 人民教育出版社，1978.

4. 播种后的管理

要充分注意温度和湿度的变化。如海棠和杜梨等小粒种子，在日平均气温10℃~15℃出苗最好。

小粒种子在出土后，要分期揭去覆盖物，当幼苗长出4片真叶时,可进行间苗移栽,过晚则影响幼苗生长。要做到早间苗,晚定苗,分次间苗,合理定苗。

为了提高砧木苗的成苗率,除应拔除过密的病虫苗或生长过弱的苗以外,对一般间出的幼苗应行移栽,移栽时以长出 3~5 片真叶为好。在移栽前 2~3 天进行圃地灌水,以利挖苗保根。阴天或傍晚移栽可提高成活率。挖苗时要注意少伤根,随挖随栽。栽时先按行距开沟,灌足底水,趁水"抹苗"(即将苗贴于沟的一侧)待水渗下后,及时复土,以后要注意灌水。

在幼苗生长过程中,应经常保持表土疏松而湿润。于 5~6 月间结合灌水,每亩施磷酸二胺 10kg。如生长偏弱,可于 7 月上中旬再追一次肥,促其生长,以尽早达嫁接的标准。

中耕除草和防治病虫害是育苗工作的重要环节。除结合间苗、定苗、除草外,还应根据土壤的板结情况和杂草生长情况,随时进行中耕除草。此外,如利用菜地育苗时,为防止立枯病,应行土壤消毒。

如果需要当年夏末、早秋季节嫁接,可于苗高 30cm 时,进行摘心,并除去苗干基部 10~15cm 内发生的侧枝,以利加粗苗干,满足嫁接要求。

为了加速砧木苗的生长,以便早嫁接,早出圃,各地曾试验和应用生长调节剂,如赤霉素等进行喷洒处理,获得不同程度的良好效果。河北农大利用赤霉素 50mg/kg,处理杜梨砧苗后,平均高度比对照增加 45%,最大茎粗比对照增加 86%。当年秋季不能嫁接或来不及嫁接的砧木苗,需灌冬水,有利越冬和来春的生长。

二、接穗的选择、采集与贮运

接穗要从优良品种的营养繁殖系的母树上采取。母树必须具有能充分体现原品种特征,且生长发育健壮,无检疫对象。

采取接穗最好根据嫁接方法的需要,如芽接用的接穗可采自当年生的发育枝;枝接则采用一年生充实的发育枝,此外枝条充实,芽体饱满的秋梢,也可用做接穗,但徒长技不能用做接穗。

春季枝接和芽接用的接穗,可结合冬季修剪采集。生长期进行芽接时,应随采随接,以保持较高的成活率。用枝接法繁殖观果彩叶树种时,采用花枝嫁接,会影响苗木的生长,减缓接口的愈合,尤其是高接繁殖的观果种类。

结合冬季修剪采集的接穗,应按品种打成捆,每捆 50 穗并加品种标签;埋于窖内或沟内的潮湿沙中备用;在贮藏中要注意保温、保湿并在早春回暖后,控制接穗萌发,以延长嫁接时期。但在自然条件和贮藏条件差的地区,应在春季嫁接时随采集随嫁接。采后可以使用百菌清、多菌灵、代森锰锌、代森锌等按产品说明剂量喷布或浸渍种条。对于休眠期的种条除可以采用上述杀菌剂外,还可以使用 3°~5° Brix 的石硫合剂消毒。

夏季嫩枝嫁接时,对于有自备采穗圃的短距离运输一般不存在保鲜的问题,通常是现采即用,做好采、接衔接即可。但是如果采穗圃较远或是外地的引种,则必须做好采后的杀菌剂喷布、快速的降温,薄膜包装、隔热箱(聚苯乙烯泡沫箱)加冰瓶密封运输才能保证种条的质量。对于大规模的生产来说,使各个嫁接工艺的工序不脱节是其关键。

种条储藏的过程中避免与乙烯释放量大的园艺产品同室。已经发现苹果的种条与苹果果实同储,在 1~2℃的条件下储藏 1 个月后会导致种条的皮孔肥大"栓质生长"、枝端的"爆裂"的现象。

第二节　影响嫁接成活的因素

影响嫁接成活的因素有内因和外引及内外因协同作用导致接口的愈合。处理好彼此关系是保证嫁接成活的关键。

一、影响嫁接成活的内因

（一）亲和力

所谓亲和力,就是砧木和接穗经嫁接能够愈合、生长、发育的能力。具体的说,就是砧木和接穗在内部的组织结构上、生理和遗传性上彼此相同或相似,从而能互相结和在一起的能力。嫁接亲和力是嫁接成活的关键,不亲和的组合,再熟练的嫁接技术和适宜的外部条件也不能成活。

1. 嫁接亲和力

（1）亲和力强

多为种内或属内嫁接。嫁接后能正常愈合、生长、发育,结合部不明显,只能从砧木和接穗的表皮不同结构和颜色,才能看出嫁接的接和部。砧木和接穗粗细一致或相差不多,结合部通常不形成树瘤。从树干解析看,嫁接最初二、三年,年轮配置有错乱,但很快趋于整齐,嫁接树寿命较长。

（2）后期不亲合

嫁接接口一般愈合良好,前期生长正常,以后陆续出现生长衰退现象。接合部开始出现瘤子,或砧木、接穗上下极不对称出现大脚（砧木粗于接穗）、小脚（砧木细于接穗）,有的提前开花结实,生长量迅速下降,以至死亡。后期不亲和多为种间（同属异种）和属间（同科异属）嫁接,但在种内不同无性系之间也有个别后期不亲和的例子。后期不亲和嫁接成活率也许很高,但以后才逐渐暴露出来,如用杜梨嫁接苹果都有这种情况。

后期不亲和带来的危害比不亲和还要大,因为树木生长几年再出问题比当时嫁接不活经济损失还要大。不亲和的原因究根是输导组织愈和不良。

（3）半亲和

当年虽然成活，但生长不正常，接口愈合不好，早期有明显的肿瘤和大小脚现象。嫁接树生长缓慢、衰退以至死亡。

（4）不亲和

嫁接后接穗干枯死亡，有时能维持一段时间生机，但不发芽；有的虽然发芽，但又很快死去。这样的组合多为不同科植物的嫁接。

2. 影响亲和力的原因

影响亲和力的原因很多，主要决定于砧木和接穗的亲缘关系。通常亲缘越近，亲和力越强。完全不亲和的多为砧木、接穗亲缘远，因而在结构上、生理、生化上的差异大，造成不亲和是容易理解的。后期不亲和与半亲和的原因有以下几个方面。

（1）接合部堆积了木质部或木质部薄壁细胞软垫，使砧木和接穗维管束间连接处有程度不同的中断。

（2）接合部的肿瘤，使维管束发生角度较大的扭曲，以至于发生运输的阻碍。

（3）接合部髓线间的木质部变质形成胶块，使导管阻塞。

（4）砧木和接穗韧皮部之间形成木栓层，从而使树冠到根部向下物质移动受到阻碍。严重时，使砧木和接穗皮层和韧皮部完全隔离，引起根部饥饿死亡。

（5）机械的原因。有不少报道，几十年生的嫁接大树，从结合部断裂，而裂口横断面是平滑的。

（6）砧木和接穗生理、生化不相适应。

为避免嫁接后期不亲和所带来的损失，很多人早就想制定一个预测亲和力强弱的方法，包括血清学技术和酶生物化学的研究，但迄今为止还没有找到可靠的方法。现在生产上能应用的嫁接组合，科间嫁接成功能用于生产的国内外尚无令人信服的报道，古代农书中所列不同科的嫁接,现已经多次验证证明是不存在的。同科异属的组合,有枫杨嫁接核桃,石榴嫁接枇杷。当发现后期不亲和,应采取紧急措施进行补救。方法是选择和它亲和力强的幼树 1 棵~2 棵,嫁接于树干上,以更换原来的砧木。

3. 生产上常用的砧木和接穗的配置

表 3-4　观果及彩叶植物嫁接品种与砧木配置

嫁接树种	砧木配置		分布
	砧木名称	主要特征	
海棠类（王族、绚丽、红丽、雪球、道格、印第安魔力 N_{29}/B_9 等）	崂山奈子 M. prunifolia Borkh. 别名:海棠、奈子、茶果、红海棠、楸子、烟台沙果。	有矮化作用。抗寒、抗旱,抗盐碱。高接后可供观赏	崂山下庄
	莱芜难咽 M. micro malus Matus MaK.	西府海棠主要类型之一。有一定矮化作用。抗旱、抗寒,抗盐性强。果实 10 月上旬成熟,出水率 0.71%,褐色种子千粒重 22.6g,层积时间 40~60d	莱芜、沂水、沂源、蒙阴等
	平邑甜茶 M. hupehensis (Pamp.)Rehd. 别名:湖北海棠、泰山海棠、楸子、野海棠。	适应性强、抗寒、抗涝性强,抗盐性较强,较抗旱,抗白粉病。本身也具有观赏性。果实观赏期长,10 月果实成熟,单果重 0.58g,出种率 1.9%。种子黄褐色,千粒重 10.2g。种粒数量:10 000/kg。山东省作为景观树种使用或作嫁接砧木	山东平邑、蒙山白云岩和恶谷
	国外引进矮化砧,B_9 等	能使树体矮化,早期丰产,但有些固地性差,不抗涝,不耐寒,压条生根较难。高接 B_9 本身具有观赏性,砧木较脆,嫁接工具需要得力	英国、美国、苏联
	新疆野苹果 M. sieversii (Ledeb.) Roem. 2n=34 别名:塞威氏苹果。	抗寒,抗旱,抗病虫危害,根系发达,嫁接果品种前期产量不高。但作为欧美海棠的乔砧、N_{29}/B_9 的高接砧木表现较好	新疆伊犁州婆罗科努山
	西府海棠 M. micromalus MaK. 别名:四楞海棠、难咽、海棠、长把子、算盘珠、黄奈子、青岛奈子、红奈子、黄林檎、晚林檎、子母海棠、小果海棠等	抗旱、抗盐、耐土壤瘠薄,不耐涝。可作砧木实生苗,也具观赏性。河南、内蒙、东北等省也有分布	河北、山东、山西、陕西、宁夏等

续表

嫁接树种	砧木配置		分布
	砧木名称	主要特征	
海棠类（王族、绚丽、红丽、雪球、N₂₉/B₉等）	沙果 *M. asiatica* Nakai 别名：槟沙果、花红、林檎、陕西白果子、文林郎果	作砧木使用或直接实生苗观赏，有分布，抗逆性较强（较抗旱），对白粉病抗性较弱，嫁接苹果有矮化效果	华北、西北、宁夏灌区、长江以南
	河南海棠 *M. honanensis* Rehd. 别名武乡海棠、励逊子、大叶毛茶、山里锦、小叶毛茶、刺荀子	有一定抗旱、抗寒能力，抗白粉病。不抗盐碱。单果重 0.7~0.9g，种子量：60 000~70 000 粒/kg。种子层积时间 30~40d.	河南、山西
	垂丝海棠 *M. halliana* Roehne 别名：倒挂珍珠	抗寒、单果重 0.75g，80 000 粒/kg，花期可耐–6℃低温，可观赏果实红或紫红。	甘肃
	花叶海棠 *M. transitoria*（Batal.）Schneid 别名花海棠、花叶杜梨、细弱海棠、小石枣、麻叶海棠、涩枣子、野楸子	抗寒、抗旱，耐盐碱瘠薄。分蘖力强，生长慢。可以作为观赏使用。内蒙古、四川也有分布	陕西、甘肃
碧桃	山桃 *Prunus davidiana*（Garr.）Franch. 别名野桃、山毛桃	抗寒、抗旱，耐盐碱瘠薄，嫁接成活率高。山东、山西、陕西、河南也有分布	河北、甘肃、宁夏等
	毛桃 *P. persica*（L.）Batssh	生长快，结果早，品质好，但寿命较短。山东、宁夏、山西、陕西、河南也有分布	河北，甘肃等
	中国李 *P. salicina* Lindl.	耐湿，抗寒，有矮化作用	宁夏、甘肃等
	山杏 *P. armeniaca* L.	嫁接成活率较低	宁夏，等
紫叶李、红心紫叶李、紫叶矮樱	毛桃 *P. persica*（L.）Batssh 山桃 *P. davidiana* Franch.	易成活，耐干旱。山桃的耐涝性差，要求土壤排水条件好	宁夏，等
	山杏 *P. armeniaca* L.	抗涝力差	宁夏，等
	中国李 *P. salicina* Lindl.	抗旱力较弱，耐湿和黏重土壤	宁夏，等

(二)砧木、接穗生活力和生理特性

砧木生长健壮,组织发育充实,体内贮存的营养物质多,嫁接易成活。

另外,砧木和接穗的生理特性和地理差异都影响嫁接成活。如砧木的根压高于接穗,容易成活。这就是有些组合正接能成活,反接不能成活的道理。有些树木亲缘关系相同,砧穗地理分布近的比分布远的易于成活。这可能是树木的地理分布不同,影响着树木的生理特性,产生了地理的差异。

(三)树木种类

有些亲和的组合,嫁接成活率仍然不高,如核桃,但只要能成活了,生长就很正常,用靠接法能够成功。有些植物容易嫁接,如蔷薇科苹果属的海棠。有的同种不同品种或无性系之间也有差异。这和不同品种产生愈伤组织的能力有关,愈伤组织产生快慢和多寡是成败的关键。

另外,有的树种有伤流,嫁接时伤口处流液,使接穗浸泡在内,影响成活;有的树种含单宁多,也易于在削面形成一层薄膜,影响砧穗间的愈合。

二、影响嫁接成活的外因

(一)温度

嫁接后砧木和接穗要有一定的温度才能愈合。不同树种的愈合对温度的要求也不一样。观果彩叶植物嫁接后,气温在10℃以上才能产生愈伤组织,10℃~15℃时,只有少量愈伤组织,20℃~25℃时愈伤组织很多,25℃以上愈伤组织减少。因此,苹果属最适宜嫁接温度在20℃~25℃之间,桃、杏最适温度20℃。在自然条件下,夏季嫁接一般能满足温度条件。春天嫁接要先接碧桃、紫叶矮樱,再接观赏海棠,以满足不同树种接口愈合对温度的需要。

（二）湿度

嫁接愈合需要一定湿度，各种树种对土壤的含水量要求不同，最适土壤含水量 14.0%~17.5%。嫁接前应对砧木育苗地适度灌水，有利于木质部与韧皮部剥离，便于芽接或插皮接。

为做好接后穗部保湿工作，用作土埋（低接）的土壤湿度以手握成团，落地松散为度。高接要涂接蜡或用塑料带绑缚或使用 0.02mm 厚度 PE 膜对接穗露芽整体缠绕。接后成活适时分两次解除绑缚。

（三）光照

光对愈伤组织的形成和生长有明显抑制作用。在黑暗条件下，愈伤组织形成快，易愈合，因此，嫁接后最好遮光。土接用土埋，既保湿又遮光；用塑料带绑缚的，最好用报纸或大型叶绑缚遮光。

因此，嫁接成活与否是内因和外因相互作用的结果。

第三节　几种彩叶植物嫁接繁殖技术与效果

一、B_9 和 N_{29} 的嫁接繁殖技术试验

（一）材料与方法

1. 试验材料

（1）高接繁殖试验材料

接穗品种为 B_9（Budagovsky）、N_{29}（*M. prunifolia* Borkh.）；基砧为新疆野苹果（*M. sieversii* L.）。嫁接基砧高度 1.0~1.5m，属高干嫁接。

（2）B_9、N_{29} 硬枝扦插繁殖试验材料

采集的 B_9、N_{29} 越冬硬枝，冷藏后备用。

2. 试验方法

高接繁殖的方法：B_9、N_{29} 采用芽接和插皮接的方式。

（1）芽接

春季带木质芽接（春季 4 月 25 日）、夏季"T"形芽接（7 月 28 日）。

（2）插皮接

春季进行，根据基砧粗度采用单穗或双穗。各种嫁接方式的接点数均 50 个以上，统计称活率。将嫁接口的愈合面积占剪口的面积的比例划分为 0（愈伤占剪口面积 0/4）、1（愈伤占剪口面积 1/4）、2（愈伤占剪口面积 2/4）、3（愈伤占剪口面积 3/4）、4（愈伤占剪口面积 4/4）五个级别并计算嫁接口的愈合（伤）指数（IE）=∑（级别×数量）/（总数量×最高级别）。

（二）结果与分析

1. 不同嫁接方式对 B_9、N_{29} 的嫁接成活率影响

表 3-5 的数据和图 3-1 的直观显示，不同的嫁接方法对 B_9、N_{29} 的成活率影响较大。3 种嫁接方式中，B_9 的成活率均高于 N_{29} 的数据，尤其是插皮接和春季的带木质芽接方式。

表 3-5　B9、N29 不同嫁接方式对成活率的影响

品种＼嫁接方式		接芽（点）（个）	成活芽（点）（个）	活皮死芽（个）	成活率（％）
夏季"T"形芽接	N29	75	43	16	57.7+21.3 *
	B9	50 *	36	3	72+6.0 *
春季带木质嵌芽接	N29	56	55	0	98.2
	B9	61	56	0	91.8
插皮接	N29	118	98		83.1
	B9	(155)	(147)		(94.8)

＊活皮死芽的芽基隐芽有再次萌发的可能。括号内数据含个别腹接点。嫁接地点：宁夏银川市西夏区。

夏季"T"形芽接的繁殖方式较春季带木质嵌芽接（春季）和插皮接方式的成活率均低，各 B_9、N_{29} 的品种的插皮接方式成活率较之相

对差值为 22.8%、25.4%，也说明夏季"T"形芽接的高接繁殖方式应在接芽越冬时应给予适当保护，由于宁夏银川的越冬自然环境条件比较恶劣，这会造成冻芽的伤害。上述的"T"形芽接的活皮死芽就是其中的原因之一。

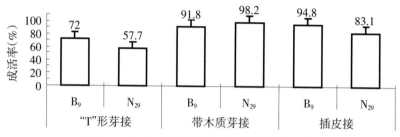

图 3-1　B_9、N_{29} 不同嫁接方式对成活率的影响

N_{29} 适宜的嫁接方式为春季带木质嵌芽接和插皮接及必要时的腹接方式。

2. B_9、N_{29} 插皮接繁殖的剪截口愈合程度(愈合指数 IE)

将嫁接时的砧木粗度按径阶划分，观察插皮接时成活的接穗形成的愈伤组织占剪口截面的比例，计算出愈伤的指数值发现，在 0.5~3.0cm 的砧木范围内(图 3-2)，随径阶的增大，接穗与砧木的愈伤指数下降，表示出不同的品种的相同愈伤变化趋势。但是，B_9、N_{29} 之间在同一径阶间的愈伤指数值相差较大；尤其是在 0.5~1.0cm 径阶范围内，B_9、N_{29} 之间的愈伤指数值相差 1 倍，这在一定程度上说明了 B_9 成活率高于 N_{29} 的原因之一。

表 3-6 中的数据说明，B_9 在 0.5cm~1.0cm 的径阶内的嫁接接口愈伤最好，愈伤指数值为 0.82。而 N_{29} 的愈伤指数在径阶 0.5~2.0cm 间差别不大，但均低于同径阶的 B_9 愈伤指数值，在 1.6~2.0cm 径阶间 B_9、N_{29} 愈合指数无差异。较小的愈伤指数值预示着该苗木在培育与移植期间的操作上应仔细进行，或延期出圃应用。试验中发现，由于宁夏银川市的气候特点，使得嫁接的塑料条的绑缚与松绑应注意接

口部位的湿度保持。适宜的嫁接部位温、湿度对愈伤组织的形成、生长有益接口的愈合。接口的愈合程度直接影响着嫁接后的品种枝条营养生长与生殖生长,进而影响着观赏效果。

表 3-6 插皮接嫁接愈合状况调查

砧木粗度径阶(cm)	愈合级别	愈合占剪口面积的	B$_9$		N$_{29}$	
			数量(个)	愈伤指数(IE)	数量(个)	愈伤指数(IE)
0.5~1.0	0	0/4	2	0.82	1	0.40
	1	1/4	9		6	
	2	2/4	7		3	
	3	3/4	7		1	
	4	4/4	8		1	
1.1~1.5	0	0/4	6	0.54	7	0.38
	1	1/4	22		17	
	2	2/4	12		9	
	3	3/4	30		7	
	4	4/4	9		2	
1.6~2.0	0	0/4	1	0.41	6	0.40
	1	1/4	14		13	
	2	2/4	13		4	
	3	3/4	4		6	
	4	4/4	0		3	
2.1~2.5	0	0/4	0	0.31	7	0.20
	1	1/4	10		5	
	2	2/4	4		1	
	3	3/4	0		0	
	4	4/4	2		1	
2.6~3.0	0	0/4			2	0.19
	1	1/4			6	
	2	2/4			0	
	3	3/4			0	
	4	4/4			0	

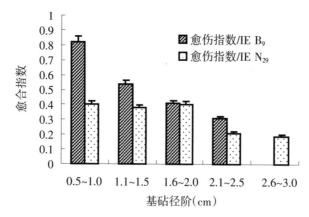

图 3-2　B_9、N_{29} 插皮接嫁接愈合指数比较

（三）结论

对 B_9、N_{29} 繁殖方式的研究认为，采用新疆野苹果做基砧进行 B_9、N_{29} 高干的插皮接、带木质嵌芽接具有较高的嫁接成活率，均能有效的进行苗木扩繁；B_9 插皮接最佳砧粗范围在 0.5~1.0cm 的径阶内，嫁接接口愈伤最好；N_{29} 愈伤指数在径阶 0.5~2.0cm 间差别不大，但均低于同径阶的 B_9 愈伤指数值，说明 N_{29} 嫁接口愈合速度低于 B_9，表明 N_{29} 嫁接苗在同期出圃及移栽时应适当保护，防止接口的劈裂。

嫁接繁殖依然是 B_9、N_{29} 的用于景观苗木培育的主要途径，同时强调必须根据品种，注意砧木的粗度采用适宜的嫁接方式来繁殖苗木。

二、紫叶矮樱的嫁接繁殖

紫叶矮樱是我国于 20 世纪 80 年代从美国明尼苏达州贝雷苗圃引入的一种彩叶植物，由于其鲜艳的红紫色和栽培中易管理、耐修剪及较易繁殖的特点，使其在北方各省市发展十分迅速，针对紫叶矮樱的研究报道也越来越多。该品种引到宁夏后，越冬抽干现象在不同年份时有发生。笔者从基砧的选择入手，采用高干嫁接方式，探究了杏砧不同枝龄、夏季"T"型芽接和春季带木质芽接方法，均能良好越冬，新梢生长正常。同时进行了紫叶矮樱在杏砧 1 年、2 年生枝条上夏季

"T"型芽接越冬成活率与春季插皮接(在移栽砧木生长 1 年苗木上)成活率比较。

对紫叶矮樱夏末的高干"T"型芽接第 2 年春季、夏季的成活率(表 3-7)调查发现,以杏砧高接紫叶矮樱,成活率高达 94%。2 年生枝龄时成活率上升到 97%。说明砧木枝龄对紫叶矮樱的"T"型芽接成活率有一定影响,2 年的杏砧枝龄比 1 年杏砧枝龄提高芽接成活率 2.7%。尽管针对紫叶矮樱的繁殖涉及到砧木的有些文章说,该品种可以用毛桃、山桃、山樱桃、山杏做砧木繁殖苗木,笔者研究认为,砧木的选择应该考虑商品苗的未来景观应用生态区域特点,尤其是要考虑土壤的地下水位和降水后的土壤排水状况,山桃砧木繁殖的矮樱苗木不适宜在土壤黏重、排水较差的景观地域中使用。因此,建议在宁夏使用同属更近源的中国李、山杏做砧木培育紫叶矮樱景观用苗较为妥当。

表 3-7　紫叶矮樱嫁接砧木(杏砧)枝龄与成活率的关系

嫁接方式	砧木枝龄	接点数	成活数量	成活率(%)
接芽	1a	108	101	94.0
	2a	124	120	96.7
春季插皮接(山桃)	2~4a	471	414	88.0

三、红心紫叶李嫁接繁殖技术

红心紫叶李(*Prunus cerasifera* var. *atropurpurea*)通常以中国李为砧木进行嫁接繁殖,发现使用毛桃、杏砧、中国李繁殖"红心"紫叶李均有较好的亲和性和成活率。

繁殖红心紫叶李时,砧木的高度通常控制在 1.0m 左右,嫁接基砧粗度以接口直径≥2.0cm 为宜。一般采用双穗插皮接(insert grafting)嫁接,过粗的砧木则需要使用 3 穗嫁接。嫁接方式为插皮接。该方式的嫁接苗翌年春季可以出圃,当接口没有完全愈合时,不要摘除绑缚的塑料条,使其起到移栽时防劈裂作用。此外,接口部位不宜采用越冬涂抹"黄油"方式保护主干和枝条。

红心紫叶李移栽的当年枝条的生长量较大,尽管如此,多数的砧穗接口依然不能完全愈合,待第 2 年秋季主干直径、枝量翻番生长,接口才完全愈合。与常规的紫叶李相比,高干嫁接的红心紫叶李的生长量较大,树形多可修剪成呈杯状、球状,枝条下部绿叶衬托梢尖红叶更具有引人瞩目的亮点。

红心紫叶李接口愈合的单穗扶强是减轻接口瘤状突起的主要措施。

四、平邑甜茶、王族、红丽、沈育等品种的嫁接繁殖效果

对引进的平邑甜茶、舞美、S28 和沈育等进行嫁接实验。实验地点在贺兰山东麓西林带,砧木为两年生的新疆野苹果,干高 50cm 以上。嫁接方法采用"T"字型芽接法。在苗圃就地采集王族和红丽品种接穗,嫁接在新疆野苹果上观察嫁接成活率。2005 年 8 月的调查成活保存率,王族 74.5%、红丽 84.8%、平邑甜茶 75.5%、沈育 56.2%。除沈育外王族、红丽、平邑甜茶的夏末芽接成活率均高于 B_9(72%)、N_{29}(58%)的成活率,但是均低于 B_9、N_{29} 的春季带木质嵌芽接的 92.0% 和 98.2% 的成活率。

沈育的嫁接亲和性表观上体现嫁接口的瘤状突起

图 3-3-1　沈育枝叶特点示意

图3-3-2　沈育嫁接不愈和表现(基砧,新疆野苹果)

物,生长势较弱,可以断定该品种不适宜以新疆野苹果为砧木进行繁殖。此外,由于叶片特点(常叶色、扭曲褶皱),使病、虫防治难度加大,不适宜景观配置使用。

第四章 彩叶乔灌植物整形修剪技术

    彩叶小乔木、灌木及观果海棠的整形修剪是从苗木的定植甚至是在苗圃期就已经开始。修剪令其有生命活力，整形为之美。这种重要性除了体现在保证彩叶灌乔植物的正常呈色和营养、生殖生长外，还要平衡养分调控发育，使之生长旺盛树形丰满、调节花期开花繁茂、硕果累累外，也使之观赏价值大大提高。

第一节 彩叶植物修剪整形的目的与原则

    整形修剪是园林树木栽培及养护管理中的常态工作之一。园林树木的景观价值需要通过树形、树姿来体现，树木整形修剪首先要保证植株的生物学特性要求，即要根据各种植物生长习性与生长地域环境条件，因景观设计目的要求而不同，也要根据同一树种在相同景观配置要求下，由于环境差异造成修剪方案不同。同一乔木，在主风方向，要适度降低主干高度，并采用修剪等手法使迎风主枝硬度增强，增加抗风能力而不至于被动使树冠顺风倾斜。在土壤贫瘠处则宜降低分枝高度，有漏沙层地块除客土以外在修剪时还应降低整体树冠高度，或采用无主干的开心形修剪整形。彩叶植物预快速成形时，对萌芽力、成枝力强的种类可适度重修剪，可实施强枝弱剪、弱枝强剪等修剪手法促进成形。

一、彩叶植物整形修剪的目的

整形是指通过一定的修剪措施来形成栽培所需的树体结构形态,表示树体自然生长所难以完成的不同栽培功能;而修剪则是服从整形的要求,去除树体的部分枝、叶、芽、根生长器官,达到调节树势、更新造型的目的。因此,整形与修剪是紧密相关、不可截然分开的完整栽培技术,是统一于栽培目的之下的有效养护管护措施。

不同种类的树木因其生长特性而各自形成特有的自然式树冠,但通过整形、修剪的方法可以改变其原有的形状。观果类彩叶树种的整形、修剪虽同样是人为调节对树木个体的营养生长与生殖生长,既不同于盆景艺术造型、也不同于果树生产栽培,而具备更有效、更广泛的景观艺术内涵和更积极、更重要的生态效益显现,主要目的体现如下。

(一)调控树体结构

整形修剪可使树体的各层主枝在主干上分布有序、错落有致、从属关系明确、各占一定空间,形成合理的树冠结构,满足景观配置的栽培要求。

1. 控制树体生长,增强景观效果

园林彩叶树木以不同的配置形式栽植在特定的环境中,并与周围的空间相互协调,构成各类园林景观。栽培管护中,需要通过不同时间段的适度修剪来控制与调整树木的树冠结构、形体尺度,以保持原有的设计效果。例如,在假山上或狭小的庭园中栽植的彩叶树木,要选择生长慢的品种,再通过修剪整形,达到缩龙成寸、小中见大的效果;栽植在窗前的树木,需要控制一定的树冠高度与枝条密度,以免影响室内采光等。

2. 调节枝干方向，创新艺术造型

通过整形修剪来改变树木的干形、枝形，创造出具有更高艺术观赏效果的树木姿态。如在自然式修剪中，追求"古干肌曲，苍劲如画"的境界；而在规则式修剪中，又推崇规整严谨树冠形态。

3. 增加树冠通透，避免安全隐患

通过修剪可通透树冠，增强树体的抗风能力；及时修剪去除枯、死枝干，可避免冠大根小、折枝倒树、造成伤害；修剪可以控制树冠枝条的密度和高度，保持树体与周边高架线路之间的安全距离，避免因枝干伸展或因大风摇摆而损坏设施。对城市彩叶行道树来说，修剪的另一个重要作用，是消除较低树冠对交通视线的阻挡，减少潜在的行车安全隐患。

(二)调控开花结实

修剪打破了树木原先的营养生长与生殖生长之间平衡，重新调节树体内的营养分配，促进开花结实。正确运用修剪可使树体养分集中、新梢生长充实，控制成年树木的花芽分化或果枝比例。对观赏海棠及时有效的修剪，既可促进大部分短枝和辅养枝成为花果枝，达到花开满树的效果，也可避免花、果过多而造成的大小年现象。

(三)调控通风透光

当自然生长的树冠过度郁闭时，内膛枝得不到足够的光照致使枝条下部光秃形成天棚型的叶幕，开花部位也随之外移；同时树冠内部不通风，极易诱发病虫害，如观赏海棠的树形等树种通过适当的疏剪，可使树冠通透性能加强、光合作用增强，从而提高树体的整体抗逆能力，减少病虫害的发生，并使叶、果呈色更好。

(四)保持平衡树势

1. 提高树木移栽成活率

树木移栽过程中需进行根系修剪，损失了大量的根系，必须对树冠进行适度修剪以减少蒸腾量，缓解地上或地下根部吸水功能下降的矛盾，提高树木移栽的成活率。

2. 促使衰老树更新复壮

树体进入衰老阶段后，树冠出现秃裸，生长势减弱、花果量明显减少，采用适度的修剪措施可刺激枝干皮层内的隐芽萌发，诱发形成健壮的新枝，达到恢复树势、更新复壮的目的。

二、彩叶植物整形修剪的原则

(一)服从树木景观配置要求

不同的景观配置要求有各自的整形修剪方式。如紫叶碧桃或紫叶李，作行道树栽植一般修剪成杯状形；金叶白蜡做庭荫树用则采用自然式整形。紫叶矮樱作孤植树配置应尽量保持自然树冠，做绿篱树栽植则一般采用规则式整型。栽植在草坪上的榆叶梅宜采用丛状扁球形，而配置在路边则采用无主干圆头形。

(二)遵循树木生长发育习性

树种间的不同生长发育习性，要求采用相应的整形修剪方式。如连翘、金叶接骨木等顶端生长势不太强，但发枝力强、易形成丛状树冠的树种，可采用圆球形、半球形整冠；对于紫叶李、碧桃、美人梅等喜光树种，为避免内膛秃裸、花果外移，通常需采用自然开心形的整形修剪方式。

1. 发枝能力

整形修剪的强度与频度，不仅与树木栽培的目的有关，更是取决于树木萌芽发枝能力的强弱。如红花多枝柽柳、金叶白蜡等具有很强萌芽发枝能力的树种，性耐重剪，可多次修剪；而紫叶李等萌芽成枝力较弱的树种，则应少修剪或只做轻度修剪。

2. 分枝特性

对于主轴分枝的树种，修剪时要注意控制侧枝、剪除竞争枝、促进主枝的发育。顶端生长势强具有明显的主干,适合采用保留中央领导干的整形方式。而具有合轴分枝的树种,易形成几个势力相当的侧枝、呈现多叉树干,如为培养主干可采用摘除其它侧枝的顶芽来削弱其顶端优势,或将顶枝短截剪口留壮芽,同时疏去剪口下 3~4 个侧枝促其加速生长。具有假二叉分枝的树种,由于树干顶梢在生长后期不能形成顶芽,下面的对生侧芽优势均衡影响主干的形成,可采用剥除其中一个芽的方法来培养主干。对于具有分枝的树种,则可采用抹芽法或用短截主枝方法重新培养中心主枝。

应充分了解各类分枝的特性,修剪中注意各类枝之间的平衡。如强主枝具有较多的新梢,叶面积大具较强的合成有机养分的能力,进而促使其生长更加粗壮;反之,弱主枝则因新梢少、营养条件差而生长愈渐衰弱。有些树种欲借修剪来平衡各枝间的生长势,应掌握强主枝强剪、弱主枝弱剪的原则。

侧枝是构成树冠、形成叶幕、开花结实的基础,其生长过强或过弱均不易形成花芽,应分别掌握修剪的强度。如对强侧枝弱剪,目的是促使侧芽萌发、增加分枝、缓和生长势,促进花芽的形成,而花果的生长发育又进一步抑制侧枝的生长;对弱侧枝强剪,可使养分高度集中,并借顶端优势的刺激而抽生强壮的枝条,获得促进侧枝生长达到恢复与丰满树冠的效果。

3. 花芽的着生部位、花芽性质和开花习性

不同彩叶树种的花芽着生部位不同,有的着生于枝条的中下部、有的着生于枝梢顶部;花芽性质,有的是纯花芽,有的为混合芽;开花习性,有的是先花后叶,有的为先叶后花。所有这些性状特点,在观花、彩叶植物的整形修剪时,都需要给予充分的考虑。

春季开花的彩叶乔、灌木,花芽着生在一年生枝的顶端或叶腋,其分化过程通常在上一年的夏、秋进行,修剪应在秋季落叶后至早春

萌芽前进行,但在冬寒或春旱的地区,修剪应推迟至早春气温回升、芽即将萌动时进行。夏秋开花的种类,花芽在当年抽生的新梢上形成,在一年生枝基部保留3~4个(对)饱满芽短截,剪后可萌发出苗壮的枝条,虽然花枝可能会少些,但由于营养集中能开出较大的花朵。对于当年开两次花的树木,可在第一次花后将残花剪除,同时加强肥水管理, 促使二次开花。对小庭院栽培的紫玉兰等具顶生花芽的树种,除非为了更新枝势,否则不能在休眠期或者在花前进行短截;对榆叶梅、碧桃等具腋生花芽的树种,可视具体情况在花前短截;而连翘、丁香等具腋生纯花芽的树种,剪口芽不能是花芽,否则花后会留下一段枯枝,影响树体生长;对于观果海棠,幼果附近必须有一定数量的叶片作为有机营养的供体。

4. 树龄及生长发育时期

幼树修剪,为了尽快形成良好的树体结构,应对各级骨干枝的延长枝进行重短截,促进营养生长;为提早开花,对于骨干枝以外的其他枝条应以轻短截为主,促进花芽分化。成年期树木,正处于成熟生长阶段,整形修剪的目的在于调节生长与开花结果的矛盾,保持健壮完美的树形,稳定丰花硕果的状态,延缓衰老阶段的到来。衰老期树木, 其生长势衰弱,树冠处于向心生长更新阶段,修剪主要以重短截为主,以激发更新复壮活力,恢复生长势,但修剪强度应控制得当;此期,对萌蘖枝、徒长枝的合理有效利用,具重要意义。

(三)根据栽培的生态环境条件

彩叶乔、灌木在生长过程中总是不断地协调自身各部分的生长平衡,以适应外部生态环境的变化。孤植树的光照条件良好,因而树冠丰满,冠高比大;密林中的树木,主要从上方接受光照,因侧旁遮荫而发生自然整枝,树冠狭窄、冠高比小。因此,需针对树木的光照条件及生长空间,通过修剪来调整有效叶片的数量、控制大小适当的树冠,培养出良好的冠形与树形。生长空间较大时,在不影响周围配置的情况下,可开张枝干角度,最大限度地扩大树冠;如果生长空间较小,则应通过修剪控制树木的体量,以防过分拥挤,有碍观赏、生长。对于生长在风口逆境条件下的树木,应采用低干矮冠的整形修剪方式,并适当疏剪枝条,保持良好的透风结构,增强树体的抗风能力。

即使同一树种,因配置的生长立地环境不同,也应采用各异的整形修剪方式。如在银川绿化景观中,对紫叶矮樱一般有两种不同的整形修剪方式:主干圆头形,配置在常绿树丛前面和园路两旁;丛状扁球形,适宜种植在坡形绿地或草坪上。再如观果海棠,栽植在湖边,应修剪成悬崖式;种植在大门两侧,应整形修剪成桩景式;配置在草坪上,则以自然开心形整冠为宜。通过对修剪整形的总体原则的贯彻,实现彩叶植物树苗移栽的成活率、创造各种艺术造型、树体的健康生长及达到理想的高度和粗度、缤纷色彩得以充分展现,花繁果美。

第二节　彩叶植物整形修剪的基本要素

一、整形修剪与生态环境条件相统一

彩叶观赏树木和其他生物一样,在自然界生长总是不断地协调自身各个器官相互关系,维持彼此间的平衡生长。如孤植(图 4-1)乔木,由于树体受到的阳光充足,枝展空间较大,因而形成塔形或球形树冠,使树干上最早形成的第一轮侧枝,生长较旺盛,表现得既粗又高。对于树林或树群中的树体(图 4-2),由于群体竞争,接受上方光照较多,树体向上挺拔,处于下部第一至第二轮的枝条光照不足而生长较弱,有时则会出现枯萎,形成自然整枝。而处于树冠中部势力最

强枝条确成为树冠的最下层。这样上部树冠与整个树高之间，就出现不同的比例特点，这是种内对光照竞争所形成的。

　　因此，保留一定的树冠及时调整有效叶片的数量，从而维持高、粗生长的比例关系，就可以培养出良好的适应环境冠形与干形。比如剪去树冠下部的若干无效枝，相对集中养分，可加速高生长。

图 4-1　良好空间与受光条件下的乔木孤植树冠

图 4-2　群植乔木的较小空间与下部受光不良条件下的形成的树冠

二、彩叶植物整形修剪与树木的分枝规律

观赏树木在长期的自然进化过程中,也形成了一定的分枝规律。应观察其分枝特性加以利用,如图 4-3~图 4-5。

图 4-3 二权分枝示意　　　　图 4-4 假二权分枝示意

图 4-5 开张枝条的几个整形手法示意

观赏彩叶果树红巴梨和海棠"凯尔斯"、"丰盛"、"王族"品种就极易形成主干轴式分枝树形,整形时适当采用对主枝拉枝、拿枝、堕枝等修剪手法就容易自然纺锤形的观赏树形。整形时,枝条的开张角度越大,生长势越容易缓和,形成花芽多。修剪合理,角度适中的枝,其可观花量、果量增大。

三、彩叶植物整形修剪与植物顶端优势

在养分竞争中,顶芽处于优势,所以树木顶芽萌发的枝在生长上也总是占有优势。当剪去一个顶芽时,靠近顶芽的一些腋芽就会萌发;剪取去一个枝段,获得不同数量的侧枝,这取决于品种生物学特性及修剪的程度。对顶端优势的适度控制能恰到好处的促使树体侧

向扩冠,并结合缓势手法从而有利于观赏海棠的花、果形成。对顶端优势的控制也是打开树体光照必不可少的措施之一，这对彩叶观果植物显得尤为重要。

如果培养球形或特殊的矮化树形时，即采用剪除中心主枝的办法,有意消弱主枝顶端优势,可创造各种矮化的或球形树,比如高接的紫叶矮樱或红心紫叶李等。采用高接矮化品种还可以起到省工修剪的目的,降低整形维护管理的成本。

多数阔叶彩叶树的顶端优势较弱,因此常形成圆球形的树冠。为此可采取短截、疏枝、回缩等方法,调整主侧枝的关系,以达到促进树高生长、扩大树冠、促进多发中庸枝、培养主体结构良好树形的目的。

有些种类的彩叶幼树的顶端优势比老树明显强,所以幼树应适当轻剪,促使树木快速成形;而老树、弱树的修剪,则适宜重剪,以促进萌发新枝,增强树势。

主枝基角越小及越靠近主枝先端的枝条,生长势优势愈强（图4-6）;而开张主枝基角,缓势后的主枝先端枝条生长势就会变弱。这就要求对打开基角而大量结果的海棠品种,如"绚丽"等品种,修剪时要适当将先端部分恰当利用背上枝"抬头"回缩。反之,注意将中心干

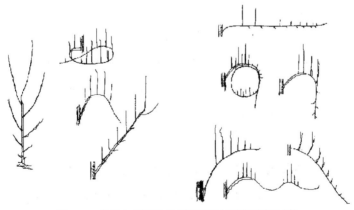

图4-6　各种角度及枝条处理手法的顶端优势示意
（仿汪景彦《苹果看图整形修剪》）

附近的主枝过于内向直立生长的侧枝采用背后枝换头的整形方式疏剪一部分来缓和势力、开张角度,保证主干、主枝主从关系和主干优势地位。向内枝、直立枝的优势强于外向枝、水平枝和下垂枝,所以修剪中常将内向枝、直立主枝重剪到瘪芽处或春秋梢(盲节)的交界处。对其他枝通常改造为侧枝、长枝或辅养枝。剪口下的留芽如果是壮芽,通常优势较强,反之较弱。

四、彩叶植物整形修剪与植物光合作用

群植彩叶植物对光能的利用有自然竞争的作用结果,修剪整形能够调整树体结构,改变有效叶幕层的位置(图 4-7)。

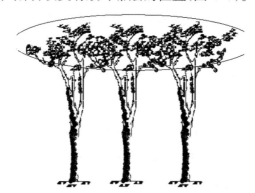

图 4-7 群植树体的光合有效叶幕层示意

不同的修剪整形的树相稳定性有所差别,导致有效叶幕层持续时期的差异,树木的叶片分为有效叶幕层和无效叶幕层。只有在补偿点以上的有效叶幕层可光合积累养分。对于彩叶植物而言,由于大多数种类的彩叶体现要求较高的光照条件,尤其是彩叶、观果类海棠如王族(*Malus* 'Royelty')更是如此,所以,保持有效的叶幕层对正常叶、果呈色十分必要。

五、彩叶植物整形修剪与树体生长发育周期特点

观赏植物都有其生长发育的规律,形成日节律、年周期和生命周期的变化。整形修剪可调节树木的生长与发育的关系,使生命周期更

长久。

树体内的树液流动均有一定的规律。一是由下而上流动的液流，由根部吸收水分、矿物质元素和根部合成的各种有机物，从木质部的导管传输至地上叶子或果实。二是由上而下的液流，即叶片光合产物的糖类和其他有机物，经树干的韧皮部筛管向下运往根部或植物的其他部分，如茎的生长点和果实的储藏器官，完成"源-库"过程。地上光合作用部位合成养分或运往根部，供根的呼吸消耗；其余的部分重新合成酶类物质、激素，再随上升的液流向上输送来供枝叶生长发育之需。

修剪与整形会将树体营养重新分配，使分散的养分集中，重点供给某个生长中心。观赏海棠等花果树木一般在 7~8 月进入花芽分化阶段，这时生长中心转到中短枝、叶丛枝上。7 月的摘心、8 月初至 8 中旬的旺枝轻剪或剪梢，使旺枝暂缓停生长，改变养分的运输方向，将养供给各个中短枝，除提高树体的花芽分化量外，还有利于提高树体的越冬抗寒性。冬、夏修剪时通过疏剪过密枝、交错枝、重叠枝而起到疏透生长期树冠，使内膛叶片达到能见光、通风目的，充分呈色。

观形、观花、观果树木修剪时，首先要确定主枝的数目或整形形式。柱形、自由纺锤形、折叠式扇形、小冠疏层形、杯状开心形、双主枝半圆形都是实践验证的具有良好通风透光的整形形式。不同地区采用那种树形还应考虑其气候特点。整形不能完全的生搬硬套，必要时要"随树而形，随景而行"，做到对"有形不死，无形不乱"的真正理解（图 4-8）。

观果海棠一般要求主枝、大枝分布合理适当，侧枝、小枝要多，使光照能从大枝间透进树冠，以保证株间、层间、枝间光照，就像栽培高产中的果树，似乎有一种"大枝亮堂堂、小枝闹嚷嚷"的感觉，这样除满足了观赏之需还有利于植保。

图4-8　无形不乱之示意

对于彩叶灌木类若有意创造波浪状的群体景观，除了树体株行距恰当，大枝间拉大距离外，每个主枝要做到下部长，上部短，符合自然树木本性，使树木呈尖塔状、或半球形，光照能透入树体内部，能充分利用直射光和散射光，使内膛叶片的光照能在补偿点以上。

圆球状的树形修剪，减少膛内光秃枝、枯弱枝，使内部透光，保持外表彩叶常在。

六、彩叶植物整形修剪与赏美的追求

树木在外界自然环境因子的影响下，经过长期自然选择，也能神功出美丽的自然造型，高雅的华山"迎宾松"就是大自然给予人类美好的记忆。而通过人工修剪，则可在短时间内创造各种造型，根据自己的性格和美化环境的需要来创造各种既有韵律与节奏又有比例与尺度几何形式，给人们美的感觉并延长了植物的生命周期。

第三节　彩叶树木整形修剪的技术与方法

一、整形修剪时期

彩叶乔、灌木的整形修剪,提倡四季修剪以期取得较为满意的结果。但实际养护管理中的整形修剪,主要分为两期集中进行。

(一)冬春季修剪(休眠期修剪)

大多彩叶乔、灌木的修剪,宜在树体落叶休眠到春季萌芽开始前进行,常称冬春季修剪。此期内树木生理活动滞缓,枝叶营养大部回归主干、根部,修剪造成的营养损失最少,伤口不易感染,对树木生长影响较小。修剪的具体时间要根据当地冬季的具体温度特点而定,在西北地区,严冬修剪后伤口易受冻害,故以晚冬或早春修剪为宜,一般在春季树液流动前约 2 个月的时间内进行;而一些需保护越冬的花灌木,应在秋季落叶后适期适度修剪,然后埋土或包裹或覆盖防寒。

对于一些有伤流现象的树种,如葡萄,应在晚秋埋土前修剪。伤流是树木体内的养分与水分,流失过多会造成树势衰弱,甚至枝条枯死。有的树种伤流出现得很早,如核桃,在落叶后的 11 月中旬就开始发生,最佳修剪时期应在果实采收后至叶片变黄之前,且能对混合芽的分化有促进作用。如果需要移栽或更新复壮,修剪也可在栽植前或早春进行。

(二)夏季修剪(生长季修剪)

可在春季萌芽后至秋季落叶后的整个生长季内进行,此期修剪的主要目的是改善树冠的通风、透光性能,一般采用轻剪,以免因剪除枝叶量过大而对树体生长造成不良的影响。对于发枝力强的海棠品种,应疏除冬剪截口附近的过量新梢,以免干扰树型。嫁接后的树木,应加强抹芽、除蘖等修剪措施,保护接穗品种的健壮生长。对于夏季开花的树种,应在花后及时修剪、避免养分消耗,并促来年开花;一年内多次抽梢开花的树木,如花后及时剪去花枝,可促使新稍的抽发,再现花期。观赏形的树木,夏剪可随时剪除扰乱树形的枝条;彩叶的树篱采用生长期修剪,可保持树形的整齐美观。

二、整形修剪方式

(一)整形方式

整形主要是为了保持合理的树冠结构,维持各级枝条之间的从属关系,促进整体树势的平衡,达到良好的观赏效果和生态效益。

1. 自然式整形

以自然生长形成的树冠为基础,仅对树冠生长作辅助性的调节和整理,使之形态更加优美自然。保持树木的自然形态,不仅能体现园林树木的自然美,同时也符合树木自身的生长发育习性,有利于树木的养护管理。

乔木的自然冠形主要有圆柱形,如观赏海棠"舞美";卵圆形,如金叶白腊、金叶(枝)国槐等;球形,如金叶榆、园冠榆、栾树等;倒卵形,如刺槐、千头椿等;丛生形,如玫瑰、黄刺玫等;拱枝形,如连翘、葡萄等;垂枝形,如龙爪槐、垂枝榆、金枝杞柳等;匍匐形,如金叶接骨木等。修剪时需依据不同的树种灵活掌握,对有中央领导干的单轴分枝型树木,应注意保护顶芽、防止偏顶而破坏冠形;抑制或剪除扰乱生长平衡、破坏树形的交叉枝、重生枝、徒长枝等,维护树冠的匀称完整。

2. 人工式整形

依据园林景观配置需要,将树冠修剪成各种特定的形状,适用于红花多枝柽柳、朝鲜黄杨、金叶女贞;金叶、紫叶小蘗等枝密、叶小的树种。常见树型有规则的几何形体、不规则的人工形体,以及亭、门等雕塑形体,原在西方园林中应用较多,但近年来在我国也有逐渐流行的趋势。

3. 自然与人工混合式整形

在自然树形的基础上，结合观赏目的和树木生长发育的要求而进行的整形方式。

(1)杯状形

树木仅留一段较低的主干，主干上部分生 3 个主枝，均匀向四周排开；每主枝各自分生侧枝 2 个，每侧枝再各自分生次侧枝 2 个，而成 12 枝，形成为"三股、六杈、十二枝"的树形。杯状形树冠的"杯"内不允许有直立枝、内向枝的存在。此种整形方式适用于轴性较弱的树种，如悬铃木，在城市行道树中较为常见。

(2)自然开心形

是杯状形的改进形式，不同处仅是分枝点较低、内膛不空、三大主枝的分布有一定间隔，适用于轴性弱、枝条开展的观花观果树种，如碧桃、观赏海棠的某些品种等。

(3)中央领导干形

在强大势的中央领导干上配列疏散的主枝。适用于轴性强、能形成高大树冠的树种，如阔叶树银杏、白腊、千头椿等，在庭荫树、景观树栽植常见。

(4)多主干形

有 2~4 个主干，各自分层配列侧生主枝，形成规整优美的树冠，能缩短开花年龄，延长小枝寿命，如碧桃、观赏海棠等，多适用于观花乔木和庭荫树。

(5)灌丛形

适用于金叶、金脉连翘、丁香等中小型灌木，每灌丛自基部留主枝 10 余个，每年疏除老主枝 3~4 个，新增主枝 3~4 个，促进灌丛的更新复壮。

（6）棚架形

属于垂直绿化栽植的一种形式,常用于葡萄、紫藤、五叶地锦、山荞麦等藤本树种。整形修剪方式由架形而定,常见的有篱壁式、棚架式、廊架式等。

二、修剪手法

（一）短截

又称短剪,指对一年生枝条的剪截处理。枝条短截后,养分相对集中,可刺激剪口下侧芽的萌发,增加枝条数量,促进营养生长或开花结果。短截程度对产生的修剪效果有显著影响。

1. 轻短截

剪去枝条全长的 1/5~1/4,主要用于观花、观果类树木的强壮枝修剪。枝条经短截后,多数半饱满芽受到刺激而萌发,形成大量中短枝,易分化更多的花芽。

2. 中短截

自枝条长度 1/3~1/2 的饱满芽处短截,使养分较为集中,促使剪口下发生较壮的营养枝,主要用于骨干枝和延长枝的培养及某些弱枝的复壮。

3. 重短截

在枝条中下部、全长 2/3~3/4 处短截,刺激作用大,可逼基部隐芽萌发,适用于弱树、老树和老弱枝的复壮更新。

4. 极重短截

仅在春梢基部留 2~3 个芽,其余全部剪去,修剪后会萌生 1~3 个中、短枝,主要应用于竞争枝的处理。

（二）回缩、截干

1. 回缩

又称缩剪,指对多年生枝条(枝组)进行短截的修剪方式。在树木生长势减弱、部分枝条开始下垂、树冠中下部出现光秃现象时采用此法,多用于衰老枝的复壮和结果枝的更新,促使剪口下方的枝条旺盛生长或刺激休眠芽萌发徒长枝,达到更新复壮的目的。

2. 截干

对主干或粗大的主枝、骨干枝等进行的回缩措施称为截干。截干修剪可有效调节树体水份吸收和蒸腾平衡间的矛盾,提高移栽成活率,在大树移栽时多见。此外,尚可利用逼发隐芽,进行壮树的树冠结构改造和老树的更新复壮。

(三)疏

疏又称疏删或疏剪,即把枝条从分枝基部剪除的修剪方法。疏剪能减少树冠内部的分枝数量,使枝条分布趋向合理与均匀,改善树冠内膛通风与透光,增强树体的同化功能,减少病虫害发生,并促进树冠内膛枝条的营养生长或开花结果。疏剪的主要对象是弱枝、病虫害枝、枯枝及影响树木造型的交叉枝、干扰枝、萌蘖枝等各类枝条。特别是树冠内部萌生的直立性徒长枝,芽小、节间长、粗壮、含水分多、组织不充实,宜及早疏剪以免影响树形。如果有生长空间,可改造成枝组,用于树冠结构的更新、转换和老树复壮。

疏剪对全树的总生长量有削弱作用,但能促进树体局部的生长。疏剪对局部的刺激作用与短截有所不同,它对同侧剪口以下的枝条有增强作用,而对同侧剪口以上的枝条则起削弱作用。应注意的是,疏枝在母枝上形成伤口,从而影响养分的输送,疏剪的枝条越多、伤口间距越接近,其削弱作用越明显。对全树生长的削弱程度与疏剪强度及被疏剪枝条的强弱有关,疏强留弱或疏剪枝条过多,会对树木的生长产生较大的削弱作用;疏剪多年生的枝条,对树木生长的削弱作用较大,一般宜分期进行。

疏剪强度是指被疏剪枝条占全树枝条的比例,剪去全树10%的枝条者为轻疏,强度达 10~20% 时称中疏,重疏则为疏剪 20% 以上的枝条。实际应用时的疏剪强度依树种、长势和树龄等具体情况而定,一般情况下,萌芽率强、成枝力弱的或萌芽力、成枝力都弱的树种应少疏枝;而萌芽率、成枝力强的树种,可多疏枝;幼树宜轻疏,以促进树冠迅速扩大;进入生长与开花盛期的成年树应适当中疏,以调节营养生长与生殖生长的平衡,防止开花、结果的大小年现象发生;衰老期的树木发枝力弱,为保持有足够的枝条组成树冠,应尽量少疏;花灌木类,轻疏能促进花芽的形成,有利于提早开花。

（四）伤

损伤枝条的韧皮部或木质部,以达到削弱枝条生长势、缓和树势的方法称为伤。伤枝多在生长季内进行,对局部影响较大,而对整株树木的生长影响较小,是整形修剪的辅助措施之一。

1. 环状剥皮(环剥)

用刀在枝干或枝条基部的适当部位,环状剥去一定宽度的树皮,以在一段时期内阻止枝梢的光合养分向下输送,有利于枝条环剥上方营养物质的积累和花芽分化,适用于营养生长旺盛、但开花结果量小的枝条。剥皮宽度要根据枝条的粗细和树种的愈伤能力而定,一般以 1 个月内环剥伤口能愈合为限,约为枝直径的 1/10 左右（2~10mm）,过宽伤口不易愈合,过窄愈合过早而不能达到目的。环剥深度以达到木质部为宜,过深伤及木质部会造成环剥枝梢折断或死亡,过浅则韧皮部残留,环剥效果不明显。实施环剥的枝条上方需留有足够的枝叶量,以供正常光合作用之需。

环剥是在生长季应用的临时性修剪措施,多在花芽分化期、落花落果期和果实膨大期进行,在冬剪时要将环剥以上的部分逐渐剪除。环剥也可用于主干、主枝,但须根据树体的生长状况慎重决定,一般用于树势强旺、花果稀少的青壮树。伤流过旺、易流胶的树种不宜应用环剥。

2. 刻伤

用刀在枝芽的上(或下)方横切(或纵切)而深及木质部的方法，常结合其他修剪方法施用。

(1)目伤

在枝芽的上方行刻伤,伤口形状似眼睛,伤及木质部以阻止水分和矿质养分继续向上输送,以在理想的部位萌芽抽生壮枝枝;反之,在枝芽的下方行刻伤时,可使该芽抽生枝生长势减弱,但因有机营养物质的积累,有利于花芽的形成。

(2)纵伤

指在枝干上用刀纵切而深达木质部的刻伤，目的是为了减小树皮的机械束缚力,促进枝条的加粗生长。纵伤宜在春季树木开始生长前进行,实施时应选树皮硬化部分,细枝可行一条纵伤,粗枝可纵伤数条。

(3)横伤

指对树干或粗大主枝横切数刀的刻伤方法，其作用是阻滞有机养分的向下回流,促使枝干充实,有利于花芽分化达到促进开花、结实的目的。作用机理同环剥,只是强度较低。

3. 折裂

为曲折枝条使之形成各种艺术造型,常在早春萌芽初始期进行。先用刀斜向切入,深达枝条直径的 1/2~2/3 处,然后小心地将枝弯折,并利用木质部折裂处的斜面支撑定位,为防止伤口水分损失过多,往往对伤口进行包扎。该手法应适度采用。

4. 扭梢和折梢(枝)

多用于生长期内生长过旺的半木质化枝条，特别是着生在枝背上的徒长枝,扭转弯曲而未伤折者称扭梢,折伤而未断离者则为折梢。扭梢和折梢均是部分损伤输导组织以阻碍水分、养分向生长点输送，削弱枝条长势以利于短花枝的形成与造型的变化。

（五）开张角度

变更枝条生长的方向和角度，以调节顶端优势并改变树冠结构，方法有屈枝、弯枝、拉枝、抬枝等形式；开张角度通常结合生长季修剪进行，对枝梢施行屈曲、缚扎或扶立、支撑等技术措施。直立诱引可增强生长势；水平诱引具中等强度的抑制作用，使组织充实易形成花芽；向下屈曲诱引则有较强的抑制作用，但枝条背上部易萌发强健新梢，须及时去除，以免适得其反。

（六）其他修剪方式

1. 摘心

摘除新梢顶端生长部位的措施，摘心后削弱了枝条的顶端优势、改变了营养物质的输送方向，有利于花芽分化和开花结果。摘除顶芽可促使侧芽萌发，从而增加了分枝，有利于树冠早日形成。秋季适时摘心，可使枝、芽器官发育充实，有利于提高越冬抗寒力。

2. 抹芽

抹除枝条上多余的芽体，可改善留存芽的养分状况，增强其生长势。如每年夏季对行道树主干上萌发的隐芽进行抹除，一方面可使主干通直；另一方面可以减少不必要的营养消耗，保证树体健康的生长发育。

3. 摘叶（打叶）

主要作用是改善树冠内的通风透光条件，提高观果树木的观赏性，防止枝叶过密，减少病虫害，同时起到催花的作用。

4. 去蘖（又称除萌）

榆叶梅、红心紫叶李、月季等易生根蘖的园林植物，生长季期间要随时除去萌蘖，以免扰乱树形，并可减少树体养分的无效消耗。嫁接繁殖则须及时去除枝条上的萌蘖,防止干扰树形,影响接穗树冠的正常生长。

5. 摘蕾(疏蕾)

实质上为早期进行的疏花、疏果措施,可有效调节花果量,提高存留花果的质量。如杂种香水玫瑰,通常在花前摘除侧蕾,而使主蕾得到充足养分,开出漂亮而肥硕的花朵;丰花月季,往往要摘除侧蕾或过密的小蕾,使花期集中,花朵大而整齐,观赏效果增强。

6. 摘果

摘除幼果可减少营养消耗、调节激素水平,枝条生长充实,有利花芽分化。对四季玫瑰、月季等花期延续较长的树种栽培,摘除幼果,花期可由 25 天延长至 100 天左右。

7. 断根

在移栽大树时,为提高成活率,往往在移栽前 1~2 年进行断根,以回缩根系、刺激发生新的须根,有利于移植。进入衰老期的树木,结合施肥在一定范围内切断树木根系的断根措施,有促发新根、更新复壮的效用。

8. 放

营养枝不剪称为放,也称长放或甩鞭,适宜于长势中等的枝条。长放的枝条留芽多,抽生的枝条也相对增多,可缓和树势,促进花芽分化。丛生灌木也常应用此措施,如连翘,在树冠的上方往往甩放 3~4 根长枝,形成潇洒飘逸的树形,长枝随风摇曳,观赏效果极佳。

三、截口保护

短截与疏剪的截口面积不大时,可以任其自然愈合。若截口面积过大,易因雨淋及病菌侵入而导致剪口腐烂,需要采取保护措施。应先用锋利的刀具将创口修整平滑,然后用 2%的硫酸铜溶液消毒,最后涂保护剂。效果较好的保护剂有以下几种。

（一）保护蜡

用松香 2500g,黄蜡 1500g,动物油 500g 配制。先把动物油放入锅中加温火熔化,再将松香粉与黄蜡放入,不断搅拌至全部溶化,熄火冷凝后即成,取出装入塑料袋密封备用。使用时只需稍微加热令其软化即可用油灰刀蘸涂,一般适用于面积较大的创口。

（二）液体保护剂

用松香 10 份,动物油 2 份,酒精 6 份,松节油 1 份（按重量计）。先把松香和动物油一起放人锅内加温,待溶化后立即停火,稍冷却后再倒入酒精和松节油,搅拌均匀,然后倒入瓶内密封贮藏。使用时用毛刷涂抹即可,适用于面积较小的创口。

（三）油铜素剂

用豆油 1000g,硫酸铜 1000g 和热石灰 1000g 配制。硫酸铜、熟石灰需预先研成细粉末,先将豆油倒入锅内煮至沸热,再加入硫酸铜和熟石灰,搅拌均匀,冷却后即可使用。

四、常用修剪工具及机械

（一）主要用于修建较细的枝条——剪

1. 圆口弹簧剪

即普通修枝剪,适用于剪截 3cm 以下的枝条。操作时,用右手握剪,左手压枝向剪刀小片方向猛推,要求动作干净利落,不产生劈裂。

2. 小型直口弹簧剪

适用于夏季摘心、折枝及树桩盆景小枝的修剪。

3. 高枝剪

装有一根能够伸缩的铝合金长柄,可用于手不能及的高空小枝的修剪。

4. 大平剪

又称绿篱剪、长刃剪,适用于绿篱、球形树和造形树木的修剪,它的条形刀片很长、刀面较薄,易形成平整的修剪面,但只能用来平剪嫩梢。

5. 长把修枝剪

剪刃呈月牙形、没有弹簧、手柄很长,能轻快修剪直径 1cm 以内的树枝,适用于高灌木丛的修剪。

6. 液压树枝剪

长度 213cm,最大修剪枝干粗度 5~6cm,是人行道、市政树木修剪的理想工具。

(二)适用于较粗枝条的剪截——锯

1. 手锯

适用于花、果木及幼树枝条的修剪。

2. 单面修枝锯

适用于截断树冠内中等粗度的枝条,弓形的单面细齿手锯锯片很窄,可以伸入到树丛当中去锯截,使用起来非常灵活。

3. 双面修枝锯

适用于锯除粗大的枝干,其锯片两侧都有锯齿,一边是细齿,另一边是由深浅两层锯齿组成的粗齿。在锯除枯死的大枝时用粗齿,锯截活枝时用细齿。另外锯把上有一个很大的椭圆形孔洞,可以用双手抓握来增加锯的拉力。

4. 高枝锯

适用于修剪树冠上部较大枝。

5. 油锯

适用于特大枝的快速、安全锯截。

(三)辅助机械

应用传统的工具来修剪高大树木,费工费时还常常无法完成作业任务,国外在城市树木管护中已大量采用移动式升降机辅助作业,能有效地提高工作效率。

五、整形修剪的程序及注意事项

(一)制定修剪方案

作业前应对计划修剪树木的树冠结构、树势、主侧枝的生长状况、平衡关系等进行详尽观察分析,根据修剪目的及要求,制定具体修剪及保护方案。对重要景观中的树木、古树、珍贵的观赏树木,修剪前需咨询专家的意见,或在专家直接指导下进行。

(二)培训修剪人员、规范修剪程序

修剪人员必须接受岗前培训,掌握操作技术规范、安全规程及特殊要求,获得上岗证书后方能独立工作。

根据修剪方案,对要修剪的枝条、部位及修剪方式进行标记。然后按先剪下部、后剪上部,先剪内膛枝、后剪外围枝,由粗剪到细剪的顺序进行。一般从疏剪入手,把枯枝、密生枝、重叠枝等先行剪除;再按大、中、小枝的次序,对多年生枝进行回缩修剪;最后,根据整形需要,对一年生枝进行短截修剪。修剪完成后尚需检查修剪的合理性,有无漏剪、错剪,以便更正。

(三)注意安全作业

安全作业包括两个方面:一方面,是对作业人员的安全防范,所有的作业人员都必须配备安全保护装备;另一方面,是对作业树木下面或周围行人与设施的保护,在作业区边界应设置醒目的标记,避免落枝伤害及行人。修剪作业所用的工具要坚固和锋利,不同的作业应配有相应的工具。当几个人同剪一棵高大树体时,应有专人负责指挥,以便高空作业时的协调配合。

(四)清理作业现场

及时清理、运走修剪下来的枝条同样十分重要,一方面保证环境整洁,另一方面也是为了确保安全。目前在国内一般采用把残枝等运走的办法,在国外则经常用移动式削片机在作业现场就地把树枝粉碎成木片,可节约运输量并可再利用。

第四节　彩叶乔、灌木整形修剪主要树形

随着观赏园艺的发展,观赏植物修剪经过沿袭、创造与革新,人们不但按照美学角度整形树体,还注重对观赏果实的体现,通过整形、修剪满足树体的光合营养需求,同时使果实的色泽表现的更为绚丽、晶莹剔透惹人喜爱,进而通过整形修剪技术的采用形成了各种特色的树形(图4-9)。这些树形也与18世纪的宫廷观赏树形有着内在的联系。现在折叠式扇形已经是苹果、梨等种类果树密植栽培的主要树形之一;杯状开心形则成为桃树栽培中使用十分普遍的整形树形。

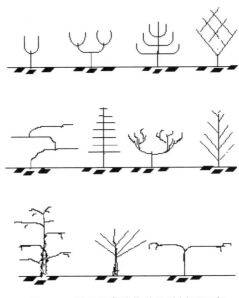

图4-9　用于观赏植物的几种树形示意

一、彩叶乔木主要树形
通过剪根、剪梢、摘心、除芽、除叶、疏果、剪截及化学手段应用

等修剪方法,达到某种整形之造型效果,比如完成作弯、立弯、平弯、篱垣式、回廊式、拍子式、圆球式、托盘式(开心形)、棕榈叶及动物的造型等。图 4-10~图 4-18 所示树形也适合彩叶观果类海棠、红心紫叶李、紫叶矮樱等彩叶小乔木。图 4-16 所示树形也适合采用 B_9、N_{29} 立柱扶干的珠帘式整形。如图 4-17 所示。

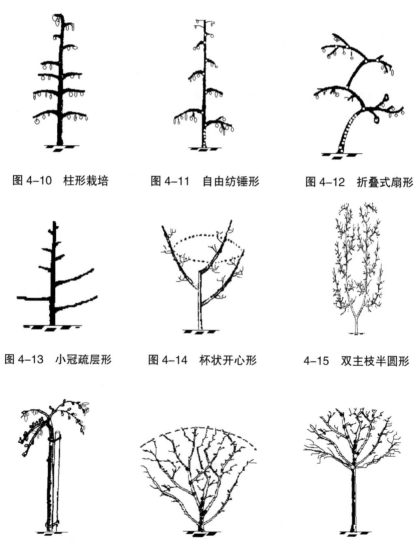

图 4-10　柱形栽培　　　图 4-11　自由纺锤形　　　图 4-12　折叠式扇形

图 4-13　小冠疏层形　　　图 4-14　杯状开心形　　　4-15　双主枝半圆形

图 4-16　珠帘式整形　　　图 4-17　乔木灌丛状整形　　　图 4-18　高干球状整形

（二）花灌木的枝条特性

对于高干嫁接繁殖的小乔木，如紫叶李、红心紫叶李也采用球状、灌丛形整形。

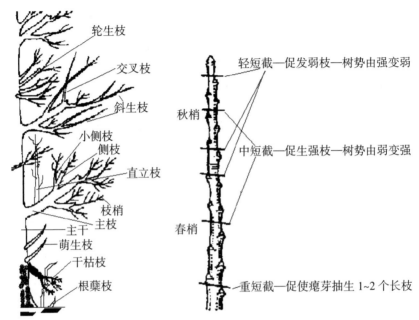

图 4-19　树体构成示意　　图 4-20　枝条芽势和修剪手法的效果（海棠）

观赏花木树体主要由主干、主枝、侧枝、小侧枝、枝条等（图4-19）构成。枝条上着生芽子（花芽或叶芽、复芽），不同部位的芽子在枝条上的芽势不同，枝条不同的修剪程度（图4-20）对抽生枝条的生长势差别较大，进而影响了树势和成花情况。

二、彩叶乔、灌木的整形修剪

（一）彩叶乔木作为行道树的修剪

1. 修剪应考虑的因素

行道树一般为具有通直主干、树体高大的乔木树种。由于城市道路情况复杂，行道树养护过程中必须考虑的因素较多，除了一般性的树体营养与水分管理外，还包括诸如对交通、行人的影响，与树冠上

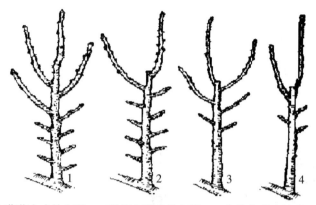

1 萌芽力成枝力强； 2 萌芽力强成枝力弱； 3 萌芽力弱成枝力强；
4 萌芽力成枝力均弱

图 4-21　海棠不同品种相同剪截长度枝条抽生特点

方各类线路及地下管道设施的关系等。因此在选择适合的彩叶乔木行道树树种的基础上，通过各种修剪措施来控制生长体量及伸展方向，以获得与生长立地环境的协调。修剪应考虑以下因素。

（1）枝下高

为树冠最低分枝点以下的主干高度，以不妨碍车辆及行人通行为度，同时应充分估计到所保留的永久性侧枝，在成年后由于直径的增粗距地面的距离会降低，因此必须留有余量。金枝国槐、金叶白蜡等枝下高的标准，我国一般掌握在城市主干道为 2.5~4.0m 之间，城郊公路以 3~4m 或更高为宜。枝下高的尺寸在同一条干道上要整齐一致。

（2）树冠开展性

彩叶乔木树冠，一般要求宽阔舒展、枝叶浓密，在有架空线路的人行道上，修剪作业是城市树木管理中最为重要也最费投入的一项工作，据资料，1990 年美国用于这方面的支出大约为 10 亿美元之多。行道树的修剪要点为，根据电力部门制订的安全标准，采用各种修剪技术，使树冠枝叶与各类线路保持安全距离，一般电话线为0.5m、高压线为 1m 以上。在美国采用降低树冠高度、使线路在树冠的上方通过;修剪树冠的一侧,让线路能从其侧旁通过;修剪树冠内膛的枝干,使线路能从树冠中间通过;或使线路从树冠下侧通过(图4-22)

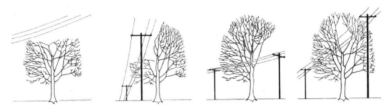

（Ⅰ）树冠上部修剪　（Ⅱ）树冠一侧修剪（Ⅲ）树冠下侧方修剪（Ⅳ）树冠中间部分修剪

4-22　行道树修剪与上方线路的关系(引自 Arboriculture)

(二)主要造型

1. 杯状形修剪

枝下高2.5~4.0m,应在苗圃中完成基本造型,定植后5~6年内完成整形。离建筑物较近的行道树,为防止枝条扫瓦、堵门、堵窗,影响室内采光和安全,应随时对过长枝条进行短截或疏。生长期内要经常进行除萌,冬季修剪时主要疏除交叉枝、并生枝、下垂枝、枯枝、伤残枝及背上直立枝等。

以金枝国槐为例,在树干2.5~3.0m处截干,萌发后选3~5个方向不同、分布均匀、与主干成45°夹角的枝条作主枝,其余分期剪除。当年冬季或第二年早春修剪时,将主枝在80~100cm处短截,剪口芽留在侧面,并处于同一水平面上,使其匀称生长;第二年夏季再抹芽和疏枝。幼年时顶端优势较强,侧生或背下着生的枝条容易转成直立生长,为确保剪口芽侧向斜上生长,修剪时可暂时保留背生直立枝。第二年冬季或第三年早春,于主枝两侧发生的侧枝中选1~2个作延长枝,并在80~100cm处短截,剪口芽仍留在枝条侧面,疏除原暂时保留的直立枝。如此反复修剪,经3~5年后即可形成杯状形树冠。骨架构成后,树冠扩大很快,疏去密生枝、直立枝,促发侧生枝,增加遮荫效果。

2. 开心形修剪

适用于无中央主轴或顶芽自剪、呈自然开展冠形的树种。定植时，将主干留 0.5m 以上截干；春季发芽后，选留 3~5 个不同方位、分布均匀的侧枝并进行短截，促使其形成主枝，余枝疏除。在生长季，注意对主枝进行抹芽，培养 3~5 个方向合适、分布均匀的侧枝；来年萌发后，每侧枝在选留 3~5 枝短截，促发次级侧枝，形成丰满、匀称的冠形。

3. 自然式冠形修剪

在不妨碍交通和其他市政工程设施、且有较大生长空间条件时，行道树多采用自然式整形方式，如塔形、伞形、卵球形等。

(1)有中央领导干的树木修剪

如银杏的整形修剪，主要是选留好树冠最下部的 3~5 个主枝，一般要求枝间上下错开、方向匀称、角度适宜，并剪掉主枝上的基部侧枝。在养护管理过程中以疏剪为主，主要对象为枯死枝、病虫枝和过密枝等；注意保护主干顶稍，如果主干顶稍受损伤，应选直立向上生长的枝条或壮芽代替、培养主干，抹其下部侧芽，避免多头现象发生。

(2)无中央领导干的树木修剪

如彩叶杞柳等，在树冠最下部选留 5~6 个主枝，各层主枝间距要短，以利于自然长成卵球形的树冠。每年修剪的对象主要是枯死枝、病虫枝和伤残枝等。

(三)庭荫树的修剪

庭荫树的枝下高无虽固定要求，但依人在树下活动自由为限，以 2.0~3.0m 以上较为适宜；若树势强旺、树冠庞大，则以 3.0~4.0m 为宜，能更好地发挥遮荫作用。因此，以遮荫为目的庭荫树，冠高比以 2/3 以上为宜。整形方式多采用自然形，培养健康、挺拔的树木姿态，在条件许可的情况下，每 1~2 年将过密枝、伤残枝、病枯枝及扰乱树形的枝条疏除一次，并对老、弱枝进行短截。需特殊整形的庭荫树可根据配置要求或环境条件进行修剪,以显现更佳的使用效果。

(四)小乔木成灌木的修剪

1. 观花类

(1)因树势修剪

幼树生长旺盛宜轻剪,以整形为主,尽量用轻短截,避免直立枝、徒长枝大量发生,造成树冠密闭,影响通风透光和花芽的形成;斜生枝的上位芽在冬剪时剥除,防止直立枝发生;一切病虫枝、干枯枝、伤残枝、徒长枝等用疏剪除去;丛生花灌木的直立枝,选择生长健壮的加以摘心,促其早开花。壮年树木的修剪以充分利用立体空间、促使花枝形成为目的。休眠期修剪,疏除部分老枝,选留部分根蘖,以保证枝条不断更新,适当短截秋梢,保持树形丰满。老弱树以更新复壮为主,采用重短截的方法,齐地面留桩刈除,焕发新枝。

(2)因时修剪

落叶灌木的休眠期修剪,一般以早春为宜,一些抗寒性弱的树种可适当延迟修剪时间。生长季修剪在落花后进行,以早为宜,有利控制营养枝的生长,增加全株光照,促进花芽分化。对于直立徒长枝,可根据生长空间的大小,采用摘心办法培养二次分枝,增加开花枝的数量。

(3)根据树木生长习性和开花习性进行修剪

春花树种　金叶连翘、榆叶梅、碧桃等先花后叶树种,其花芽着生在一年生枝条上,修剪在花残后、叶芽开始膨大尚未萌发时进行。修剪方法因花芽类型(纯花芽或混合芽)而异,如金叶连翘、榆叶梅、碧桃等可在开花枝条基部留 2~4 个饱满芽进行短截。

夏秋花树种　樱花、珍珠梅等,花芽在当年一年生枝上形成,修剪应在休眠期进行;在冬季寒冷、春季干旱的北方地区,宜推迟到早春气温回升即将萌芽时进行。在二年生枝基部留 2~3 个饱满芽重剪,可萌发出苗壮的枝条,虽然花枝会少些,但由于营养集中会产生较大的花朵。对于一年开两次花的灌木,可在花后将残花及其下方的2~3芽剪除,刺激二次枝条的发生,适当增加肥水则可二次开花。

花芽着生在二年生和多年生枝上的树种,如贴梗海棠等,花芽大部分着生在二年生枝上,但当营养条件适合时,多年生的老干亦可分化花芽。这类树种修剪量较小,一般在早春将枝条先端枯干部分剪除;生长季节进行摘心,抑制营养生长,促进花芽分化。

花芽着生在开花短枝上的树种,如观赏海棠等,早期生长势较强,每年自基部发生多数萌芽,主枝上亦有大量直立枝发生,进入开花龄后,多数枝条形成开花短枝,连年开花。这类灌木修剪量很小,一般在花后剪除残花,夏季修剪对生长旺枝适当摘心、抑制生长,并疏剪过多的直立枝、徒长枝。

一年多次抽梢、多次开花的树种,如月季等,可于休眠期短截当年生枝条或回缩强枝,疏除交叉枝、病虫枝、纤弱枝及过密枝;寒冷地区可行重短截,必要时进行埋土防寒。生长季修剪,通常在花后于花梗下方第2~3芽处短截,剪口芽萌发抽梢开花,花谢后再剪,如此重复。

2. 观果灌木类

修剪时间、方法与早春开花的种类基本相同,生长季中要注意疏除过密枝,以利通风透光、减少病虫害、增强果实着色力、提高观赏效果;在夏季,多采用环剥、缚缒、疏枝或疏花疏果等技术措施,以增加挂果数量和单果重量。

3. 观枝类

为延长冬季观赏期,修剪多在早春萌芽前进行。对于嫩枝鲜艳、观赏价值高的种类,需每年重短截以促发新枝,适时疏除老干促进树冠更新。

4. 观形类

修剪方式因树种而异。对垂枝桃、垂枝梅、龙爪槐短截时,剪口留拱枝背上芽,以诱发壮枝,弯穹有力。而对合欢树,成形后只进行常规疏剪,通常不再进行短截修剪。

5. 观叶类

以自然整形为主,一般只进行常规修剪,部分树种可结合造型需要修剪。红枫,夏季叶易枯焦,景观效果大为下降,可行集中摘叶措施,逼发新叶,再度红艳动人。红心紫叶李的 7 月中旬二次修剪促发新梢嫩叶色彩鲜艳,能再度形成景观观赏点。

(五)绿篱的修剪

绿篱又称植篱、生篱,由萌枝力强、耐修剪的树种呈密集带状栽植,起防范、界限、分隔和模纹观赏的作用,其修剪时期和方式,因树种特性和绿篱功用而异。

1. 高度修剪

绿篱的高度依其防范对象来决定,有绿墙(160cm 以上)、高篱(120~160cm)、中篱(50~120cm)和矮篱(50cm 以下)。对绿篱进行高度修剪,一是为了整齐美观,二是为使篱体生长茂盛,长久保持设计的效果。

2. 修剪方式

(1)自然式修剪

多用于绿墙或高篱,顶部修剪多放任自然,仅疏除病虫枝、干枯枝等。

(2)整形式修剪

多用于中篱和矮篱。草地、花坛的镶边或组织人流走向的矮篱,多采用几何图案式的整形修剪,一般剪掉苗高的 1/3~1/2。为使尽量降低分枝高度、多发分枝、提早郁闭,可在生长季内对新梢进行 2~3 次修剪,如此绿篱下部分枝匀称、稠密,上部枝冠密接成形。绿篱造型有几何形体、建筑图案等,从其修剪后的断面划分主要有半圆形、梯形和矩形等。

①中篱大多为半圆形、梯形断面,整形时先剪其两侧,使其侧面成为一个弧面或斜面,再修剪顶部呈弧面或平面,整个断面呈半圆形或梯形。由于符合自然树冠上大下小的规律,篱体生长发育正常,枝

叶茂盛,美观的外形容易维持。

②矩形断面较适宜用于组字和图案式的矮篱，要求边缘棱角分明,界限清楚,篱带宽窄一致。由于每年修剪次数较多,枝条更新时间短,不易出现空秃,文字和图案的清晰效果容易保持。

③花果篱修剪　黄刺玫、杜梨等花灌木栽植的花篱,冬剪时除去枯枝、病虫枝,夏剪在开花后进行,中等强度,稳定高度。对蔷薇等萌发力强的花篱,盛花后需重剪,以再度抽梢开花。

3. 更新修剪

是指通过强度修剪来更换绿篱大部分树冠的过程,一般需要3年。

(1)第一年

首先疏除过多的老干。因为绿篱经过多年的生长,在内部萌生了许多主枝,加之每年短截而促生许多小枝,从而造成绿篱内部整体通风、透光不良,主枝下部的叶片枯萎脱落。因此,首先必须根据合理的密度要求,疏除过多的老主枝,改善使内部的通风透光条件;然后,短截主枝上的枝条,并对保留下来的主枝逐一回缩修剪,保留高度一般为30cm;对主枝下部所保留的侧枝,先行疏除过密枝,再回缩修剪,通常每枝留 10~15cm 长度即可。

常绿篱的更新修剪,以 5 月下旬至 6 月底进行为宜,落叶篱宜在休眠期进行,剪后要加强肥水管理和病虫害防治工作。

(2)第二年

对新生枝条进行多次轻短截,促发分枝。

(3)第三年

再将顶部剪至略低于所需要的高度,以后每年进行重复修剪。

对于萌芽能力较强的种类,可采用平茬的方法进行更新,仅保留一段很矮的主枝干。平茬后的植株,因根系强大、萌枝健壮,可在 1~2 年中形成绿篱的雏形,3 年左右恢复成形。

（六）几种常见观叶、观果植物的修剪要点

1. 金脉（叶）连翘的修剪树形

金脉连翘自然生长状态更易于形成匍匐半园灌丛状树形，通常一年生枝主枝较细，生长长度超过 80cm 后极易侧向下垂生长，形成下部枝条趴在地上的情形，一旦灌溉则触地枝条叶片被泥土沾染而腐烂，也使真菌病害传染上部叶片。

图 4-23　金脉连翘定植当年丛生状

由于金脉（叶）连翘的商品苗春季定植多采用重截修剪，以促进发芽成活（图 4-24、图 4-25 ）。

同时疏除部分过密枝条（图 4-26 ），只留 4~5 根主枝，这样一来，成活后的植株首先不会形成过密新梢而导致树活而生长势却较弱的

图 4-24　连翘定植时的重修剪示意

4-25　重修剪后再疏除部分主枝

现象。但是也还会因金脉连翘的新梢生长量较大形成外围枝条的部分(照片左下侧)过度下垂触地现象发生(图4-27)。所以,苗木成活后,应及时将这样的枝条除去,并疏除过密枝。必要时适当缚拢使之向上生长,形成有 4~5 根主枝骨架的灌丛,便于生长季节各项管理。

图 4-26　金脉连翘新发侧枝触地现象(左下枝条)示意

图 4-27　连翘灌丛状生长开花态示意

2. 红心紫叶李、紫叶矮樱的整形修剪树形

在宁夏，应用于景观的红心紫叶李和紫叶矮樱一般采用高干嫁接苗，通常干高至少50cm以上。由于该类树形有较修长的主干，下部通风好，观赏点居上比较容易构思树形。杯状开心形、半圆球形等都能较好满足红心紫叶李和紫叶矮樱的生物学要求而使生长势维持良好。

杯状开心形在紫叶碧桃上应用较多，也是一种较易整形形式，其过程如下（图4-28~图4-32）。

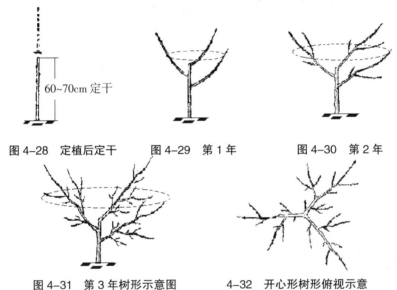

　图4-28　定植后定干　　　图4-29　第1年　　　图4-30　第2年

　　图4-31　第3年树形示意图　　　4-32　开心形树形俯视示意

红心紫叶李的嫁接苗木存在接穗与砧木的种间亲和性问题，所以应注意嫁接口的愈合程度来决定树形的选择。如果接口尚无完全愈合，或是双穗插皮接成活后同等竞争生长，使愈合形成穗间分裂线，那么采用杯状开心形的时候就要特别注意向外开张的枝条角度（居主干纵向延长线夹角）不宜过大，否则易造成接口的风折劈裂。所以对这种问题的处理，最好是苗木在圃地整形或定植成活后的生长过程中，人为抑制一侧接穗枝条的生长势而扶持一根接穗的生长势

尽快完成接口的完整愈合(图4-33~图4-35)。

图 4-33 双穗成活竞争生长穗间劈裂线示意　图4-34 单穗竞争成功后的劈裂示意　图4-35 接穗成活后的接口示意

　　紫叶矮樱和红心紫叶李均属于较易修剪整形的品种,尤其是红心紫叶李,如果欲使外围枝条红叶艳丽夺目,7~8月采取对当年生枝条的中度(剪取新梢1/2~1/3)剪截,大约1个月的时间就能促发艳丽红色枝叶,但不宜在8月中旬以后进行,否则抽生新梢有越冬抽干的威胁(图4-36~图4-38)。这种修剪不影响枝条剪口下部的花芽量,不会对翌春开花有影响。

图 4-36　春季中短截的球形示意　　　图4-37　春季疏枝后的开心形示意

图 4-38　红心紫叶李的夏季(15/8)中度修剪(左)及二次新梢抽生态(右)(9/9)

3. 观赏海棠的修剪技术

目前,银川市用于景观美化的苹果属品种(系)已经不少于7个。其中包括现代海棠,比如王族、绚丽、雪球、红丽、绚丽、凯尔斯等及矮化品种 B_9、N_{29} 等。

海棠植物用于景观中的树形也是多种多样,为减少用工量,多数只是简单的疏除个别过密枝条或回缩一些位置不恰当、形态不好的大枝,因此,有些也因品种习性的原因,表现为海棠树体生长比较高大,

图 4-39　西府海棠花朵　　　　　图 4-40　观赏海棠
　　　　　　　　　　　　　　　的灌丛状高大树形

造成夏季病虫管理的不便(图4-39、图4-40),遇到干旱季节,叶片红蜘蛛、卷叶蛾危害难易控制。针对海棠的整形方式比较多,高干嫁接的矮化型品种(B_9/N_{29})可以整形为杯状开心形或高干珠帘式;有短枝特性的品种(绚丽)可以整形为自由纺锤形、柱形、双主枝半圆形、小冠疏层形等,对于乔化特征明显的品种可以采用折叠式扇形的整形方式。下面就常用省工的 2 种树形结构加以介绍供参考。

图 4-41 凯尔斯(*M.* 'kelsey')海棠 图 4-42 凯尔斯(*M.* 'kelsey')海棠
杯状开心形花期(3 年生) 杯状开心形果期(3 年生)

图 4-43 凯尔斯(*M.* 'kelsey')海棠杯状开心示意(11 年生)

（1）观赏海棠的自由纺锤形整形技术

自由纺锤形整形操作手法简单,适合王族以及绚丽品种等。列植栽培时,株间距可以在2.0m左右,通过拉枝修剪手法控制下层枝展就可以达到株间不过分交叉,不影响观花、观果的效果。由于拉枝后基角>70°,枝条势力易于缓和,容易成花,结果量较大。当小主枝因结果后过度下垂,应及时采用背上枝回缩换头修剪手法实现更新,保持小主枝的生长势。

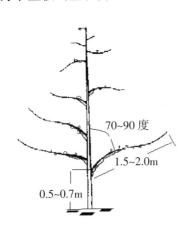

图4-44　自由纺锤形基本结构

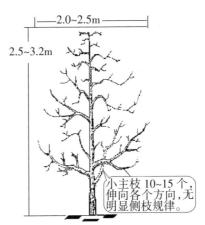

图4-45　自由纺锤形成形树形结构

（2）观赏海棠的折叠扇形整形技术

折叠式扇形适合于乔化特征明显的品种,比如"kelse"等品种。树高2.0~2.5m,厚度1.5m以内。其整形手法简单、易于掌握。成形后的维持管理阶段注意控制上强就可以保证下部正常观花、观果。整形过程如下。

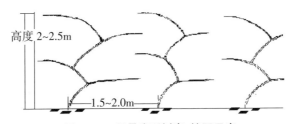

图4-46　折叠扇形树高、株距示意

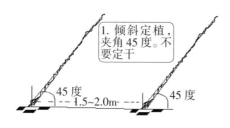

图 4-47　折叠扇形的倾斜定植

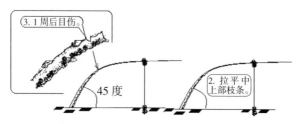

图 4-48　折叠扇形的倾斜定植后拉枝目伤示意

注意,苗木成活 1 周后目伤,拉枝绑缚部位注意生长季勒伤枝条。

培养目伤形成新第 2 主枝。对影响第 2 主枝发育的近周枝条采取疏除手法,第 1 水平枝的背上枝夏季修剪时采用扭梢、拿枝等技法变向缓势。春剪时将培养的第 2 主枝拉平,并在适当位置目伤。

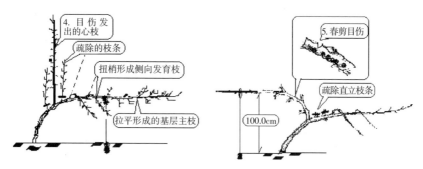

图 4-49　折叠扇形的倾斜第 2 水平枝的培养、拉枝、目伤示意

培养第 3 主枝,翌年春季修剪时拉平第 3 主枝,并目伤促发第 4 主枝,夏季管理时注意控制背上徒长枝。

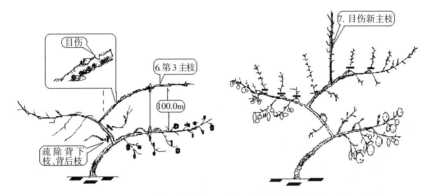

图 4-50 折叠扇形的倾斜第 3~4 水平枝的培养、拉枝、目伤示意

拉平第 4 主枝,培养第 5 主枝,并于翌年春季拉平第 5 主枝,完成主枝的布局,过程中培养小侧枝,控制背上徒长枝,对第 1 主枝结果后造成下垂过度的部位适当抬头回缩。

折叠扇形的完成树形适合列植,由于幕后约 1.5m,也适合分车带中使用,只要注意选择不同品种作授粉树即可。

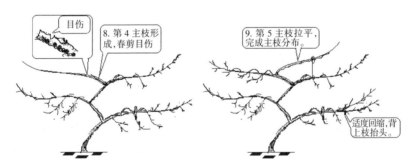

图 4-51 拉平第 4 主枝,培养第 5 主枝示意

(七)整形中,修剪手法应用时要注意的几个问题

坠枝、拉枝、拿枝不过度,注意保证上下、左右的平衡。各个修剪的过程中要注意剪去徒长枝、枯枝、萌生枝、萌蘖枝、轮生枝、内生枝(逆向枝)、平行枝、直立枝等无用枝,开通风路、光路。

疏除过密枝时要考虑对整体树势的消弱,在主干上,较大疏枝伤口不宜超过 3 个,不要人为形成"对口伤"。当必须疏除时可以先重度回缩至有背后枝的部位。对彻底疏除的枝条则不要带桩,造成剪口多年无法愈合,甚至干枯(图 4-52)。

图 4-52　错误的修剪手法导致的剪口不愈合(红心紫叶李)示意

春季修剪,枝条剪口距剪口芽至少 0.5cm,不可向芽倾斜修剪,平剪有利于后期的愈合与芽势,并抽生健康枝条,夏季或第 2 年春季修剪时剪除干桩。

剪口涂抹保护剂, 比如腐必康、5° Brix 度石硫合剂或油漆保护等。

图 4-53　嫁接树越冬主干涂白示意

图4-54　红心紫叶李越冬主干涂凡士林保护示意

图4-55　主干缠绕反光无纺布越冬保护示意

第五章　彩叶植物景观配置的光合生理

第一节　植物光合生理的基本要素

一、叶绿体——光合作用的器官

1937 年希尔首次证明了离体的叶绿体在光下可以还原生理的电子受体并放出 O_2。1964 年,Arnon 与 Whatley 证实了离体叶绿体在光照下不但能使 NADP(烟酰胺腺嘌呤二核苷酸磷酸辅酶Ⅱ)还原并进行光合磷酸化,而且能使 CO_2 还原并得到一系列的光合产物。研究表明叶绿体不仅能进行光合作用,而且在遗传上也有自主性,叶绿体含有核酸,能合成自己的蛋白质与酶,使其光合产物多样性,诸如淀粉、蔗糖、氨基酸、有机酸及脂类等。叶绿体是生物圈中唯一能将太阳电磁辐射转化为化学能的原初换能器。其结构成分简述如下。

(一)叶绿体结构

每一光合细胞中含 20~100 个叶绿体。叶绿体多为椭圆形蝶状体,直径 5.0~10.0μm,厚 2.0~3.0μm。叶绿体外面由一层双层膜的外套包裹。叶绿体内部充满了液态的间质(stroma),间质中悬浮着很多膜体系,这些膜体系可形成囊状的类囊体(thylakoid)或称片层,多数类囊体堆迭在一起就构成了基粒(grana)。基粒为直径 0.3~2.0μm 的绿色颗粒。每一基粒由 10~100 个类囊体(片层)构成,称为基粒类囊体。膜的垛叠使捕获光能的机构高度密集,能更有效地收集光能,加速光反应,而且膜系统多是酶的排列支架,膜垛叠犹如形成一个长的代谢传递带,使代谢顺利进行。此外,某些基粒类囊体可以延伸到间质中,可与其他的基粒相连,这些通过间质的类囊体称为间质类囊体。有时一个类囊体可以在几个基粒中环绕成螺旋状,将它们联系起来形成一立体的网状构造,这样的类囊体称作回纹结构。类囊体膜包括有四个表面,在这些表面上分布着大小不等的蛋白质颗粒,这些颗粒部分或全部浸埋在脂类的间质之中,而且它们的分布是不对称的。

叶绿体的光合色素主要集中在基粒中, 光能转变成化学能的过程是在基粒中进行的, 叶绿素光合作用光反应及电子传递链都定位在片层结构上,间质中含有 CO_2 还原过程的各种酶类,是暗反应进行的场所。

此外,植物发生基因突变后,叶绿体或会发生变化,如檵木突变为彩叶植物红花檵木(*Loropetalumn chinense var. rubrum*)后,其叶绿体体积减小,数量增多,基粒片层垛叠变疏松;并且叶绿体超微结构在不同叶色时期也发生较大变化。叶色转绿后,叶绿体数减少,体积增大,基粒片层数也相应减少,基粒片层垛叠疏松。在绿叶期,叶绿体片层系统减少,垛叠疏松,光合单位较小,但光合速率并没有降低,反而比红叶期要高许多(唐前瑞、陈友云、周朴华,2003)。

(二)化学成分

叶绿体中含量最多的是水分,其次为蛋白质、脂类、色素和无机盐类。叶绿体脂类物质种类很多,除了各种色素之外,还有糖脂、磷脂与硫脂等。糖脂中有单半乳糖甘油双酯与双半乳糖甘油双酯。硫脂是糖脂被硫酸酯化后形成的, 如葡萄糖硫脂。磷脂中以磷脂酰甘油为主。膜中的另一类脂类化合物是质体醌,质体醌是苯醌的衍生物,为异戊二烯组成的长链。质体醌在光合作用的电子传递中起重要作用。

在叶绿体膜体系中，很多的蛋白质种类被分为外周蛋白质与内嵌蛋白质两大类。各种蛋白质在膜中的分布不对称，有的蛋白质部分浸埋在脂层中，有的则全部浸埋在膜内，或附着在膜的表面。由于膜结构的流动性，所以蛋白质在膜中的位置也会变化。这些蛋白质包括偶联因子（CF_1）、铁氧还素、铁氧还素还原物质，NADP-铁氧还素还原酶，羧基歧化酶、质体菁与细胞色素 f 等。此外还有叶绿素与蛋白质结合的复合物，如光体系 I（PS I）与光体系 II（PS II）。基粒类囊体含有 PSI 与 PS II，能进行循环式与非循环式光合磷酸化；而间质类囊体只有 PSI 与 CF_1，能进行循环式光合磷酸化。不同的蛋白质在类囊体膜结构上的定位保证了电子与质子的传递以及光合磷酸化有效进行。叶绿体间质中也含有许多蛋白质，它们是催化光合作用中各种反应的酶类，其中含量最多的是二磷酸核酮糖羧化酶（RuDP 羧化酶），约占间质蛋白质的 1/2。

二、光合作用的色素系统

植物光合作用源于叶绿体内色素系统对光能的吸收。不同的彩叶植物叶绿体色素含量的差异，决定了其光合效率的差异，了解色素类别对理解彩叶植物光合能力及季相变化，实施合理栽培配置、色彩调控有较大帮助。

（一）色素结构

1. 叶绿素 a/b

所有绿色高等植物细胞里都含有叶绿素 a 与叶绿素 b，此外还有胡萝卜素与叶黄素、花色素苷。叶绿素分子含一个由 4 个吡咯环构成的卟啉环，卟啉环的中心有一个镁原子，镁与 4 个 N 原子以配位键结合。叶绿素 b 与 a 的不同之处在于第 II 环的第 3 个 C 原子上的甲基（$-CH_3$）为醛基（CHO）所替代。叶绿素可视为双羧酸的酯，其中一个羧基为甲基酯化,另一个羧基为叶醇酯化。卟啉环亲水,而叶醇长链亲脂。叶绿素的两性特质决定了它在膜中的方向。叶绿素分子中卟啉环的镁离子可被 H^+、Cu^{2+}、Zn^{2+} 所取代,当植物叶片受伤后,细胞液中的 H^+ 进入叶绿体,能置换叶绿素中的镁离子,可以使叶片绿色褪去(汤章城,1991)。

在叶绿体内,叶绿素 b 只有将捕获的光能传递给叶绿素 a 才能实现光能的转换,合成碳水化合物等。叶绿素 a 到 b 的反应是暗反应。

于晓南、张启翔、宋云等(1983)认为,彩叶植物美人梅(红心紫叶李)叶片的叶绿素合成受红光促进,绿光(490~580nm)最不利于叶绿素的合成。红光区(620~770nm)促进叶绿素 b 形成,是因为红光不仅被促进叶绿素合成的光敏色素吸收,也可被原叶绿素吸收(宋云等,1983)。

2. 胡萝卜素

叶绿体中的另一个重要色素是由 8 个异戊二烯组成的胡萝卜素。在光合作用中胡萝卜素不能直接转化光能,它只能将捕获的能量传递给叶绿素 a 实现光合,所以胡萝卜素是集光色素或称谓天线色素。另外,胡萝卜素、叶黄素等能起到抵抗叶绿体等膜系统氧化的作用,在光合器官受到高光抑制时扮演重要保护角色。

3. 花色素苷

花色素苷是存在于植物中的水溶性天然色素,属黄酮类化合物。花青素存在于植物叶片、花、果实、根、叶肉和果肉的液泡中。花青素在细胞质中受基因调控,由类黄酮化合物经过莽草酸途径合成后转移入液泡内,所以花色素是基于光合作用的物质基础而形成与积累的色素,其显然与光合产物糖类等关系密切,还与光、激素的诱导密不可分。光影响花色素苷生物合成主要是通过对相关酶基因的直接或间接调控来实现。高等植物叶片中的花色素苷色素与叶黄素、类胡萝卜素及叶绿素(a/b)的比例消长是彩叶植物呈色的原因之一。宋丽华等测定结果也证实，秋天树木叶色变化受其所处环境和叶片中叶绿素相对含量的减少以及类胡萝卜素、叶黄素、花青素相对含量的增加的影响。当类胡萝卜素相对含量增加的比率较大时，叶片变为黄色；当叶黄素相对含量增加的比率较大时，叶片变为橙色；当花青素相对含量增加比率较大时，叶片变为红色或紫色。

(二)色素吸收光谱

光合作用的作用光谱与叶绿体内各种色素的总吸收光谱密切平行，表明各种色素吸收的辐射能都可以被光合所利用，但是形式不一。

1. 叶绿素 a/b 吸收光谱

叶绿素 a/b 吸收光谱高峰存在差异。在有机溶剂中，叶绿素 a 吸收光谱高峰，一个在近蓝光区 420nm，一个在红光区 660nm；叶绿素 b 的两个吸收高峰分别在 453nm 与 643nm。Arehur M. 与 Smith Y.(1964)研究表明，叶绿素 b 主要作为天线色素，是 chla/b 蛋白复合体的组成成分，弱光下叶绿素 b 的含量提高，有利于提高捕光能力。

2. 胡萝卜素吸收光谱

胡萝卜素如 α-胡萝卜素的吸收光谱有三个高峰，分别在 425nm、450nm 与 480nm。胡萝卜素是也是天线色素的一种。

3. 花色素苷

花色素的吸收光谱，一是近蓝光区的 420nm，受体或是隐花色素(Sharma，2001)，隐花色素涉及诸多发育和生物节律信号传递途径。二是在红光区 660nm，受体是光敏色素，每种光敏色素都有两种类型，即 Pr 和 Pfr。Pfr 具有生理活性。光敏色素在植物细胞中分别存在于膜系统、胞液和细胞核中。

值得强调的是，各种色素虽然都能吸收辐射能量，但只有叶绿素 a 分子能引起光化学反应，其他色素吸收能量后，必须传递给叶绿素

a 分子,才能被光合利用。因此,对叶绿素 a 以外的各种色素,通常称作辅助色素、集光色素或天线色素,叶绿素 b 与胡萝卜素等就是典型的天线色素。

(三)双光体系与原初反应

1. 光合单位

光合作用的进行是色素分子聚合在一起发挥作用,这一色素集体称为光合单位。一个光合单位就是一组色素分子与其他分子相结合,利用激发能的传递机理,使反应中心与捕获光能的天线色素沟通起来,从而引起电子转移(图 5-1)。

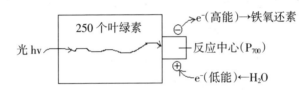

图 5-1 光合单位示意(吕忠恕,1982)

一个光子与含有一个 P_{700} 反应中心的 250 个左右叶绿素分子(即 1 个光合单位)相作用。这 250 个分子中任何一个在吸收一个量子后,都可以传递到反应中心,引起一个电子的传递。每一光合单位只有一个反应中心,反应中心叶绿素由膜层的脂相伸出到液相内,在那里与电子受体相作用,将电子传递给受体,这种叶绿素称为反应中心叶绿素。

在叶绿体中每 200~300 个叶绿素分子即一个光合单位,有 1 分子的细胞色素 f(电子受体之一)及 1 分子的 P_{700}(反应中心色素)。叶绿体内色素分子间的能量传递的效率大于荧光发射与热散失等过程。由于光合单位包括了诸多色素分子,使之在阴天的情况下,能量传递也能全速进行;在晴天时,当吸收的量子远远超过反应中心的加工能力,多余的能量即通过其他途径散失,否则会引起光抑制等机构伤害。

2. 双光体系

1957 年,爱默生等研究小绿藻的量子效率时发现,在远红光区(680nm)的量子效率有突然下降现象(红降),加进辅助的单色短波光(650nm)照射后,则可抵销这种降低,并使量子效率显著提高。在远红光加红光的作用之下,总的光合速率(Pn)比单独光波存在下的 Pn 之和还要大,这种现象被称为双光增益效应。据此,最终确定了光合作用包含有两个光体系的概念,即光体系 PSI 与光体系 PSII。它们分别由不同的色素体系组成,在光反应中扮演不同的角色。

在光体系中,PSI 的荧光较弱,叶绿素 b 含量较低,含有 3 种叶绿素 a,即 a670、a680 与 a695。同时,在反应中心含有一种能量"陷阱" P_{700},它是叶绿素 a 的特殊形式,光谱吸收高峰在 700nm。P_{700} 可以将能量捕获并利用于原初光化学反应中。光可驱使电子由 P_{700} 移出,到一受体上,同时由细胞色素 f 上接受 1 个电子。

PSII 的荧光较强,叶绿素 b 含量较高,并含有两种叶绿素 a,即 a670 与 a680。PSII 反应中心色素是 P_{680}。在光合作用中这两个光体系分别由不同的光波活化,PSI 可为长波光(大于 685nm)所活化,而 PSII 则为短波光(650nm)所活化。在光化反应中,PSI 与 PSII 互相偶联,推动光合作用的进行。

3. 光合作用原初反应

原初反应是指色素吸收的光能进入能量"陷阱",引起化学反应的一系列过程。所以太阳的辐射能与光谱影响着色素吸收光能特质。

(1)太阳辐射能与光谱

太阳表面温度可达 6000℃,它以辐射的方式不断把巨大的能量传送到地球上来,每分钟向地球输送热能大约是 350×10^{16}cal,相当于燃烧 4×10^8t 烟煤所产生的能量。

太阳辐射波长的范围在 0.15~4.00μm 之间。在这段波长范围内，又可分为 3 个主要区域，即波长较短的紫外光区、波长较长的红外光区和介于二者之间的可见光区。太阳辐射的能量主要分布在可见光区和红外区，可见光区占太阳辐射总量的 50%，红外区占 43%，紫外区只占能量的 7%。在波长 0.48μm 的地方，太阳辐射的能力达到最高值，数值在 12.6J/cm²(3.0cal/cm²) 以上。

光是电磁辐射且具有两种性质，它可以小的质点流动传播，也可以波动方式传播。一个质点称作 1 光子，携带 1 量子能量。在波动方式传播时，在一定时间内通过一定点的波峰数称为频率(V)，传播的速度用 C 代表，波长(入)=C/V。每一光子携带的能量与其频率成正比，与其波长成反比，即 E=hv=hc/λ。式中 h 为普朗克常数(h=6.624×10⁻²⁷ 尔格/秒)。显然，短波光每一量子的能量大于长波光。在生物上常用每爱因斯坦(E)千卡数表示，爱因斯坦就是 1 克分子当量的量子(6.024×10⁻²³ 量子)。700nm 的辐射具有 40.86kcal/克分子的能量，而 400nm 的辐射则具有 71.50kcal/克分子的能量。一个量子的能量是一具体单位，不能进一步分割。在光化学反应中，一个分子或原子只有在吸收了一个量子(hv)的能量后才能发生反应。一克分子的物质就需要吸收 N 个量子的能量(N=6.024×10²³)，即 Nhv，才能开动一个光化学反应。

当带有适当能量的光子撞到一个分子或原子时，处于内层的一个电子由于获得能量而由低能态(基态)进入到高能态，电子由内层跃迁到外层上。所谓"激发"就是指分子或原子中的一个电子由低能水平跃迁到高能水平的状态。如果激发态的电子将能量放出，则电子又可以回到低能水平的基态上来。

(2)叶绿素 a/b 激发

当一个叶绿素分子吸收红光量子后，叶绿素分子的一个电子即由低能态进入到激发态(第一激发态),如果吸收了一个蓝光量子,则进入第二激发态,激发态的分子寿命很短,只有 $10^{-10} \sim 10^{-8}$s。激发态的电子可以通过不同途径将能量失去,例如以热能的形式散失;以辐射能形式发射出去,发出的辐射比吸收的辐射波长要长。如果辐射在 $10^{-8} \sim 10^{-9}$s 内完成的称为荧光,如果在较长时间内发出辐射的称为磷光。有时激发态电子通过散热损失一部分能量后,即进入到亚稳态,这种状态的寿命较长($10^{-2} \sim 10^{-1}$s),发生化学反应的机会也比较多,如不起化学反应,也可通过发射磷光而消失。激发态的能量可以引起一个化学反应(图 5-2)。由图 5-2 可以见到吸收蓝光(400nm)后,叶绿素分子虽然可以进入高能级的第二激发态,但第二激发态的能量可以通过无辐射传递而回到第一激发态。以后的变化也与吸收红光后的电子相同。因此,不论激发时吸收的光波长短如何,激发的叶绿素 a 分子后所得到的可用于光化学反应的能量永远等于红光量子的能,即约为每克分子 40kcal。如果只用被叶绿素 b 与胡萝卜素能吸收的光波照射叶子(不为叶绿素 a 所吸收),结果发出的荧光仍然是叶绿素 a 所特有的荧光,而不是叶绿素 b 或胡萝卜素所特有的荧光。由此可见,直接参与光能转换的只有叶绿素 a,其他色素都是间接参与者。

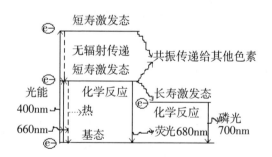

图 5-2　叶绿素吸收辐射能激发叶绿素水平示意

(3)光反应的初始氧化还原反应

绿素 a 在进入激发态后,即交出一个电子,本身变成带正电荷

的,交出的电子即被一个原初电子所接受。在 PSII 接受原初电子的
受体为 Q,其或为一种结合态的质体醌;PSII 原初电子供体为 Z。PS
II 的能量陷进用 T_{II} 表示。在 PSII 的反应中心,T_{II}、Q、Z 一起在光化学
反应中发生了如下变化。其进程产生了 T_{II}^*、Q^-、Z^+。

$$ZT_{II}Q \longrightarrow ZT_{II}^*Q$$

叶绿素 *   叶绿素

$$ZT_{II}^*Q \longrightarrow Z^+T_{II}Q^-$$

在 PSI 中的原初电子受体 X 可能是一种结合态的铁硫蛋白,还
原时吸收峰在 430nm。P_{700} 是 PSI 原初电子供体,质体菁(PC)又是氧
化了的 P_{700} 直接电子供体。在光化学反应中,P_{700} 引起原初电子受体
X 的还原,而受体 X 再度引起 $NADP^+$ 的还原。

(4)光合系统的电子传递链(PSI 与 PSII)

光合作用实质是 H_2O 被氧化及 CO_2 被还原的过程,氧化剂是
CO_2,还原剂是 H_2O,过程中需要来自 H_2O 的电子还原 CO_2。H_2O/CO_2
的氧化还原电势为+0.82V,而 H^+/H_2 为-0.42V,由光能推动并逆着
1.24V 的电势差将电子由 H_2O 流到 CO_2,光体系反应中心的 P_{700} 在基
态时氧化还原电位是 0.40V,被激发后使 X 还原,其氧化还原电势变
为-0.60V,较 $NADP^+$ 的氧化还原电势(-0.32V)还要小(绝对值大),因
而可使 $NADP^+$ 还原。P_{700} 在交出一个电子后的空穴又回到基态,易于
由电子供体上接受一个电子。如此由水提供的电子通过一系列载体
传递又填补了 P_{700} 的空穴,实现 PSI 与 PSII 偶联,完成电子由水到
NADPH 的传递。

显然,光合作用包括了 PSI 与 PSII 的偶联,通过电子传递链来保
持合作。电子传递链是由一系列电子载体所组成,在传递电子时,电
子载体进行着可逆的氧化与还原的变化。当两个载体在交换电子时,
一个载体氧化了,另一个载体就还原了,而且每一次电子的交换,也

都伴有能量的释放或者吸收。有时电子的传递也伴有质子的传递。在光合作用中电子流动的途径如图 5-3 表示成 z 形,称为 z 链。

当 PSI 的色素分子吸收了一个光量子后,能量最后传递给 P_{700} 反应中心,激活了的电子跳出 P_{700} 之外,为原初电子受体 x 接受。x 是一种结合态的铁硫蛋白,吸收峰在 430nm,可以使铁氧还素(Fd)还原,所以也叫作铁氧还素还原物质。还原了的铁氧还素(其还原势为 -0.43V),又将电子交给 $NADP^+$ 使它还原为 NADPH,所需的质子来自光合作用中的 H_2O,这样色素吸收的辐射能就转换成 NADPH 中的化学键能。铁氧还素活化中心含有非血红素铁及相等的硫每分子中含有 2Fe-2S,因此 Fd 属于铁硫蛋白一类。NADP 的还原是在 $Fd-NADP^+$ 还原酶的催化之下进行的,Fd 作为电子供体,其反应如下:

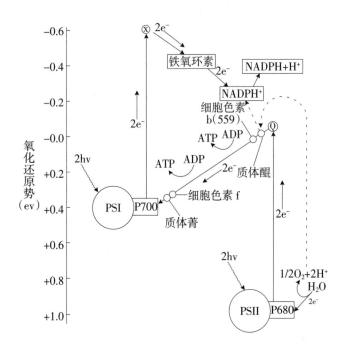

图 5-3　光合作用中 PSI 与 PSII 电子传递途径示意(吕忠恕 1982)
点线表示 H^+ 由水传递给 $NADP^+$

$$2Fd-Fe^{3+}+2e \rightarrow 2Fd-Fe^{2+}$$

$$2Fd-Fe^{2+}+NADP^{+}+2H^{+} \rightarrow 2Fd-Fe^{3+}+NADPH+H^{+}$$

PSⅡ的反应中心在吸收量子后，由能量陷阱 P_{680} 中跳出激发态的电子，被原初电子受体 Q 所接受。Q 与 X_{320} 或为同一物质，都是结合态的质体醌. 由 Q 上来的电子可以通过一系列的载体将电子传递到 PSI 上去，在这个电子传递链中质体醌（PQ）是一类结构相似的物质的总称。每一 PSⅡ反应中心有 7 个 PQ，PQ 在电子传递链中有三种功用：①由于数量多，可作为一电子缓冲器，当两个光体系的量子分布有很大变化时，可以保证电子传递仍然能稳定地进行；②可以把几个电子链联系起来，当有的反应中心遭到损伤时，仍然可以保证电子正常地流动；③引起质子在膜上定向移动，从而使膜内外产生质子的电化学势差。在植物中存在最多的是 PQ-9，它的结构包括一个苯环，上面连有两个甲基及由 9 个异戊二烯残基组成的侧链。质体菁（PC）是一种含铜蛋白质，还原时呈蓝色，氧化后变为无色，其氧化还原电势为+0.37V，位于片层的内部，在 PSI 的电子供体侧起作用。关于 PC 与细胞色素 f 的相对位置，有人提出它们排列的顺序为 PQ→Cyt-f→PC→P_{700}，也有人认为不需要 Cyt-f 的参与，电子可直接由 PC 传给 P_{700}。$Cyt-b_{559}$ 似乎也不经常存在于电子传递链中，它的作用可能是调节作用，即避免传递链的过度氧化或者过度还原。

5. 光抑制现象与光合机构（PSII 与 PSI）破坏

（1）光抑制现象

在自然界，没有光植物便不能进行光合作用，光强直接影响叶绿素、类胡萝卜素和花色素的含量及比例，从而影响叶片的呈色。不同的植物种类对光强的反应表现不同，如红叶小檗、紫叶矮樱等必须在全光照下才能发挥其彩叶的最佳色彩。但当叶片接受的光强过大，光能超过它所能利用的量时形成光过剩，就可以引起光合效率（Pn）下降,造成光合作用的光抑制现象(photoinhibition)。太阳辐射对植物的损害作用一是由于植物较长时间曝露在强度过高的可见光下所致,二是在结合其他环境所造成的逆境条件下,加重所受到的伤害,也包括紫外线引起的损害。

在没有其他环境胁迫的条件下,晴天中午许多植物冠层表面的叶片会发生光抑制。由于发生光抑制的前提是光能过剩,所以,任何妨碍光合作用正常进行而引起光能过剩的因素,如低温、干旱等都会使植物更易于发生光抑制。在多种环境胁迫因素同时存在时,即使在远低于光合作用饱和光强的中低光强下也会发生光抑制。

光抑制程度有两种情况:一是引起光抑制的胁迫因素去除后,光合功能在 1 小时左右可以完全恢复。这种光抑制主要是光合机构通过叶黄素循环或反应中心的可逆失活等过程耗散过剩光能的反映。仅有强光一种胁迫因素存在的自然条件下,植物的光抑制大多属于这种情况。二是引起光抑制的胁迫因素去除后,光合功能往往经过许多小时甚至几天才能完全恢复,这种光抑制主要是光合机构受到破坏的结果。此时不仅叶片的光合效率降低,而且光饱和的 Pn 也降低。其恢复过程的长短取决于光抑制期间的光能过剩程度和持续时间的长短及恢复期间光照、温度、水分等环境条件。

光抑制不利于光合作用,但又是光合作用的一个平衡行为。热扩散和选择性电子传输途径,与色素天线大小改变及整个光合能力,有助于光吸收的平衡和在持续变化的自然环境中的光利用。活性氧种类的产生通过抗氧化系统的容量进行平衡。修复的能力必须与不通过其他光保护过程所阻止的伤害相匹配。

(2)PSⅡ、PSⅠ破坏与修复

对光合作用器官的伤害是有氧光合的一个不可避免的后果,特别是 PSⅡ反应中心更容易受到光氧化伤害。

①PSⅡ的损伤

学者研究认为,PSⅡ是光氧化伤害的一个主要靶位。光破坏的原初作用位点在 PSⅡ反应中心, 并使 QB 蛋白的降解。Durrant 等(1990) 认为 PSⅡ光破坏是由电荷分离形成的离子 P_{680}^+ 与 Pheo 发生电荷重组时产生 $^1O_2$(纯态氧)破坏造成的。$^1O_2$ 能够使 PSⅡ反应中心 D_1/D_2Cyt-b_{559} 复合物 His 残基及 Pheo 遭受破坏,表明 $^1O_2$ 首先使 Pheo 分子破坏,然后使 PSII 原初电子供体 P_{680} 破坏。在 PSⅡ反应中心破坏中过程中,D_1 和 D_2 蛋白也发生了化学断裂和共价交联。此外,PSⅡ膜复合物蛋白二级结构也被破坏,特别是螺旋构象伤害严重。学者的研究指出,PSⅡ光破坏不只是蛋白和色素的破坏,也存在膜脂分子的伤害,用丝氨酸类蛋白酶抑制剂二异丙基氟磷酸(DFP)并采用同位素标记的研究方法,表明了光破坏过程中 D1 蛋白的降解可能还与核心天线 CP_{43} 有关。

作为在 O_2 进化的瞬间产量的降低或 Chl 荧光参数 Fv (可变荧光产物)/Fm(最大荧光)的下降度量,PSⅡ的光抑制似乎依赖于吸收光子的数量而不是光子吸收速率。在稳态光合作用的条件下,对每个吸收的光子光伤害可能是一个持续的过程。光伤害可能由 Chl 天线大小和电子传输速率来调节,在给定的光密度下,可以改变 PSⅡ的激活压。

LHCs(光捕获复合体)内产生的 $^1O_2$ 能够导致附近油脂、蛋白和色素的氧化。特别是类囊体膜上的油脂,不饱和脂肪酸侧链更容易受到 $^1O_2$ 的伤害。$^1O_2$ 和这些油脂的反应产生了过氧化氢物并在类囊体膜上启动了过氧化氢链式反应。PSⅡ反应中心产生的 $^1O_2$ 和 P_{680}^+ 能够导致与 PSⅡ有关的油脂、关键色素辅助因子和蛋白质亚基的伤害,由此导致整个反应中心的光氧化失活。

②PSI 的破坏

高等植物体内存在 PSI 选择性抑制活性,即或在低温条件下 PSI

对光更敏感,比 PSII 更易发生光抑制。

Inouc 等(1986)认为,在有氧条件下,PSI 光抑制的位点是 P_{700} 受体侧铁硫中心–原初电子受体(一种结合态的铁硫蛋白),而铁硫中心能限制 $NADP^+$ 的光还原。

PSI 选择性光抑制或只发生在低温下。在 PSI 受害过程中,Fe-S 中心最先受到伤害,然后是 P_{700} 本身,同时 psaB 基因产物也出现降解。psaB 基因产物的降解可能与活性氧的产生有关。Tjus 等(1998)的试验表明,PSI 的 A、B 蛋白亚基的降解是在电子传递辅因子受到破坏之后发生的,即蛋白亚基的降解可能不是 PSI 光破坏的最初结果。据此,Tjus 等推测 PSI 光抑制破坏顺序应包括:

(a)末端电子受体 F_A/F_B 的伤害程度轻微,这从 P_{700} 毫秒级衰减可以看出;

(b)伤害程度较大的是 Fx 的破坏,因而呈微秒级衰减;

(c)可检测到的 P_{700} 光吸收完全丧失。这可能是 P_{700} 直接受破坏或因 A_1 的破坏而导致由 A_0 向 P_{700} 的快速逆反应造成的。据此说明,Fx 可能是最初作用靶位,但破坏作用是由活性氧造成的,于是 Tjus 等推测 F_A 或 F_B 比 Fx 在 PSI 反应中心的位置更暴露,因而更有可能是最初作用位点,且 F_B 对化学失活很敏感。

尽管已经有一些试验表明 PSI 在特定条件下会发生光抑制,但是这些 PSI 活性比 PSII 下降幅度大的试验结果似乎还不能充分说明 PSI 是低温作用的最初靶位。

③PSII、PSI 损伤修复

植物对高强度可见光的防护是多方面的,有的仅对高强度光照起到防御作用,有的可以同时对光照和其他因子的胁迫起到免受或少受损害的作用。自然界的植物之所以能进行高效率光合作用,是因其具有高效捕获光能的结构,同时必须有相适应光照环境条件,因高光强等其他胁迫因子出现而打破这种协调时,植物能够通过形态与代谢调控实现 PSⅡ、PSⅠ损伤修复,达到光合机构的自我防御。

对光合作用器官的伤害是有氧光合的一个不可避免的后果,特别是 PSⅡ反应中心容易受到光氧化伤害,所以,PSⅡ的修复是一种重要的光保护机制,因为修复速率必须与伤害的速率相匹配,以避免光抑制导致 PSⅡ功能中心的净损失。持续新合成的叶绿体编码的蛋白,特别是 D_1 对在各种光密度下光保护很关键。

有氧光合作用生物对 PSⅡ修复的有效系统包括受损蛋白(主要是 D_1)的选择性降解以及新合成蛋白的组合以重构 PSⅡ的功能等。在某些情况下,受损的 PSⅡ反应中心也可能是热扩散的位点(qI)。与 PSⅡ修复有关的其他因子可以通过各种遗传方法被鉴定。植物光合机构的自我保护包括如下方式。

A. 形态和解剖方面的改变

在同一株植物体上,因所处光照情况差异而形成其结构、化学特征和功能不同。许多高等植物,为吸收更多光能可适应太阳辐射入射角度改变,存在着追踪日光的现象,而当它们遭受到一定的环境因子胁迫时,可以通过叶片的活动来避开高强度光照的损害。阳生植物中某些植物可依靠调节叶片的角度回避强光。

除叶子的运动外,叶肉细胞中的叶绿体的移动也可避免吸收过量的光。此外,有些植物在强光下其光合膜上叶绿素 a/b–蛋白复合体的量也会减少,基粒垛叠的程度降低,体积变得狭小,甚至类囊体的数目也减少。

B. 代谢方面的防御

a. 叶黄素循环光能耗散保护作用

叶黄素循环是指叶黄素的三个组分(紫黄质、环氧玉米黄质、玉米黄质)依照光照条件的改变而相互转化。反映吸收光能热耗散的叶绿素荧光参数与叶黄素循环中玉米黄质的增加成正比,而叶片在光下玉米黄质的形成取决于过剩光能的多少。玉米黄质对过剩光能耗散与类囊体膜的能量化密切相关。类囊体膜的能量化是指叶绿体在光下由于水的裂解反应和跨类囊体膜的质子交换,在类囊体膜的两侧产生的跨膜质子梯度。为此,直接作用假说提出单线激发态的玉米黄质直接猝灭激发态叶绿素的热耗散机制。假说认为,膜的能量化导致捕光色素蛋白复合体质子化,增加了单线激发态的叶绿素和玉米黄质的光谱叠加,有利于能量猝灭;另外,膜的高能态引起膜构象改变,使叶绿素和玉米黄质分子互相靠近,能量得以转移而耗散。也有人认为玉米黄质并不直接耗散过剩光能。其含量增加只是促进了 LHC II 形成有利于热耗散的构象,能量由 LHC II 最终耗散。

Horlon 等(1994)提出 LHC II 聚集态理论,认为光合机构从弱光转到强光下时,ΔpH 升高,类囊体腔内 H^+ 增多,结果是 LHC II 蛋白的羧基化和堇菜黄素向玉米黄素转化,促使二者形成各自的聚集态,它们进一步相互靠近而发生荧光的非化学猝灭。pH 还可以激活紫黄质去环氧化酶,它可以通过所谓的叶黄素循环将与 LHCs 有关的紫黄质转变成玉米黄质(和花药黄质),玉米黄质足以进行光保护。热扩散被认为是通过下述三种途径来保护光合作用:一是减少 ^1Chl 的寿命以使 PS II LHC(PS II 光捕获复合体)和反应中心产生的 $^1O_2$ 达到最小;二是阻止 lumen 的过酸化以及长命 P_{680}^+ 的产生,三是通过 PS I 降低 O_2 减少的速率。

依赖于类囊体 pH 的热扩散在 PS II 天线色素床上发生,包括特定的去环氧化叶黄素色素。在过量的光下,pH 的增加可以通过控制过量光能作为热扩散来调节 PS II 光捕获。

花色素苷也能提高光保护能力，特别是减轻高能量蓝光对发育中的原叶绿素的损伤（Drumm-Her-rely H. 1984），Tsuda 等（1996）研究脂质体、微粒体和膜系统的结果表明，所有膜系统中经诱导产生的花色素苷均能清除自由基，抑制脂质过氧化。

b. Mehler 反应及与之关联活性氧清除系统的防御作用

叶绿体中几个抗氧化系统能够清除活性氧种类，不可避免地由光合作用产生。植物吸收的光能超过其转化能力时。O_2 可作为氧化剂从 PSI 还原侧接受电子形成 O_2^-，即 Mehler 反应。Mehler 反应产生的 O_2^- 对细胞有毒害作用。产生活性氧类和其他氧化分子等潜在的破坏性分子在光合器官三个主要位点产生：一是与 PS II 有关的 LHC；二是 PS II 反应中心；三是 PS I 受体位点。若这一过程与超氧物歧化酶（SOD）及抗坏血酸过氧化物酶（AsA-POD）等的反应相偶联，则可消除这种毒害并可在同化力过剩的情况下维持一定的光合电子流，以减轻过剩光能对光合系统造成的毒害。

这一过程中除了需要 SOD 及 AsA-POD 外，还需要谷胱甘肽还原酶（GR）、抗坏血酸（AsA）和还原性谷胱甘肽（GSH）等活性氧清除系统。活性氧种类的产生通过抗氧化系统的容量进行平衡。修复的能力必须与不通过其他光保护过程所阻止的伤害相匹配。

c. 光呼吸的防御作用

许多绿色植物的呼吸在光下有增高的现象，利用 ^{14}C 进行的示踪试验也证明，在光下呼吸作用放出的 CO_2，很多是光合作用新固定的 ^{14}C。这种在光下进行的呼吸作用，叫做光呼吸。光呼吸只能在光下进行，而一般在光下与暗中都可进行的呼吸，称为暗呼吸。光呼吸是光合产物的氧化作用，包括吸氧与 CO_2 的放出，它在代谢与功用上都与光合密切联系。在 C_3 植物上光呼吸可消耗其光合固定的 CO_2 的 20%~40%。

早在 1984 年, Powles 提出光呼吸可以防止强光和 CO_2 缺乏条件下发生光抑制的观点直到 1988 年才被认可。郭连旺和沈允钢(1996)认为光呼吸除了直接消耗过剩光能外，通过对乙醇酸消耗促进无机磷(Pi)的周转，缓解 Pi 不足对光合作用的限制，因而能够使光合能力维持在较高水平，间接地保护了光合机构。

Proctor 等(1976)证明，用黑袋子罩住光合作用正在进行的苹果叶子实现避光，则可测出 CO_2 的吸收，很快地变为 CO_2 的迅速放出，然后 CO_2 放出又下降到稳定水平。开始套袋黑暗时, CO_2 有"骤发"现象，即表现有光呼吸存在。

光呼吸活性高低与叶子年龄有关，幼叶光呼吸率较低，光呼吸酶类的活性，如乙醇酸氧化酶与乙醛酸还原酶比成叶低。光呼吸的底物如乙醇酸，在幼叶中含量也少。

已经确定乙醇酸是光呼吸中的关键物质。乙醇酸的合成及其代谢包含了 CO_2 的释放与氧的消耗，这就是光呼吸的气体交换。乙醇酸的合成必须在光下，它与卡尔文循环密切联系的。对乙醇酸合成有决定作用的是 CO_2 与 O_2 的浓度。这是由于 RuDP(2-磷酸核酮糖)羧化酶具有羧化与加氧两种作用的原因，当 CO_2 与 O_2 都在生理浓度下的时候，加氧活性约占羧化活性的 30%。当氧的浓度增高时，则有利于加氧作用，RuDP 形成了乙醇酸；反之在 O_2 浓度降低的条件下，乙醇酸的形成很少，RuDP 羧化产生两分子的 3-磷酸甘油酸。增加大气中 CO_2 的浓度也可以使加氧作用受到抑制。RuDP 羧化酶的加氧作用的反应如下。

$$
\begin{array}{ccc}
CH_2O\text{-}Pi & & CH_2O\text{-}Pi \\
| & & | \\
C=O & & COOH \\
| & & \text{2-磷酸乙醇酸} \\
CHOH & \xrightarrow{O_2} & + \\
| & & COOH \\
CHOH & & | \\
| & & CHOH \\
CH_2O\text{-}Pi & & | \\
& & CH_2O\text{-}Pi \\
RuDP & & \text{3-磷酸甘油酸}
\end{array}
$$

　　形成的 2-磷酸乙醇酸在磷酸酶的作用下,脱去磷酸即得到乙醇酸。乙醇酸在过氧化体内发生进一步的代谢。过氧化体是一种具有单层膜的园球形细胞器,直径只有 $0.5\mu m \sim 1.5\mu m$,在细胞中与叶绿体密切联系。过氧化体含有乙醇酸氧化酶,可将乙醇酸氧化为乙醛酸,这一反应要消耗 1 分子的氧并形成 H_2O_2,H_2O_2 在过氧化氢酶作用下分解。

$$
\begin{array}{cccccc}
CH_2O\text{-}Pi & & CH_2OH & & CH_2OH & & CHO \\
| & +\ O_2 \longrightarrow & | & +\ HO\text{-}Pi & | & +\ O_2 \longrightarrow & | \\
COOH & & COOH & \text{磷酸} & COOH & & COOH + H_2O_2 \\
\text{2-磷酸乙醇酸} & & \text{乙醇酸} & & \text{乙醇酸} & & \text{乙醛酸}
\end{array}
$$

$$
H_2O_2 \longrightarrow H_2O\ +\ 1/2O_2
$$

　　上述反应的净结果是每氧化 1 分子的乙醇酸要消耗 1 分子的原子氧。乙醛酸以后的变化主要是通过转氨基酶的作用,利用谷氨酸(或丝氨酸)作为氨基的供体,乙醛酸转变为甘氨酸。甘氨酸的进一步变化发生在线粒体内,在这里甘氨酸脱羧放出 CO_2 并产生丝氨酸,丝氨酸还可以转变为甘油酸进入叶绿体内,再参加到卡尔文环中去。这样由于不同细胞器的分工合作,完成了乙醇酸代谢的循环,也就是光呼吸过程。

　　光呼吸过程消耗了 20%~40%光合中固定的碳,但是并未形成 ATP。光呼吸可看作是植物的"安全阀",在光强高而 CO_2 浓度低的条件下,己醇酸的氧化可保护叶绿体不至于因为过多的 NADPH 与过

多的 O_2 而受到光氧化的损伤。

C_3 植物中，特别是在 CO_2 有限的条件下，光呼吸氧化代谢能够维持相当的线性电子传输和光能的利用。光防御中光呼吸的作用可以通过抑制 Rubisco 氧化反应的各种气体成分来估计。用突变体或抑制剂来阻止光呼吸导致光合作用和光氧化伤害的抑制。光呼吸代谢的累积和碳中间物的损耗能够抑制 Calvin 循环以及关闭激活能的光化学池。

三、光和磷酸化

光合作用包括光反应与暗反应两个阶段，在光反应阶段中产生了 NADPH 与 ATP，为暗反应阶段中 CO_2 固定提供能量。在原初的光化反应之后，接着发生的生化反应中产生了一是强还原剂 NADPH；二是由于水的分解放出 O_2；三是与电子由 H_2O 到 NADP 的流动相偶联，产生 ATP。这种在叶绿体中由光活化的反应中产生 ATP 的作用叫做光合磷酸化作用。

光合磷酸化有两种类型：即循环式光含磷酸化与非闭环式光合磷酸化。非循环式光合磷酸化就是上面所述的包括两个光体系在内的电子传递途径。在这一过程中 ATP 是在一"开放"的电子传递体系中形成的，并且伴有 O_2 的放出与 NADPH 的生成，也就是说，电子的流动不是循环式的。

光体系 PSI 与 PSII 只代表了半个水分子的产物，为了产生 1 分子的 O_2，整个过程需要发生两次。这就需要由水中供 $4e^-$ 和 $4H^+$，即为了产生 1 分子的氧需要有 4 分子的水氧化。

$$4H_2O \rightarrow 4H^+ + 4OH^-$$

$$4OH^- \rightarrow 4(OH) + 4e^-$$

$$4(OH) \rightarrow 2H_2O + O_2$$

循环式光合磷酸化，电子的流动是在"封闭"的体系中循环，在循环中的一定部位上形成 ATP,此外不发生任何氧化还原的净改变。这一过程只由 PSI 推动，被激发的电子由反应中心 P_{700} 放出后，通过 Fd,Cyt-b6,Cyt-f 与 PC 的传递,最后又回到 P_{700}^+ 上来。循环式光合磷酸化的途径见图 5-4。

有人提出循环式光合磷酸化与 CO_2 还原关系不大，对其他生理过程有重要作用,如离子吸收、蛋白质合成及葡萄糖转化为淀粉的过程等。

光合作用的量子需要为 8~10,根据 PSI 与 PSII 示意图(5-3),形成一分子的 O_2,需要由 4 个水分子供给 4 个电子,这 4 个电子通过上述全部过程则需要 8 个量子,恰与测定的量子需要相符合。

四、光合作用碳素同化的 C_3 途径(Calvin 循环)

光反应阶段生成的 ATP 与 NADPH 为 CO_2 的还原提供了还原能力。CO_2 的固定与还原发生在叶绿体的间质内。前人的研究已经阐明:高等植物的 CO_2 还原途径有三种类型,即卡尔文循环、C_4 途径与景天酸代谢(CAM)途径,在彩叶乔灌植物及观果植物中,已证明有 Calvin 循环与 CAM 途径存在。Calvin 循环的要点简述如下。

卡尔文循环也称作还原的戊糖磷酸途径或 C_3 途径。主要由羧化阶段、还原阶段、再生阶段和产物合成四个阶段组成。

在这一循环中,CO_2 的受体是二磷酸核酮糖(RuDP),CO_2 固定的最初产物是一种三碳化合物–磷酸甘油酸(PGA)。

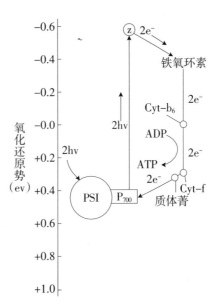

图 5-4 循环式光合磷酸化的途径示意

（一）羧化阶段

这一阶段发生的主要反应是 CO_2 加在 RuDP 上，RuDP 羧化后生成二分子的 PGA，催化这一反应的酶是二磷酸核酮糖羧化酶。这一反应可用下式表示：

$$
\begin{array}{l}
CH_2O\text{-}Pi \\
| \\
C{=}O \\
| \\
CHOH + {}^{14}CO_2 + H_2O \longrightarrow \\
| \\
CHOH \\
| \\
CH_2O\text{-}Pi \\
\\
RuDP
\end{array}
\qquad
\begin{array}{l}
CH_2O\text{-}Pi \\
| \\
H\text{-}C\text{-}OH \\
| \\
{}^{14}COOH \\
\\
PGA
\end{array}
\quad + \quad
\begin{array}{l}
COOH \\
| \\
H\text{-}C\text{-}OH \\
| \\
CH_2O\text{-}Pi \\
\\
PGA
\end{array}
$$

（二）还原阶段

在前一阶段中形成的 PGA 是有机酸，它的能量尚未达到糖分子的水平。为了使 PGA 转化为三碳糖，同化能力为 NADPH 与 ATP 必

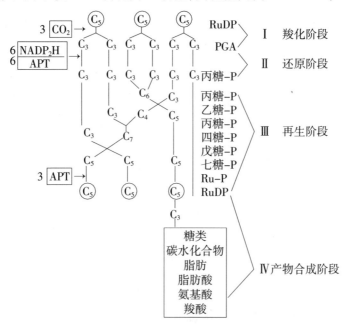

图 5-5 光合 CO_2 固定的反应模式
（Hall and Whatley, 1967）

须应用在 PGA 的进一步转化上。反应分两步进行：①PGA 被 ATP 磷酸化形成 1,3-二磷酸甘油酸；②后者又被 NADPH 还原为 3-磷酸甘油醛，这两步分别为磷酸甘油酸激酶与丙糖磷酸脱氢酶所催化。

（三）再生阶段

卡尔文循环的继续进行，需要 CO_2 受体不断的再生。实际上为了维持碳素平衡，每固定 6 分子的 CO_2，只有 1 分子的己糖形成了蔗糖与淀粉等产物，其余的都用在 RuDP 的再生上，再生过程包括了 3-，4-，5-，6-与 7-碳糖磷酸酯的复杂的相互转化，最后形成 RuDP。图 5-5 表明它们的关系。

（四）产物合成阶段

卡尔文循环的主要产物是碳水化合物，叶子合成的碳水化合物必须向外运出以满足全株的需要，但也有相当数量的同化物，参入到脂肪、脂肪酸、氨基酸、有机酸中去。有些物质的前体不在叶绿体内合成，但它们的合成需要依靠叶绿体的合作，如乙醇酸途径等。不同的产物似乎是在不同的光强、CO_2 与 O_2 浓度下合成的，如图 5-6 所表明。

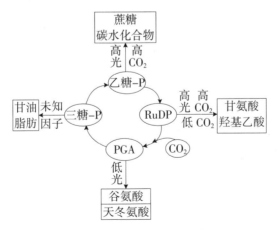

图 5-6　光合作用次生产物形成的条件示意

第二节 内部因素对光合作用的调节

一、遗传控制

植物光合效率的高低及对环境条件的利用与适应的能力，取决它的遗传性。在不同的环境条件下进化过程中形成的生态品系，具有不同的光合特性。高光合效率与高叶绿素含量似乎受同一基因的控制。而高光合效率与高叶绿素含量又与高 RuDP 羧化酶活性有相关，羧化酶活性决定了叶片的羧化效率(CE)，可能对 CO_2 在叶内的传导体系与 CO_2 固定体系都有关系，如气孔阻力与叶肉细胞阻力的大小。从生化角度上看，叶片固定 CO_2 本领的高低，决定于叶绿体内有关的酶体系，而酶体系又为细胞器的基因所决定，因为叶绿体可以独立地传递自己的遗传信息。

二、光合酶体系与防御酶(SOD、APX)

酶体系不只对代谢反应的速率有调节作用，而且也可支配代谢进行的方向。在光合的气体交换中，CO_2 扩散的剩余阻力(包括羧化阻力)可能是一限速步骤，特别是当光合进行比较慢的时候，剩余阻力的限制作用更大。这就是说，CO_2 固定体系在叶内常常是光合的主要障碍。活体内羧化酶的活性比活体外的要高得多，可能与 RuDP 羧化酶的光活化作用有关，在暗中它的活性就急剧地降低。光合的关键性 RuDP 羧化酶对终产物的抑制作用很敏感。RuDP 羧化酶可以对 CO_2 同化作用进行细致的调节。光合的另一关键性酶是 NADP 连接的 3-磷酸甘油醛脱氢酶，它也位于叶绿体内，此酶在照光后 5~10 分钟活性迅速增加，且酶活性的光反应曲线与光合活性的曲线非常相似。在高光强下酶活性的增高显然有利于叶子吸收更多的光。

清除酶 SOD、APX 酶与清除叶绿体中活性氧种类有关。PSI中通

过 O_2 还原产生的 O_2 经酶促代谢产生 H_2O_2。H_2O_2 通过 APX 再次还原产生单脱氢抗坏血酸分子,它可以在水-水循环中直接通过 PSI 被还原。抗坏血酸也可以在基质中被含有谷胱甘肽抗坏血酸循环的一组酶再生。

　　SOD 和 APX 在叶绿体内以多种异构体形式存在。大多数植物在叶绿体中含有 Fe-SOD 和 Cu/ZnSOD 同功酶,SOD 和 APX 的类囊体结合态可以有效地在它们产生的地点使 O_2^- 和 H_2O_2 解毒,并防止 Caivin 循环中酶的失活。SOD 和 APX 的可溶性形式与 O_2^- 和 H_2O_2 反应从类囊体膜上扩散到基质中。

三、叶子阻力

　　CO_2 由大气中进入到叶内的 CO_2 固定地点,要经过几道阻力,CO_2 必须克服这些阻力之后,才能被细胞同化。CO_2 向内扩散时遇到的第一道阻力是界层阻力(Ra),它代表叶表外面静止空气层的阻力;然后是叶表角质层的阻力(Rc),这一阻力在气孔关闭时作用即变大;随后是气孔阻力(Rs),这一阻力的大小直接受气孔开度的控制。有人将 Rc 与 Rs 合称为叶子阻力(RL)。以上的阻力对于水汽的扩散也有同样的影响。进入叶片的 CO_2 还需要克服叶肉细胞阻力(Rm),也有人用剩余阻力(Rr 或 CE)代表各种对 CO_2 同化作用的物理、生化的阻力的总称。由于 CO_2 进入叶绿体必须通过气孔的开口,所以气孔阻力对光合具有重要的调节作用。在 C_3 植物中,CO_2 从空气到 Rubisco 活性位点要经过最多 8 个环节的复杂传导过程(Nobel 1999)。一般而言,这一途径可以简化为 3 个主要环节,即边界层、气孔传导和叶肉传导 (Farquharetal.1982)。边界层导度受植物和环境双重影响(Bernacchi et al. 2002),气孔导度和叶肉导度则通常与植物生理状态有关。可以将净光合速率(Pn)与胞间 CO_2 浓度(Ci)的比率(Pn/Ci)作为叶肉导度(Gm)(Bemacchi et al. 2002)。

叶子阻力对于 CO_2 和水汽交换具有相近的控制作用，但当气孔开始关闭时，蒸腾的降低大于光合的降低，也就是蒸腾与光合的比率降低了。因此可以认为，对于观果彩叶乔灌植物来说，剩余阻力（包括 CE）对 CO_2 固定的限制作用比气孔阻力还要大。许多环境因素都通过叶子阻力对光合作用起到调节作用。

四、叶子结构与叶龄、着生位置

叶片结构与光合活性有密切关系。环境因素对叶片结构与净光合率（Pn）有明显影响，特别是光合有效辐射（PAR）的影响最大。早期学者们的研究已经证明，遮荫可增大叶面积，但减低厚度，并改变叶子的内部结构。

吴冰洁、石雷、吴玉厚等（2009）对中华红叶杨叶片生长过程中的光合及气孔特性的研究发现，随着叶面积的增大，单位面积的叶绿素含量增加和花青素含量降低，并导致叶片颜色逐步从红色变成深绿色。光饱和 Pn 随叶面积的增加持续升高，且 Gs 滞后，此外叶片增加至整叶面积的 60% 时 Ls 增至最大值，但在叶片发育过程中 PSⅡ 的最大光化学效率增幅不大。

落叶的彩叶植物种类叶子的发育呈现周期特点，当春季叶子开始展开时，其 Pn 率很低，甚至是负的，但是由于叶子发育不均一，叶子包含的细胞具有不同的发育年龄，所以即便是在发育早期，有些细胞也能输出一部分多余的光合产物。同时叶绿体的结构也随着距离表皮细胞的越近而发生变化，可能是光照条件影响的结果。

通常叶片的 Pn 值也随叶片的扩大而逐渐增高，在达到最大面积后数日内，Pn 值达到最高点。最早形成的叶子，约在出叶六周后，气孔才充分长成。在叶片扩展对期，叶绿素含量与关键性光合酶类的活性，也都逐渐增高。同时 CO_2 补偿点，内部结构与扩散阻力也随着发生改变。希尔反应与羧基歧化酶活性在叶子成长时期都很快增长，幼叶中叶绿体与基粒发育也都完好。

叶子着生的位置对结构有明显影响,Ghosh(1978)比较了5~6年生苹果果树短枝上与顶端延长枝上生长的叶子的内部结构与 Pn,发现短枝上的叶片较薄,栅状细胞较短而且层数少,叶绿素含量低,Pn率低,比叶重(SLW)也较低。这种差异主要是由光照引起的,因为一般短枝叶子多生在树冠的内部,而延长技上的叶子则生在树冠的四周。比叶干重(SLDW)是高 CE 的良好评价指标,同时高的 CE 也与叶子较厚、叶内部气室较大、栅状细胞较长之间都有相关;但 CE 与细胞直径,栅状细胞表面指数或海绵组织加栅状组织面积指数之间没有相关。这些相关现象说明 CE 与气体的扩散有关系。

植物 Pn 下降的速率与光照条件有关,光强不仅降低了 SLW,而且也延长了叶子生长时期。Pn 的下降开始于顶芽形成期,直到落叶时为止。与 Pn 下降同时发生的变化,有叶绿素含量的降低,蛋白质与核酸含量减少,叶绿体固定 CO_2 与进行光合磷酸化的效率也降低。这时叶绿体的结构也发生变化,基粒结构分散,类囊体膜的数目增多,但厚度减小。膜的变薄可能与叶绿素及蛋白质的含量减低有关。叶子衰老的后期,水解酶的活性增高很多,叶绿体结构完全解体,叶肉阻力大增,气孔反应迟钝。

五、比叶重(SLW)

所谓比叶重即单位叶面积的重量,它的大小因遮荫而受到很大影响。遮光环境越重,SLW 的减低也越显著,甚至在叶子扩大停止之后,改变遮荫程度仍然可以在 SLW 上反映出来。因此遮阴荫条件可引起 SLW 发生不同程度的改变。

当然,SLW 测定比 Pn 与 PAR 都更为简单。

六、彩叶观果乔灌植物的果实负载

在有些情况下光合速率的增高是生长加快的结果而不是原因。

在一定范围内,对光合产物的需要越大,光合产量也越高(Herold A,1980)。降低果实负载(库力)改变库源关系对光合作用产生的抑制影响可以用反馈抑制假设学说来解释,库力降低减少同化产物从源向库中输出,结果是源中的可溶性糖、淀粉积累。果实的负载协调"源""库"关系,多数情况下叶片(源)的光合产物首先满足叶片自身的生长发育,其光合产物会运送到果实(库)当中,而一般状况下,这些入"库"物质很少返输到叶片中,过多的果实负载导致树体新梢生长变慢、叶片数的减少,进而形成恶性循环。桃(燕红)品种在果实硬核期去果与对照相比降低"库"力,减少叶片 Gs、降低 Tr,并导致叶片叶温(T_{leaf})上升可能导致叶"源"Pn 下降,这些影响主要发生在 9:00~16:00 时之间,中午为盛(朱亚静等,2005)。

七、植物激素调节

激素对光合速率以及对光合产物的控制,已有充分证据。Bidwell 与 Turner(1966)证明,施用 IAA 可以代替切去的"库"。Mercell 与 Oben(1973)发现,喷施 GA 可以提高了果树的光合速率。另外,果实可以产生 GA,果实对周围叶子光合的促进也与果内运出的 GA 有关。

有人提出激素对 CO_2 在叶子内的扩散阻力有关系。GA 与 BA 可以提高已存在的羧化酶的活性。羧化作用的提高,可降低叶肉细胞对 CO_2 扩散的阻力。激动素可增高光合作用,主要由于气孔的开口增大与降低 CO_2 补偿点之故。脱落酸在干旱条件下植物内急增,可引起气孔关闭,并使光合速率降低。

对于彩叶植物而言,植物激素往往通过影响植物体内的代谢过程和植物基因的表达来影响花色素苷的合成和积累。赤霉素 GA_3 能明显抑制果实中叶绿素降解,而叶绿素的存在可以抑制花色苷的合成,因为叶绿素可以吸收较多的红光,从而降低了光敏素的效应(马丽等,2006)。激素对花色素苷形成的内在抑制作用可能是由 GA 活性与乙烯和/或 ABA 活性之间的平衡调控来完成(David,2000)。

脱落酸(ABA)含量升高基本上与花色素苷合成一致。ABA 也是色素形成的关键诱因,在苹果成熟期果实内源 ABA 含量的增多,推动了果实内乙烯的合成,从而促进果实花色素苷合成和积累。在果实成熟后期,类胡萝卜素也会部分转变为 ABA。但也有研究发现,在高等植物花的花色素苷生物合成过程中,ABA 抑制几乎所有由 GA_3 诱导的基因的表达,引起花色素苷不能积累,内源 BA 含量降低,促进叶绿素降解,也可以推动果实内乙烯的合成,从而促进果实花色素苷合成和积累(聂庆娟等,2008)。

生长素和果实中的内源 IAA 可以促进花色素苷的形成,原因可能是生长素有利于乙烯的生成,而乙烯可以促进花青素合成。潘增光等发现,乙烯释放和花青素积累的变化规律一致(潘增光等,1995)。

乙烯可通过影响膜透性增加糖分流通和积累或直接调节有关生理生化过程而促进花青素合成,从而促使果实着色(李明等,2005)。

八、内源抗氧化剂

(一)类胡萝卜素

类胡萝卜素包括叶黄素,是膜结合抗氧化剂,可以猝灭 ^3Chl 和 $^1O_2$,抑制脂过氧化,稳定膜系统。结合到 LHC 蛋白的叶黄素定位在与 Chl 靠近以有效地猝灭 ^3Chl 和 $^1O_2$。PS II 反应中心的类胡萝卜素猝灭从 $3P_{680}$ 和 O_2 互作产生的 $^1O_2$,但并不认为能够猝灭 $3P_{680}$ 本身。在热扩散中,特定叶黄素也与 ^1Chl 的猝灭有关(阮成江、何祯祥、周长芳,2005)。

类胡萝卜素一般在光合作用和光保护中起着重要的功能。但光保护不是绝对需要单个的叶黄素。

排除双突变体中叶黄素的组合揭示了叶黄素之间在光保护上的冗余性。^1Chl、$^1O_2$ 的猝灭以及可能脂过氧化的抑制在玉米黄质和叶黄素都存在时被削弱。

(二)生育酚

另外一个重要的类囊体膜抗氧化剂是 α-生育酚(维生素 E),它能以物理方式猝灭和化学清除膜上的 $^1O_2$ 和 OH^- 以防止脂的过氧化。α-生育酚在膜的脂质基质中以自由态存在,起着控制膜流动和稳定性的作用。另外,α-生育酚还参与有效阻止同它的 a-氧络铬分子的伴随物进行脂质过氧化链式反应。

尽管 α-生育酚在叶绿体中是最丰富的,其他的如生育酚 β-和 γ-生育酚也以低水平存在。较少的生育酚是 α-生育酚合成的媒介且在络铬头上的甲基组数量不同。生育酚的相对丰度($α>β>γ$)与它们的效应是平行的,作为活性氧种类的化学清除以及链式反应的终止子。还没有遗传数据来阐明特定生育酚的重要性,或在光保护中的作用,或许反向遗传学的应用能够在将来让人们对特定生育酚在光保护中的作用有进一步了解。

(三)抗坏血酸

可溶性抗氧化剂(Vc)在防止氧化伤害有重要作用,通过直接猝灭 $^1O_2$,$^1O_2$ 和 OH^-,从 α-氧络铬分子中再生-生育酚,并作为紫黄质去环化酶和 APX 反应的底物。抗坏血酸在叶绿体中非常丰富(25mmol/L),但在植物中抗坏血酸的生物合成途径仅在最近才被阐明,抗坏血酸在光保护中的重要性目前还没有确定。

(四)谷胱甘肽

另外一种在叶绿体中重要的可溶性抗氧化剂就是谷胱甘肽,它具有使 $^1O_2$ 和 OH^- 解毒的能力。谷胱甘肽保护基质酶的硫醇基团,还可能与生育酚的再生以及通过谷胱甘肽-抗坏血酸循环的抗坏血酸再生有关。谷胱甘肽的生物合成是通过谷氨酸和半胱氨酸的反应形成谷氨酸半胱氨酸,然后通过谷胱甘肽合成酶的催化加上甘氨酸。

（五）花色素苷

Grace 等（1995）注意到，抗氧化酶如 SOD 含量的轻微上升与下降都与光诱导花色素苷的产生有联系。臭氧也能诱导花色素苷产生，在强氧化剂存在时花色素苷才有抗氧化的功能。Ishii 等（1990）发现，离体存在的花色素苷比 α-生育酚（a-tocopherol）的抗氧化能力大得多。

花色素苷是广泛存在于植物体内的一种水溶性色素，彩叶植物花色素苷的合成过程不仅受到基因的调控，还受其他多种因素影响。合成途径中大约有 15 种结构基因参与，还有调节基因调控花色素苷的合成（程梅燕、李德江，2010）。其合成是在一系列酶的催化下形成的。苯丙氨酸解氨酶（PAL）是花青素合成的第一个关键酶。随着 PAL 活性的增加，花青素苷含量也增加。秋季美国红枦同一植株上红色叶片中，叶绿素含量较低。PAL、POD 是植物体内一种以血红素为辅基的氧化酶，它参与多种代谢活动，并能氧化酚类物质。PAL、POD 酶活性大时，花青素苷/叶绿素含量的比值较大，使叶色显现红色；而在绿色叶片中，叶绿素含量较高，是红色叶的 2.94 倍；PAL、POD 酶活性较小，花青素苷/叶绿素的比值较低，叶片呈现绿色。此外，花色素苷被羟基肉桂酸酯化后能降低 UV-B 辐射，即使不被酯化，花色素苷也能明显减弱可见光辐射。花色素苷作为渗透调节剂，当表皮水势降低时，它不仅可以降低冰点和细胞渗透势，抵御由于冰冻引发的脱水胁迫、低温下长期存在的自由基伤害，从而提高植物的耐旱能力（孙明霞，2003）。

第三节　环境因素对彩叶植物光合作用的影响

一、光照

植物 Pn 随光强的增高而加大，但当光强上升到一定程度后，光合 Pn 不再增高，这时的光强度称为光饱和点（LSP）。LSP 反映了植物利用强光的能力，LSP 越高说明植物在受到强光刺激时越不易发生光抑制，植物的耐阳性越强。彩叶植物红花檵木和黄叶假连翘在光饱和点时的 Pn 最大，光饱和点分别为 1000、2000μmol CO_2m^{-2}s^{-1}。两种植物的光饱和点数据说明红花檵木和黄叶假连翘都是喜阳植物，在强光条件下，黄叶假连翘比红花檵木利用能力强，而红花檵木和黄叶假连翘都能耐半阴，黄叶假连翘的光适应性更强一些。

光合反应曲线的特点即净光合不发生在零点光强上，而是需要一定水平的光强，才能使光合中吸收的 CO_2 抵消呼吸中放出的 CO_2，在这一点上的光强称为光补偿点（LCP）。一般 LCP 低的植物能在弱光环境中生存。它是植物在低光强下保持净光合率能力的一个指标，它对于景观配置中处于冠层下部植物评价光合效率时是一个有用的指标。LCP 因种类，叶子位置、年龄，以及大气成分与温度而不同。LCP 低且光饱和点高的植物能适应多种光环境。表观量子效率（AQY）是体现植物在弱光条件下光合作用能力的重要指标，是光合作用中光能转化最大效率的一种度量，反映光合机构机能的变化，也可以反映叶片对弱光的利用能力及植物耐荫性。植物对弱光利用率的提高主要表现在日平均净 Pn 和 AQY 的增大及 LCP 的降低。

彩叶植物的 LSP 和对光强的耐受性不同。金边黄杨的 LSP 和对光强的耐受性均低于大叶黄杨。庄猛、姜卫兵、花国平（2006）的试验证实，金边黄杨的 LCP 和 LSP 均不高，所以它能适应较荫蔽的环境。

金边黄杨叶中的叶绿素含量(尤其是 Chlb 的含量)极显著低于大叶黄杨,Pn 和 WUE(水分利用率)亦均显著低于大叶黄杨。其原因可能是金边黄杨的 AQY 下降,进而引起 PSⅡ活性和原初光能转化效率均下降,最终导致 Pn 下降(庄猛等,2006)。

不同的彩叶植物种类(品种)的光合特征参数对指导彩叶植物的景观配置有积极的参考用途,而光强、光质、光照时间对彩叶植物呈色又非常重要。

光强可直接影响彩叶植物的生长与叶片的颜色,其中光强对不同的彩叶植物影响是不同的。有的彩叶植物的叶片彩化程度随着光强的增加而增加是因光强直接影响叶绿素、类胡萝卜素和花色素等的含量及比例。如金叶女贞、金叶接骨木在全光下叶片金黄,而在遮荫人为控制光强条件下有返绿现象;而紫叶李、紫叶桃等彩叶树种不遮荫颜色较深,而遮荫的颜色偏绿。紫叶小檗、美人梅、紫叶矮樱等必须在全光照条件下才能表现出正常的紫红色。

宋丽华等开展的彩叶植物等遮阳试验发现(表 5-1),红叶小檗对照组叶面积呈现先缓慢、后增大的变化规律,两个遮荫组相反,叶

表 5-1　遮阳对红叶小檗与金叶女贞叶面积(cm^2)的影响

树种	分组	叶面积		
		5 月 24 日	6 月 26 日	7 月 25 日
红叶小檗	Ck	1.09	0.91	1.36
	单	1.25	1.40	1.31
	双	1.49	1.52	1.40
金叶女贞	Ck	10.53	4.97	10.14
	单	6.40	8.56	12.45
	双	7.24	4.89	13.34

＊每种树种每区组选取 6 盆,每盆栽种 1 株,每株树种随机选取 3 个新梢观察(宋丽华,等)。

面积先增大,随后略有减小。与 5 月份相比,7 月份对照组叶面积增加了 0.23cm²,而两个遮荫组叶面积基本没有太大变化。金叶女贞对照组叶面积无太大变化,单层遮荫组叶面积试验前期增长较快,随后平稳,双层遮荫组叶面积开始阶段平稳,后期开始增加。

遮荫对彩叶植物新梢生长影响显著,红叶小檗三组处理中对照组新稍增长幅度大于两个遮荫组。双层遮荫组新稍增长情况又优于单层遮荫组。5 到 8 月份三组处理新梢长度分别增长了 2.45cm、0.83cm、1.69cm,其中对照组的红叶小檗新稍长势最好,是单层遮荫组的 2.95 倍、双层遮荫的 1.45 倍,双层遮荫组增长的是单层遮荫组的 2.04 倍。金叶女贞与红叶小檗相似,试验期间三组处理苗木新梢长度分别增长了 1.73cm、1.03cm、1.25cm,其中对照组新稍长势最好,是单层遮荫组的 1.68 倍、双层遮荫组的 1.38 倍。同时,红叶小檗对照组新稍径粗增粗趋势强于两个遮荫组,且两遮荫组长势相近,其中对照组新稍径粗增长幅度分别是单层遮荫组的 2.46 倍、双层遮荫组的 2.13 倍。金叶女贞对照组新稍经粗增长幅度大于遮荫组,且单层遮荫比双层遮荫组茎粗增长幅度大。对照组比单层遮荫组增长了 1.16 倍,比双层遮荫组增长了 1.38 倍。

Skene(1974)发现,遮光可引起叶绿体结构发生适应性改变。荫地生长的苹果叶子的基粒厚度,比在全日光下生长的大。将荫地的叶子移到曰光下,基粒厚度不变,但将日光下生长的叶子移到荫地,则基粒的厚度可以一步发育并增厚,表明长成的苹果叶绿体仍能对变化的环境条件发生反应,这可能是树冠发育中的一年重要特点。基粒薄的叶绿体,光合电子传递的本领比基粒厚的叶绿体要大,光饱和点也比较高。基粒厚的叶绿体光合的电子传递能力比较差,光饱和点比较低,且呼吸率也比较低。故在低光强下光的利用效率可以提高。长成叶的叶绿体结构仍然能因环境条件而改变,这在树冠发育中可能有一定意义。王建华等（2011）研究了不同程度的遮荫处理（0%、43%、70%、97%）对连翘叶片光合特性和叶绿素 a 荧光参数的影响。结果发现，随着遮荫程度增加，最大净光合速率、光补偿点（LCP）、光饱和点、暗呼吸速率均发生降低。其光补偿点（LCP）的降低却意味着连翘叶片增强其在弱光条件下的生长发育能力。

王瑞、丁爱萍、杜林峰（2010）研究表明，12 种植物在不同光照条件下的日平均净光合速率及表观量了效率随着遮荫度的增加而增大，在某一遮荫度条件下达到最大值，此后则随遮荫度增加而减小；光补偿点随着遮荫度的增加而减小。植物对弱光的利用率的提高主要表现在日平均净光合速率和表观量了效率的增大及光补偿点的降低，这 3 个指标是植物光合作用能力的重要指标，可以反映植物的耐荫性。这也证实某些彩叶植物在景观配置中需要配置在冠层以下的原因。

在同一株树上树冠上部叶片叶色变化较下部快，是由于上、下部叶片接受光强不同造成的（李红秋、刘石军，1998）。

张斌斌，姜卫兵，翁忙玲（2010）在夏秋两季，遮荫的红叶桃叶绿素（Chl.）含量极显著高于对照，夏季遮荫使红叶桃叶片花色素苷（Ant）含量高于对照；遮荫条件下花色素苷含量/叶绿素含量（Ant./Chl.）始终低于对照；全光照下净 Pn 日变化均表现双峰曲线，存在光合"午休"，而遮荫下"午休"现象消失。SLW、净光合速率日积分值（DIV of Pn）、LCP 和羧化效率（CE）变化趋势则随遮荫程度的增加，红叶桃的 AQY 夏季高于对照而秋季低于对照，水分利用效率日积分值（DIV of WUE）则下降。

遮荫可减轻红叶桃光抑制，但不利于光合积累和叶片彩色的呈现，红叶桃更适于栽植在全光照条件下（张斌斌等，2010）。

也有一些彩叶植物，只有在较弱的散射光下才呈现斑斓色彩，如花叶一叶兰在 60% 遮荫度下才能够较好地呈现花叶性状，而强光会使彩斑严重褪色。

梁峰、蔺银鼎(2008)试验发现全光照条件下元宝枫叶片细胞内花色素苷含量、可溶性糖含量最高，叶绿素含量最低，叶片呈色最好，最具观赏性。

随着光强的减弱，元宝枫叶片叶绿素 a、叶绿素 b 和总叶绿素的含量增多，且以叶绿素 b 的提高为主。在较高的光强下有利于元宝枫叶片中花色素苷、类胡萝卜素和叶黄素等色素的合成；叶绿素 a 和叶绿素 b 合成相对减少，并且叶绿素 a 的减少量相对较多，使光合效率下降。

日照时间达 12h 以上时，元宝枫叶片色泽变化更明显，特别是连续阴雨过后，阳光充足，植物得到充分的光照，叶色更鲜艳、更美丽。

李红秋、刘石军(1998)试验发现，金叶接骨木在整个生长季节(5～10 月)叶片光合色素含量的曲线变化基本一致。叶绿素 a 和 b 的含量变幅大，类胡萝卜素含量变幅小。5~6 月，叶绿素 b 的含量大于叶绿素 a 的含量，叶片呈现黄绿色；7~8 月，温度较高，叶绿素 a 的含量大于叶绿素 b 的含量，叶片呈现蓝绿色；9~10 月，深秋季节，叶绿素 b 的含量大于叶绿素 a 的含量，叶片呈现黄绿色。显然，这种色素含量变化关联了除光照变化外的温度、光照时间季节变化诸多因素影响。

不同光质的单色光对植物的影响不同。红光下生长的叶片中叶绿素 a 和 b 以及总叶绿素含量都显著高于单色白光、蓝光、绿光下生长的叶片.其次以白光处理的叶片中叶绿素含量较多，绿光处理的叶绿素含量最低。但红光更有利于叶绿素 b 的形成。

蓝光和绿光对紫叶小檗、美人梅、紫叶李、紫叶矮樱、金山绣线菊、金焰绣线菊的色彩表现有较严重的影响，使紫红色或黄色叶色向绿色或绿褐色方向转化，红光有利于彩叶植物向紫色方向发展。

不同光质对花青素苷合成的调控，在花青素苷的合成和积累过程中,不同的光质对花青素苷呈色的调控作用效果不同。对于大多数植物而言,UV–B 是花朵花青素苷呈色所必需的（Dong el al,1998）,同时,它还可以诱导叶片合成花青素苷(Chalker-Scott,1999)。

UV–A 和 UV–B 均通过刺激花青素苷合成途径中关键基因的表达来增加花青素苷的积累量(Guo et al,2008)。

蓝光与红光诱导基因表达的效果相似,而在照射绿光后,基因的表达量稍弱(Moscovici et al,1996)认为红光的光受体是光敏色素而蓝光和绿光则通过蓝光/UV–A 的光受体——隐花色素起作用（刘明等,2005）。

蓝光下美人梅叶片中的花色素苷含量显著地高于其他 3 种光质,达到 76.54nmol·cm^{-2};其次是白光下的花色素苷含量较高,达到 62.18 nmol·cm^{-2};最不利于花色素苷合成的光质是绿光、蓝光和白光处理的差异达到了显著水平(童哲,1987)。

对现有的彩叶植物光反应曲线的观察,在饱和点上并不出现急剧的转折点,而是圆滑的到达光合的高原期。这一现象说明在叶子厚度较大时,叶内的叶绿体并不同时到达光饱和点,因此由于叶子的不均一性,造成光反应曲线的圆滑形式。在自然条件下,早晨、傍晚及阴天的光照条件等变化对光合作用的充分进行有限制作用,因而对 Pn 率产生影响。在晴天,一株树的净 Pn 是所有叶子的总合,每一叶片都对复杂多变的光照环境起反应,因此一株树的光反应曲线也与单一叶片的曲线相似。晴天直射光很强的时候,植物的 Pn 可能还不如部分有云的天气下的高。因为在有云的天气下,漫散光透入到树冠内部的更多一些。

处在树冠内部的叶子,由于光照条件得复杂多变,因此对迅速变化的光照及时地发生反应是非常重要的。在树冠内部,时常有偶而透进的光斑可作为补充光,叶子对于这种暂时存在的光斑的利用效率如何,对于全树的光合效率有很大影响。据 Lakso 与 Barnes(1978)的研究表明,苹果叶子的光合作用可以在 5s~15s 内对辐射的重要变化发生反应。苹果净光合对光强的反应在 1.0s 以内者,可以达到连续高光强下 Pn 的 85%~90%,这说明在树冠内部的叶子,当由于风吹引起光斑交替时,仍然能有效地进行光合作用。在中等的风力条件下,光斑的寿命不到 1s,其光合速率只比连续光下者稍低一些。

二、CO_2 浓度

大气中的 CO_2 浓度通常是 300mg/kg,这远远不能满足植物光合作用的需要。在进化过程中发展的光含体系的最适 CO_2 浓度,比自然界的正常水平可高出 3~5 倍。光合作用的 CO_2 反应曲线表明,当 CO_2 浓度超过正常大气中的水平以后,光合速率仍在随着 CO_2 浓度的增加而上升。

光合作用也有 CO_2 补偿点,光合速率、光呼吸、发育时期以及环境条件的变化都对 CO_2 补偿点有影响。不同彩叶植物的 CO_2 补偿点有差异,CO_2 补偿点低这在意味着他的 CO_2 固定有效性高。吕忠恕总结认为,苹果是 C_3 植物中 CO_2 补偿点比较祇的,说明其叶子在固定 CO_2 上来说是相当有效的。CO_2 补偿点随温度而变化的程度是很大的,通常会随温度上升而增高。高温下由于暗呼吸增高,使 CO_2 补偿点也升高。幼龄的叶子 CO_2 补偿点高于成叶,而高光强则使补偿点降低。气孔导度(Gs)也影响大气 CO_2 进入叶片,它是反映气孔开闭程度的一个生理指标。Gs 与 Pn 变化曲线基本一致,气孔导度变大,Pn 也大。气孔对叶肉细胞的胞间 CO_2 浓度(Ci)含量非常敏感,在胞间高 CO_2 含量下因保卫细胞失水而使气孔关闭,导致气孔限制值(Ls)增大,Gs 降低。

根据不同 CO_2 浓度下光合的光反应曲线,说明植物在光照低的时候 CO_2 浓度是否为限制因子;但在高光强下,CO_2 浓度对光合的进行,就有明显的限制作用。

三、水分条件

植物吸收的水分只有很小一部分用在光合过程中,因此光合作用不应当受到水分缺乏的影响。但实际光合速率常常受到水分亏缺的限制,这种影响是间接的。水分缺乏首先可以影响到原生质,特别是叶绿体的水和度,这样就使得原生质的结构改变,酶活性降低,因而也使许多代谢过程受到干扰,光合作用当然也不例外,因为类囊体膜上各种分子的排列方位的微小破坏,都会使光合受到严重影响。另外,水分亏缺也引起 CO_2 扩散阻力的增大。水分不足可以引起 Gs 的下降或者完全关闭,阻断 CO_2 进入细胞的主要通道。同时,水分亏缺也降低 RuDP 羧化酶的活性,增大叶肉细胞阻力,因此影响了光合的进行。

彩叶植物在水分胁迫条件下,对于土壤水分降到萎蔫系数之前,光合作用是否受影响的问题,实验结果也不一致,这可能与树木水分状况受到许多因子的影响有关。当土壤湿度降低时,光合的反应大于蒸腾,这可能由于叶肉阻力的增大,发生在气孔阻力增大之前的原故。

光合作用的水分利用率(WUE)是指蒸腾消耗单位质量水分所同化的 CO_2 的量,常用净光合速率与蒸腾速率的比值($WUE=Pn/Tr$)表示。WUE 是植物耐旱性的重要衡量指标。植物净 Pn 的提高和由气孔导度下降而引起 Tr 的降低,将促使水分利用率提高。比如在王立新,田丽的研究中就发现,12 时 30 分以前红花檵木的 WUE 略高于黄叶假连翘,之后随着环境温度的升高,黄叶假连翘对 WUE 升高很快,说明黄叶假连翘的耐旱能力超过红花檵木,具有更强的环境适应性。

费芳、王慧颖、唐前瑞(2008)发现,红花檵木在日间 32℃,夜间 30℃光照水分一致的条件下,80% RH、70%RH、50%RH、60%RH 的叶绿素含量分别增加了 26.1 %、13.7%(对照)、8.8% 、2.6%;并发现环境湿度对花色苷色素的影响为 70%RH、50%RH、60%RH、80%RH 分别下降 26.5%、26.0%、20.5%、41.9% 。建议在高温季节采取遮荫和喷水降温的措施,延缓叶片中花色素苷的降解。

四、温度

彩叶植物的光合作用进行需在一定的温度范围之内,只有这样才能保证正常的呈色。

由于光合作用的温度反应曲线和酶的温度反应曲线极为相似,说明酶的失活是高温下光合受抑制的重要原因,但也不排除其他因子的作用,如 Pn 很高时,CO_2 的吸收可能成为限制性的因素。(王立新、田丽,2010)在研究黄叶假连翘与红花檵木的 Pn 特征时发现,在 15℃~20℃的范围内 Pn 最高,黄叶假连翘 Pn 值出现在 12 时~14 时之间,值为 $2.885\mu mol \ CO_2 \cdot m^{-2} \cdot s^{-1}$;而红花檵木双峰 Pn 的最高峰值出现在随温度上升的高点下午 2:30 分,值为 $2.950\mu mol \cdot CO_2 \cdot m^{-2} \cdot s^{-1}$。表明彩叶植物的光合作用在一定的温度范围内随温度的上升而升高。

温度可以影响叶片中花青素苷和叶绿素的含量,使彩叶植物的叶片颜色随温度变化而变化。很多的彩叶植物在较低的温度下才能表现出最佳色彩,而有的需要较高的温度才能更好的呈色。如高温降低紫叶黄栌的光合速率和蒸腾速率,从而影响紫叶黄栌的呈色(陈磊、潘青华等,2002)。

春、秋季节气候温变是引起两季彩叶树种变色的主要原因。春季叶片刚刚萌发,叶绿素合成还较少,花色素苷在各种色素中占主导作用,所以叶片通常呈现鲜艳色彩。在西北,秋季光照强度相对值增大,日照数高,昼夜温差大,夜温低,植物微环境相对湿度上升;干燥的土壤环境,空气相对湿度增加,微酸性和中性的湿润壤土都有利于秋色叶的呈现。

温度对花青素苷稳定性产生影响。Shaked-Sachray 等认为，温度在影响花青素苷合成的同时，也影响着花青素苷的稳定性。即当温度升高时，花青素苷合成的速率减慢，而降解的速率却增加，其结果导致花青素苷的积累量降低。Mori 等（2007）认为，温度主要是通过影响酶的稳定性来影响花青素苷的合成。温度对花青素苷合成的调控发生在其合成途径的多步反应中。同时，随着转录因子对温度的响应，花青素苷的最终积累量也会发生不同程度的变化。

红花檵木随着叶龄的增大，叶色发生较大变化；在初夏，叶色变为暗红色；到了盛夏高温季节，叶色几乎变成了绿色，出现"高温返青"现象。

秋季温度较低，叶绿素净含量下降，而类胡萝卜素类和花色素苷的稳定性较好，所以银杏、金钱松等叶片含有较多的类胡萝卜素而呈现黄色；鸡爪槭、三角枫等花色素苷含量升高呈现红色（王泽天等，2011）。

彩叶植物光合作用对温度的反应因种类而不同。在饱和的 PAR 条件下，苹果的最高 Pn 出现在 20℃~30℃之间，30℃~35℃时，光合率即下降。

根据 Heinicko 与 Childers 的试验，平均 28℃以上的气温就可以使 Pn 降低。但 Sirois 与 Cooper 发现一般常遇到的温度对于整株果树的光合没有影响。由于在高强光下叶子与周围大气之间的温度可能有差异，Seeley Kamereck（1977）用叶的表面温度表示其结果，并且发现与 Heinicke 和 Childer S.的结果很相近，即在 28℃~30℃下有降低光合的作用。在 35℃以上温度每升高 1℃，Pn 的降低也逐步增大，而且在高光强下，Pn 降低的绝对值最大。

田间生长的 Sultana 葡萄叶子光合的最适温为 30℃，当温度由 33℃升高到 41℃时，光合速率急速下降。果树的净 Pn 的最适温度却

比较低,在干燥空气中,适温在 15℃~20℃之间;在湿润条件下则为
20℃~30℃。干燥空气与湿润空气中光合适温的不同,说明叶子当大气
与叶内的汽压梯度加大时,叶子传导力有所降低,因而使净 Pn 下降。

在树冠内部叶子的温度变化也相当大,光照下面的叶温比周围
的空气或荫处的叶温高出 6℃。这种差异对光合的总的影响可能不
大,因为最大的温度差异在早晨出现,这时温度比较低,而且只有一
小部分叶面积与直射日光成直角,实际上树冠的平均温度与大气温
度接近。但是如果水分缺乏到使气孔关闭的程度,因而阻止了叶子通
过蒸腾而冷却时,叶温就可以高出大气温度很多。

温度在光合作用最适温以下时,也可使 Pn 降低。低温除了对光
合有直接影响外,低于−1.3℃的叶温可引起生理变化,甚至导致 PSI
系统的损伤,这种变化可使 Pn 长时间的减低。

第四节　栽培因素对光合作用的影响

一、植保药剂的影响

在彩叶植物的配置栽培中难免会出现海棠与桧柏同地块或临近
配置的现象,尤其是观赏海棠应用量剧增的今天。生长季节出现病虫
害会使用保护性农药,这些农药除了对病菌与害虫有控制作用,对观
果彩叶植物生理同样也有伤害。几种农药如波尔多液、石灰硫磺等对
果树的光合作用都有明显的抑制作用,对观果彩叶树种也会造成呈
色的影响。前人研究已发现,DDT 可刺激幼叶的呼吸而抑制成叶的呼
吸。有机杀虫剂,如杀螨特、三氯杀螨砜(Chlorodifon)也可使叶子干重
减轻。Heinicke 研究含磷杀虫剂的影响,发现二嗪农对树体 Pn 的减
低作用最大,其次为乙硫磷(Ethion)与谷硫磷(Guthion)。

有机的杀菌剂对植物 Pn 也有影响。如克菌丹、多果定 dodine、福

美铁(ferbam)、果绿定(glyodin)等。Ayers and Barden 1975 测定了 38 种常用农药,发现其中有 2 种可以增高植物 Pn,有 10 种可降低 Pn。已发现油剂与乳剂浓度大的,一般都可降低 Pn。苯菌灵喷一次对叶子 Pn 无影响,多次喷施可使 Pn 减低。苯菌灵对于离体叶绿体的希尔反应有抑制作用。

Sharma 等发现,多次喷施开乐散(dicofol)可降低苹果树的 Pn;二嗪农(diazinon)、灭多虫(methomyl)与三环锡(Plictran)喷布 5 次后对 Pn 与 Tr 有抑制作用。

葡萄上应用杀菌剂后可减低叶子的光照 500~200Lx,而 5% 的石硫合剂或其他杀菌剂当用量多时,可降低光照 1000Lx。许多农药阻碍了叶肉细胞栅状组织的发育。石油制剂应用后还可引起代谢的紊乱,它可渗入组织内抑制光合。油剂容易在叶面上沉积也与它的危害有关。油剂通过气孔渗入到组织内,机械性阻碍气体交换。油剂抑制的程度与时间长短则决定于油类沉积的数量及消散的快慢。这些特性又与油类的沸点与挥发性有关。

根据以上资料可以看出,农药可能通过以下几种方式影响植物的光合作用:(1)机械的堵塞气孔,阻碍 CO_2 的扩散;(2)改变叶子的光学性质,如减低光强、改变叶子反射率等;(3)改变叶子的热平衡,如有色物质的冷却效应与暗色物质的温暖效应等;(4)吸收进去的化合物对叶子代谢作用产生干扰;(5)形态解剖学方面的改变。

二、除草剂等

除草剂、抗蒸剂和生长调节剂等对植物光合也有影响。乳蜡质的抗蒸剂可以在叶面上形成一层薄膜,使水汽不能通过,从而增大了叶子的水势,减低了蒸腾。Waller 与 Ferre(1978)证明,抗蒸剂(Vapor Gard 0.25%~2.0%)在室内应用可降低植物 Pn 与 Tr 1~7 天。当水分低时,2.0% 的浓度可显著降低 Pn 与 Tr。生长调节剂中 NAA 对果树表观光合作用的降低作用,因浓度与应用时期而变化很大,8月间施用的影响较大, 可使叶面积干重降低。Grochowska 与 Lubinska 1973 也证明 GA 喷后可增高果树未结果短枝叶片的呼吸约 25%。Dozier 与 Barden 报告乙烯利浓度达 4000mg/kg 时,对叶子的扩展与叶子数目都有减低作用,并使叶子早落。Love 与 Barden(1979)证明苹果树用化学摘心剂 PP-528 后,在元帅上可减低 Pn,它的作用主要通过对气孔开口的影响。用 80mg/kg 的 PP-528 喷射元帅苹果两天后,Pn 与蒸腾都明显下降,而气孔阻力则提高。PP-528 喷于枝条基部的叶子上,可引起枝条顶点枯死。

在除草剂中灭草隆对植物的 Pn 降低作用最大,其次是阿特拉津与西玛津,2,4-D 可减低叶子的 Pn。除草剂对彩叶植物的危害因药品性质、使用剂量、使用时间及次数,植物品种、树龄、叶龄以及土壤类型与气候条件有关。同时, 除草剂还有可能形成彩叶植物变色效应,如甲草胺处理可增加花色素普含量,而用氟乐灵或伏草隆处理均抑制花色素苷的积累(Nemat-Alla MM,1995)。

关于大气污染对植物光合的影响也有很多研究。室内试验证明 O_3 与 SO_2 都可引起植物叶子受伤。植物在 O_3 中,可引起叶绿素破坏,栅状组织与海绵组织的细胞分解。由 O_3 引起的外观与解剖上的伤害可以用抗氧化剂二苯胺或抗蒸剂处理,使之减轻。

三、树形树体

小型彩叶植物树体的光合效率通常比大型树高, 原因是其个体由于对光合辐射的截获量比较多, 同时树的表面积与树体积之比也比较高。

有研究证明矮化苹果树的树冠只有 8% 的部分得不到充分的 PAR,而标准型的苹果树冠中则有 27% 的部分,所得到的 PAR 不足以保证果实生产。

　　彩叶植物树体的整形修剪更适合通风透光，有利于得到充分的
PAR,如果用摘心方法整成紧凑型的树冠,内部区域的叶子的平均 Pn
比外部区域的约低 4 倍,与整成疏松树冠的内部的叶子相比,则约低
2.5 倍。发现纺锤形丛生状的树生产力最大 Pn 最高。这些证据都说明
树的体积与树形的改变,对彩叶植物 Pn 与呈色有很大影响。

　　通过整形修剪、增加光照和其它技术措施提高美国红栌叶片中
PAL 的酶活性,增加叶片中可溶性糖、蛋白质等内含物的含量,进而
使美国红栌叶片中花色素苷含量、使花色素苷与叶绿素的比值增大
或许是呈现其红色的方式之一。

四、矿质元素

　　矿质元素可以直接或间接地影响光合。矿质元素可以是酶或色
素体系的成分，或是一催化剂。它也可以影响膜的透性与气孔的运
动,或者改变叶子结构与体积。因此彩叶植物育苗期的施肥常常可以
改进彩叶的 Pn,促进生长或提高花色素苷含量,实现良好呈色水平。
当必要元素缺乏或在临界水平以下时，常常影响到光合活动。据
Childers 与 Cowart 研究报告，乔本植物在沙基培养中如果除去了氮
素,则使 Pn 减低 63%, Tr 减低 31%,叶面上气孔较多,但反应迟钝,
叶绿素含量低。当除去磷素或钾素后,影响就比较小。观赏海棠增施
磷肥后,则叶子体积增大,栅状细胞发达,气孔数目减少,净光合与蒸
腾的比率得到改善,果实美丽。缺钾与缺磷,都影响了光合过程中的
能量传递,因此也降低净光合率。

　　微量元素对光合活动也有重要作用。微量元素缺乏常常影响许
多酶的活动。如缺镁则叶绿素含量低，胡萝卜素与叶绿素的比率变
高, Pn 减低;锰也是某些酶的活化剂,缺锰则桐树叶子变小,总的光
合生产降低。铜严重时叶子的光合只为对照的 20%,缺锌叶子的光合
为对照的 38%。

金属离子可以单独或与辅助色素一起同花青素苷形成络合物，延长花青素苷的半衰期，影响花青素苷呈色（Toyama-Kao et al，2003），并且能够缓解高温对花青素苷合成的影响（Shaked-Sachray et al，2002）。缺氮、缺磷或二者同时缺少时，可以导致花青素苷增加（Rajendran et al，1992）。

第五节　彩叶植物光合速率变化规律

一、光合速率日与季节变化规律

彩叶植物的光合作用受制于内部与外部的各个方面影响，对于彩叶植物的光合作用变化规律会因条件差异而出现不同。有时仅一个手段的变化也会导致光合作用的 Pn 规律发生变化，如红叶桃叶全光照下净 Pn 日变化均表现双峰曲线，存在光合"午休"，而遮荫下"午休"现象消失。因此，遮荫可减轻红叶桃光抑制，但不利于红叶桃光合积累和叶片彩色的呈现（张斌斌等，2010）。此外，不同植物种类的 Pn 日变化与 Tr 日变化规律或许不一致。王泽瑞、汪天（2011）发现，紫叶李、紫叶小檗、红花檵木三种彩叶树种光合 Pn 曲线都是双峰型的，有午休现象；而 Tr 日变化曲线为单峰型，无明显蒸腾"午休"现象，所以断定这三个树种属于蒸腾非"午休"型树种，且紫叶李 Tr 远高于红花檵木和紫叶小檗，属于强蒸腾型的彩叶树种。

庄猛等（2006）发现，5月份，紫叶李和红美丽李的净光合速率日变化均为双峰曲线；9时两品种均出现第1个高峰；紫叶李11时、红美丽李13时达到光合低谷；15时两品种同时达到第二高峰，均有光合"午休"现象。并且一天中紫叶李的Pn值始终低于红美丽李。同时，紫叶李与红美丽李的蒸腾速率日变化也均为双峰曲线，也有蒸腾"午休"现象。9时和15时分别出现峰值，10时之前紫叶李高于红美丽李,此后低于红美丽李,17时时二者接近。

　　大量试验说明,一是不同的彩叶植物种类之间光合效率存在差异,峰型不一;二是蒸腾速率与光合效率日变化并非趋势一致;三是彩叶植物的光合 Pn 普遍低于同类的绿色叶品种 Pn;四是不同季节的同种彩叶植物 Pn 存在差异,如在8月、9月,黄栌 Pn 高于美国红栌,4月及11月无差异,其余月份美国红栌 Pn 又高于黄栌,整个 Pn 变化趋势中以7月两者峰值最高,红栌值为 $17\mu mol\ CO_2\ m^{-2}\cdot s^{-1}$ 左右,黄栌 $14\mu mol CO_2\ m^{-2}\cdot s^{-1}$ 左右(姚砚武、周连第、李涉英,2000)。此外,有些树种如美丽李(绿叶品种,)春季 Pn 双峰,而8月份 Pn 变为单峰日变化趋势。季节变化中,彩叶植物 Pn 高峰多数在6月下旬至8月之间。此外,同种类不同品种间 Pn 也不一样,红叶石楠的几个品种日均 Pn,如小叶石楠、火艳石楠、红罗宾石楠分别为 $8.08\mu mol\ CO_2\ m^{-2}\cdot s^{-1}$、$4.97\mu mol\ CO_2\ m^{-2}\cdot s^{-1}$、$3.65\mu mol CO_2\ m^{-2}\cdot s^{-1}$(王泽瑞、汪天,2011)。

　　一般状况下,早春彩叶植物叶片刚刚展开,光合机构可能不尽完善加之气温较低使 Pn 表现较低;晚秋的 Pn 值下降更主要的原因是由于外界环境光强、日长、叶温及叶面积等都在减低的缘故。有时,彩叶植物与同种类绿色叶植物的光合差异还会因产物运输和转化不畅所致,如紫叶李与红关丽李光合能力的差异并不是光合色素含量差异造成的,而可能是紫叶李叶片光合产物运输和转化不畅所致(庄猛、姜卫兵、花国平,2006)。表5-2是常见几种彩叶植物光合指标值。

二、观赏海棠王族与红叶乐园(B_9)光合特性的比较试验

　　彩叶植物在园林景观配置中的作用地位已经显得越来越明显与重要。不同的彩叶植物种间存在光合差异,不同的配置方式可能会影响其光合生理的营养需求,进而对彩叶植物的呈色状态、果实的色泽产生影响。

表5-2 几种彩叶植物种类(品种)光合主要指标比较

序号	植物名称	Pn 日均值 μmolm⁻²s⁻¹	光补偿点(LCP) μmol CO₂ m⁻²s⁻¹	光饱和点(LSP) μmol CO₂ m⁻²s⁻¹	Pn 日变化峰型	测定仪器	资料来源
1	红花檵木 Loropetalumn chinense var. rubrum	1.54*, 1.77, 2.95	17.53, 39.07	1 000, 1400	双峰	LI-6400	王立新,田丽,2010；王泽瑞,汪天,2011；甘德欣,王明群,等,2006
2	黄叶假连翘 Duranta repens cv. 'Dwarf Yellow'	1.09*	17.55	2 000	单峰	LI-6400	王立新,田丽,2010
3	红叶桃 Prunus persica. f atropurpurea, Red-leaf peach	6.94(春), 6.52(夏),	47(春),70(夏), 134(秋)	1300(春),1450(夏), 1200(秋)	双峰	CIRAS-1	姜卫兵,庄猛,沈志军,2006
4	绿叶桃(白芒蟠桃,Prunus persica,Green-leaf peach)	11.64(春),8.12 (夏)2.52(秋)	25(春),51(夏), 150(秋)	1289(春),1340 (夏)1000(秋)	双峰	CIRAS-1	姜卫兵,庄猛,沈志军,2006
5	紫叶李(Prunus cerasifera Ehrharf atropurpurea Jacq)	3.77*6.28(春) 8.42(夏) 2.71(秋)	55.00*55(春),64 (夏),131(秋)	1500*1537(春) 1767(夏),1200 (秋)	双峰	LI-6400;CIRAS-1	王泽瑞,汪天,2011;庄猛,姜卫兵,末宏峰,2006
6	普通李树 (红美丽李,Prunus salicina Lindl,Green-leaf plum)	7.03*8.54(春), 9.88(夏), 2.65(秋)	47.00*47(春),74 (夏),147(秋)	1500*1250(春), 1440(夏),800 (秋)	双峰(8 月份单峰)	LI-6400	王泽瑞,汪天,2011;庄猛,姜卫兵,末宏峰,2006
8	红叶石楠 Photinia×fraseri (Photinia fraseyri Dress) 蔷薇科石楠属杂交种的统称	8.08(小叶石楠),4.97(火艳石楠),3.65(红罗宾石楠)	59.26~745.75.6*	866.94~1620.5, 1471*	双峰	LI-6400; CI-340; CIARS-1	王泽瑞,汪天,2011;郭丽,刘坤等,2010;张聪颖,方炎明等,2011;曹晶,姜卫兵,2006

表5-2 几种彩叶植物种类（品种）光合主要指标比较（续表1）

序号	植物名称	Pn日均值 μmolm^{-2}s^{-1}	光补偿点(LCP) μmol CO_2 m^{-2}s^{-1}	光饱和点(LSP) μmol CO_2 m^{-2}s^{-1}	Pn日变化峰型	测定仪器	资料来源
9	紫叶小檗 Berberis thunbergii cv. Atropurpurea	3.53			双峰	LI-6400	王泽端,汪天,2011
10	中华红叶杨 Populus ×euramericana cv. Zhonghuahongye	11.57*			单峰	LI-6400	吴瑞云,王泽端,汪天,*2011;吴玉冰,石雷,吴玉厚,2009
11	普通杨树 Populus	18.04*			单峰	LI-6400	王泽端,汪天,*2011
12	美人梅 Prunus blireana 'Meiren'				双峰		
13	金边黄杨 Euonymus japonicus L. f. aureo-marginatus Rehd.	15.20*6.96 (max)**	37,27.58**	200,968.04**	单峰,双峰**	LI-6400	庄猛,姜卫兵等,2006;李映雪,谢晓金等,2009
14	大叶黄杨 Euonymus japonicus L.	25.27*	43	1 000	单峰	LI-6400	庄猛,姜卫兵,花国平,2006;*依据文章数据转换
15	B$_9$	13.05	64	1412	单峰	CIRAS-1	张光弟等,2007
16	N$_{29}$	20.48(max)	127	1380	单峰	CIRAS-1	张光弟等,2007
17	海棠(王族) M. 'Royalty'	17.02	305	1450	单峰	CIRAS-1	张光弟等,2007
18	新疆野苹果 M. sieversii L.	2.7 PAR(2056)	343	1500	单峰	CIRAS-1	张光弟等,2007
19	柽柳 Tamarix ramosissima	3.069			单峰	GFS-3000	李怡,刘发民

王族(*Malus* 'Royalty')属蔷薇科苹果属,是花、叶及果实均为紫红色的欧美海棠品种。

红叶乐园（Malling8×Red Standard, Budagovsky system, Bud-9 或 B₉)属蔷薇科苹果属,具有高的抗茎腐、耐低温及对潜伏病毒的抗性。具有观花、观果、观叶特点,适应园林景观配置应用。

(一)试验材料与方法

1. 试验材料

采用王族(基砧,新疆野苹果)的移栽第 2 年圃地苗。红叶乐园的高干(基砧干高 1.5m 左右,为新疆野苹果 *Malus sievesii* L.3 年生)嫁接移栽第 2 年圃地苗。

2. 试验方法(同 B_9/N_{29})

(1)王族、红叶乐园的光合作用日变化测定(同 B_9/N_{29})

(2)王族、红叶乐园光合作用的光响应曲线测定(同 B_9/N_{29})

(二)结果与分析

1. 王族、红叶乐园光合作用日变化特点

为直观表明王族、红叶乐园光合作用测定因子的日变化特点,根据测定值绘制图 5-7、图 5-8 供参考。

王族、红叶乐园的光合速率 Pn 在一天内的变化很大,尽管在测定日上午 8 时的大气 Ca 值较高(图 5-7)和叶内水分充足,但是由于 PAR 和空气温度($AT.$)相对较低(图 5-8)所以光合作用不高。对王族、红叶乐园的光合日变化的趋势(图 5-9)分析认为,两者的光合日变化规律基本相似,呈现单峰曲线。两者 Pn 高峰出现在上午的 10 时左右。

红叶乐园在 8~10 时的 Pn 值略高于王族;10 时以后的测定时段内 Pn 又低于王族。峰值时红叶乐园的光合速率 $Pn=17.81\mu mol\ CO_2 \cdot m^{-2} \cdot s^{-1}$ 较王族的 Pn 高出 5.95 百分点,10 时以后红叶乐园的光合速率均值为 9.861μmol $CO_2\cdot m^{-2}\cdot s^{-1}$ 较王族又低了 11.1 百分点。王族的 Pn 日变化过程中,10~12 时降幅迅速,12 时~16 时以后较平稳下降,16 时以后才第二次明显下降,显然有别于红叶乐园的一降不起变化态势。王族的日均光合速率 Pn 为 17.02μmol $CO_2\cdot m^{-2}\cdot s^{-1}$ 较红叶乐园(13.05μmol $CO_2\cdot m^{-2}\cdot s^{-1}$)高出 30.44 百分点。

从王族、红叶乐园的蒸腾速率日变化曲线(图 5-10)中可以直观看出,蒸腾旺盛的时间段出现在 13 时左右。Tr 随大气温度(A.T.)上升(图 5-8)而增大,13 时的红叶乐园的 Tr 达日峰值,约为 3.60 H_2Ommol$\cdot m^{-2}\cdot s^{-1}$。王族的 Tr 从 12 时至 16 时一直在高水平下,此期间的均值较红叶乐园的峰值(13 时)还高出 33.7 百分点。

对胞间 Ci 的日变化观测发现,红叶乐园在上午 10 时的 Pn 较王族的高,此时红叶乐园 Ci 较王族低 7.48 百分点(图 5-11)。红叶乐

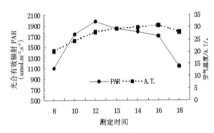

图 5-7　指标测定日空气 CO_2 浓度(Ca)及相对湿度日变化

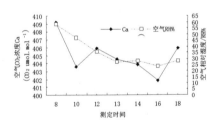

图 5-8　指标测定日光合有效辐射及气温日变化

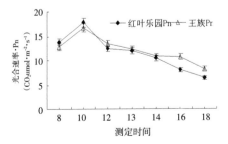

图 5-9　王族、红叶乐园的光合日变化

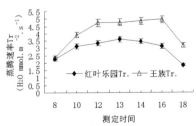

图 5-10　王族、红叶乐园的蒸腾速率日变化

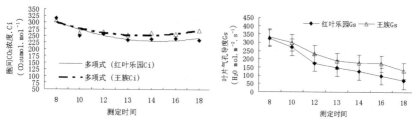

图 5-11　王族、红叶乐园的胞间 CO_2 浓度
日变化多项式拟合趋势图

图 5-12　王族、红叶乐园的
气孔导度(Gs)的日变化

园、王族的胞间 Ci 呈现下降趋势,红叶乐园降幅大于王族。两者胞间的 Ci 变化在测定时区内多项式拟合可以表达为 $Ci-Bud9=3.975t^2-41.861t+340.81$,$R^2=0.8232$;$Ci-王族=3.6167t^2-33.548t+329.06$,$R^2=0.7898$。胞间的 Ci 与时间之间的相关性显著。

　　王族、红叶乐园的叶片 Gs 随日测定时间区段内变化的线性回归方程分别表示为:红叶乐园,$Gs-B_9=-41.507t+339.1$,$R^2=0.9263$;王族,$Gs-Royalty=-32.729t+349.4$,$R^2=0.9307$。两品种叶片 Gs 与时间之间的相关性显著。红叶乐园、王族的 8 时至 10 时的 Gs 变化规律与 Pn 变化特点相吻合。王族表现出低 Ls(图 5-13)、高的 Gs、Tr 及较高的 Pn 特点。而红叶乐园的高 Ls、低的 Tr 特征。

　　对王族、红叶乐园的的 CE 日变化(图 5-14)的分析认为,2 个彩叶树种的羧化效率日变化趋势与其光合日 Pn 变化的趋势相吻合,羧化效率的高峰值也出现在上午的 10 时左右。而 10 时红叶乐园的 CE

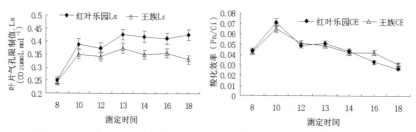

图 5-13　王族、红叶乐园的
气孔限制值(Ls)的日变化

图 5-14　王族、红叶乐园的
羧化效率日变化

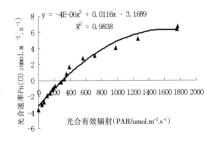

图 5-15 王族的
Pn-PAR 响应曲线

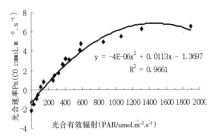

图 5-16 红叶乐园的
Pn-PAR 响应曲线

比王族高出 2.7 百分点,但日平均 CE 值都为 0.046。总体来说,王族较红叶乐园能够维持更高的 Pn 和一致的 CE 状况。

2. 王族、红叶乐园的 $Pn-PAR$ 响应特点

对王族、红叶乐园的 $Pn-PAR$ 数据与图 5-15、图 5-16 的曲线分析认为:2 品种种间表观量子效率(AQY)值也存在差别。由于 AQY 在一定程度上可以体现植物光合作用时对弱光的反应能力。

AQY 值较大说明对弱光的反应与利用能力较强。PAR 在 0~600$umol.m^{-2}.s^{-1}$ 范围内的两者 $Pn-PAR$ 线性回归方程为:

王族,$Pn-$'Royalty' y= 0.007x−1.5611,R^2=0.8685;AQY−Royalty= 0.007。

红叶乐园,$Pn-B_9$ y =0.0085x−0.7182,R^2=0.9499。$AQY-B_9$=0.0085。AQY 值为 $AQY-Bud_9 > AQY-$Royalty,Bud_9 的 AQY 高 Royalty 17.6 个百分点。

LCP、LSP 是对植物适应弱光或强光能力的表达。其中 LCP 是指植物在低光强下保持净光合速率的能力,其因植物种类不同等因素而不同,是植物利用弱光的极限值。

红叶乐园、王族的 $Pn-PAR$ 响应关系显著。通过方程得知光补偿点 LCP 值为:$LCP-B_9$=127 $CO_2\mu mol\ CO_2\cdot m^{-2}\cdot s^{-1}$;$LCP-$Royalty=305 $CO_2\ \mu mol\ CO_2\cdot m^{-2}\cdot s^{-1}$,说明了 B_9 的弱光适应能力好于王族。通常植

物的 Pn 随光强(PAR)的增加而上升,当达一定光强后则 Pn 不再增高,也即达到了光的饱和点 LSP。不同品种的 LSP 有区别,表明对光强的适应与利用能力的差异。LSP-B_9= 1412 CO_2 $\mu mol \cdot m^{-2} \cdot s^{-1}$;$LSP$-Royalty. =1450 CO_2 $\mu mol \cdot m^{-2} \cdot s^{-1}$,王族仅比红叶乐园高出了 2.6 个百分点,表明二者的高光利用能力相近。

在弱光和暗光下,Royalty 的呼吸速率(Respeiration rate)=5.2411 $\mu mol CO_2 \cdot m^{-2} \cdot s^{-1}$。红叶乐园的呼吸速率=1.3697 $\mu mol CO_2 \cdot m^{-2} \cdot s^{-1}$,Royalty 的呼吸速率比红叶乐园高出了 74 个百分点,从二者光合日变化均值到呼吸速率的变化分析,可以初步认定,Royalty 较红叶乐园来具有较高的 Pn 日均值和较大的呼吸速率。

3. 讨论

(1)红叶乐园的光合日变化趋势呈现单峰曲线,高峰值出现在上午的 10 时左右。并表现为"一降不起"。显然有别于 Royalty 的日 Pn 变化态势。Royalty 的日均 Pn 为 17.02 $\mu mol CO_2 \cdot m^{-2} \cdot s^{-1}$,较红叶乐园(13.05 $\mu mol CO_2 \cdot m^{-2} \cdot s^{-1}$)高出 30.44 个百分点。红叶乐园、Royalty 的 8 时至 10 时的 Gs 变化与光合 Pn 日变化相吻合。王族体现出低 Ls、高的 Gs、Ci、Tr 及较高的 Pn 特点;而红叶乐园表现出高 Ls、低的 Tr 特征。Royalty 较红叶乐园能够维持更高的 Pn 和一致的 CE 值。

(2)表观量子效率(AQY)值为 AQY-Bud_9>AQY- Royalty,Bud_9 的 AQY 高出 Royalty 的 AQY 值为 17.6 百分点。预示红叶乐园的弱光利用能力比王族强。

LCP-B_9=127 CO_2 $\mu mol \cdot m^{-2} \cdot s^{-1}$;

LCP-Royalty=305 CO_2 $\mu mol \cdot m^{-2} \cdot s^{-1}$,

说明 B_9 的弱光适应能力好于王族。

LSP-B_9=1412 CO_2 $\mu mol \cdot m^{-2} \cdot s^{-1}$;

LSP-Royalty =1450 CO_2 $\mu mol \cdot m^{-2} \cdot s^{-1}$。

王族仅比红叶乐园高出了 2.6 个百分点，表明二者的高光利用能力相近。王族的呼吸速率比红叶乐园高出了 74 个百分点，从二者光合日变化均值到呼吸速率的变化分析，可以初步认定，Royalty 较红叶乐园来具有较高的 Pn 日均值和较大的呼吸速率。不像红叶乐园那样属于"开源节流"的品种。

三、矮化型观赏植物红叶乐园(B_9)/景观柰 29(N_{29})

B_9、N_{29} 是苹果矮化砧，但具有良好的观花、观果、观叶的特点和抗逆性，其中 B_9 还具备彩叶植物的观赏特性并具备应用于微景观配置、分车带的优势而开始被逐步采纳。刘飞虎等对 4 种野生报春花的光合作用特性的研究发现，不同的种间的 Pn、Tr 日变化呈现单峰曲线并存在高低的差异，体现了种间的特点，表明种间对光的利用能力存在差别。说明了在植物引种、景观配置中应考虑的耐阴性问题。王中英对 M_9(Malling 系列矮化砧木的一种)自根砧矮化红星苹果树的光合日变化的研究已经发现，其光合日变化曲线呈现单峰状态，且 Pn 值高于乔砧红星苹果树，而中间砧红星苹果树则呈现出双峰态势，且光合速率的最高值出现在上午的 10 时左右，说明苹果矮化中间砧的应用对树体光合生理有影响，进而影响到产量。在干旱条件下，板栗的 Pn 的最高值提前出现，表明环境条件的变化也影响着植物的光合生理指标。而对 B_9、N_{29} 的光合指标的研究，旨在为苹果的矮化栽培和拓展在景观配置中应用提供理论依据。

(一)材料与方法

1. 材料

采用 B_9(Budagovsky, Bud-9)、N_{29}(*M. prunifolia* Borkh.)的高干(干高 1.5m 左右)嫁接移栽苗，(高干基砧为新疆野苹果，3 年生)。对照使用新疆野苹果(*M. sieversii* L.)实生苗。供试苗木均为圃地移栽后第二年。选择群体中生长势中等的植株,每砧类三株。

2. 方法

用英国 PP System CIRAS-1 型便携式光合测定系统测定 B_9、N_{29} 基于叶温(TL,℃)的净光合速率(Pn /μmolCO$_2$·m^{-2}·s^{-1})、光合有效辐射(PAR,μmol·m^{-2}·s^{-1})、蒸腾速率(Tr,mmol·m^{-2}·s^{-1})、气孔导度(Gs,mmol·m^{-2}·s^{-1})、空气 CO$_2$ 浓度(Ca,umol·mol^{-1})、细胞间隙 CO$_2$ 浓度(Ci,μmol·mol^{-1})和呼吸速率(Respeiration rate)等指标,测定叶面积 2.5cm^2。数据分析采用 excel 等软件完成。

(1)B_9、N_{29} 光合作用日变化测定

5 月下旬(5 月 29 日晴天,偶见云),分别选择 B_9、N_{29},新疆野苹果每砧种 3~4 株,取树冠中部向阳发育营养生长枝条(30cm 左右),自枝条基部选第 4~7 片功能叶(中部叶片)挂牌(每株 3 叶)进行光合日变化测定。自 8 时至 18 时每隔 2 小时测定一次,其中中午 11 时至 14 时每 1 小时测定一次。每叶记录 2 次稳定后的数据。

(2)B_9、N_{29} 的光合作用的光响应曲线测定

同月内选择晴天中午。利用自然光,以不同层纱布对测叶的叶室遮光控制照射到叶室上的光强度,测定 B_9、N_{29} 的光合响应指标,每改变 1 次光强,待 CO$_2$ 稳定后记录结果,然后再改变光强。测定日平均气温 32.5℃,其他环境指标见文中图 5-17、图 5-18。每砧类测定 3 叶,取其平均值做曲线加以分析。利用 PAR 在 0~600 μmol·m^{-2}·s^{-1} 范围内的数据,采用线性回归计算 Pn-PAR 的曲线斜率,得到表观量子效率(Appraent quantum yield,AQY)。光响应进程用 $Pn = aPAR^2 + bPAR + c$ 方程拟合,求出光补偿点(Light compensation point,$LCP.$)和光饱和点(Light saturation point,$LSP.$)。

(二)结果与分析

1. B_9、N_{29}光合作用日变化特点

对 B_9、N_{29} 的光合日变化的趋势(图 5-17)分析认为,B_9、N_{29} 和新疆野苹果(sieve.)的光合日变化趋势呈现单峰曲线,高峰出现在 10 时左右。除 8 时的 sieve. Pn 居 N_{29}。

B_9 的 Pn 值之间,其余各测定时点值均小于 N_{29}、B_9 的 Pn 值;三者光合速率 Pn 为 N_{29}>B_9>sieve。以 sieve.为对照,峰值时 N_{29} 的 Pn= 20.48 $\mu molCO_2 \cdot m^{-2} \cdot s^{-1}$,较 sieve 的 Pn 高出 21.78 百分点,表明其光合系统对环境(强光及湿度变幅)的适应性相对较强。B_9 的光合速率值较 sieve 的光合速率高出 6.32 百分点。B_9 较 $N_{29}Pn$ 峰值时段低约 15 个百分点。12h~13h.期间的 N_{29}、B_9 的 Pn 变化较为稳定,N_{29} 略显"抬头",13 时后开始下降。B_9 的 Pn 则为"一降不起";而 sieve 在 12~14 时期间的 Pn 变化平稳,14 时有再升现象而后开始下降。3 砧类均体现出明显的"午休"或称"日中低落"现象,N_{29}、sieve.呈现不十分明显的第二峰特点,但显然有别于 B_9 的日 Pn 特点。从 B_9、N_{29} 和 sieve.的蒸腾速率(Tr)日变化曲线(图 5-18)中可以直观看出,蒸腾失水的旺盛的时间段出现在 13 时左右。Tr 随空气温度(A.T.)上升而增大,有滞后现象。种类间存在差别。以 N_{29} 的 Tr 值最高,值为 4.717 $H_2Ommol \cdot m^{-2} \cdot s^{-1}$,$B_9$、sieve.的 Tr 值从 10 时至 15 时的变幅不大,13 时的 B_9 的 Tr 值为 3.60 $H_2Ommol \cdot m^{-2} \cdot s^{-1}$,略高于 sieve. 的 2.968

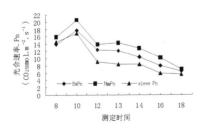

图 5-17　B_9、N_{29} 和新疆野苹果的
光合日变化图

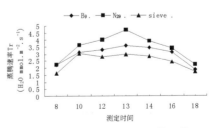

图 5-18　B_9、N_{29} 和新疆野苹果的
蒸腾速率日变化

$H_2Ommol \cdot m^{-2} \cdot s^{-1}$。

对胞间CO_2浓度（Ci）的日变化观测发现，尽管B_9在上午8时的光合速率Pn较N_{29}的低，但是此时的Ci较N_{29}的Ci高出7.48百分点（图5-19），光合峰值时又低3.5百分点。8时至10时，随光合速率的加强，B_9、N_{29}、Sieve的Ci呈现下降趋势，降幅最大的是B_9。sieve的Ci始终在相对较低的水平下变化。除B_9外，N_{29}，sieve的Ci变化在测定时区内呈现逆向抛物线。此外，sieve的气孔导度（Gs）小于B_9、N_{29}（图5-20）。Gs随日时间变化的线性回归方程分别表示为：sieve，$Gs-sieve=-26.321t+227.43$，（$R^2=0.8061$）；B_9，$Gs-B_9=-41.507t+339.1$，（$R^2=0.9263$）；N_{29}，$Gs-N_{29}=-47.629t+405.77$，（$R^2=0.9333$），相关性均显著。

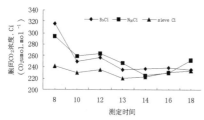

图5-19　B_9、N_{29} and *M sieve*.胞间 CO_2浓度的日变化 　　　图5-20　B_9、N_{29} and *M sieve*. 气孔导度（Gs）的日变化

除B_9外，N_{29}、sieve. 的8时至10时的Gs变化与光合Pn日变化相似。然而sieve. 的气孔限制值Ls大于B_9、N_{29}（图5-21），体现出sieve.种类的低Gs、低Tr及高Ls的耐旱特点。

光合羧化效率（CE）值可以体现光合过程中电子传递活性及光合磷酸化的状况[①]。对B_9、N_{29}，sieve.的CE值日变化（图5-22）的分析认为，3种类的羧化效率日变化趋势与其光合日变化的趋势相吻合，羧化效率的高峰值也出现在10时左右。值得一提的是，8时尽管sieve. 的此时的Pn低于N_{29}但其CE大于N_{29}、B_9。而10时N_{29}的CE

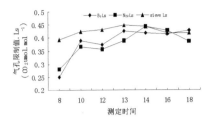

图 5-21　B$_9$、N$_{29}$ 和新疆野苹果的
气孔限制值(Ls)日变化

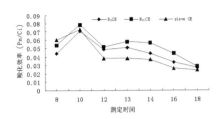

图 5-22　B$_9$、N$_{29}$ 和新疆野苹果的
羧化效率日变化

最高, sieve. 居中, 仅比 B$_9$ 高出 2.7%。但此时的 B$_9$ 光合速率比 sieve. 高出 6.32%。总体来说, N$_{29}$ 较 B$_9$、sieve 能够维持更高的 Pn 和 CE。

2. B$_9$、N$_{29}$ 光合作用测定相关因子的日变化规律

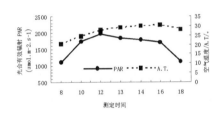

图 5-23　指标测定日光合有效辐射
及气温日变化

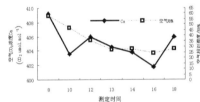

图 5-24　指标测定日空气 CO_2 浓度(Ca)
及相对湿度日变化

(3)B$_9$、N$_{29}$ 的光合作用的光响应特点

对 B$_9$, N$_{29}$, sieve 的 Pn-PAR 数据分析与图 5-25、图 5-26、图 5-27 的观察认为, 3 种类间的 Pn-PAR 响应存在较大差别; 表观量子效率 AQY 也存在差别。许大全[1]认为, 表观量子效率 AQY 在一定程度上可以体现植物光合作用时对弱光的反应能力。AQY 值较大说明对弱光的反应与利用能力较强。通过对 3 砧类光合有效辐射 PAR 在 0~600 $\mu mol \cdot m^{-2} \cdot s^{-1}$ 范围内的 Pn 正值（含 Pn=0 $\mu molCO_2 \cdot m^{-2} \cdot s^{-1}$）的 Pn-PAR 线性回归方程得到：

Pn-B$_9$.= 0.0085 PAR-0.7183, R^2=0.9593. AQY-B$_9$=0.0085;

Pn-N$_{29}$=0.0205 PAR-1.6212, R^2=0.9587. AQY-N$_{29}$=0.0205;

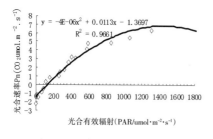

图 5-25　B₉ *Pn-PAR* 响应特点

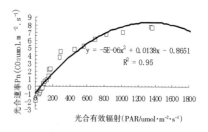

图 5-26　N₂₉ *Pn-PAR* 响应特点

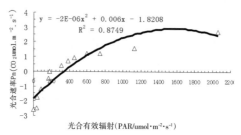

图 5-27　新疆野苹果 *Pn-PAR* 响应特点

Pn-sieve.=0.0029 PAR-0.4594,R^2=0.9594.AQY-sieve =0.0029。

方程斜率可用于代表砧类的表观量子效率（AQY），3 砧类的 AQY 值为 AQY-N₂₉>AQY-B₉>AQY-sieve，预示弱光利用能力 N₂₉>B₉> sieve。同时也说明 B₉、sieve 比 N₂₉ 的喜光性更强。

LCP 是对植物适应弱光能力的表达，即利用弱光的极限值或称植物在低光强下保持净光合速率的能力，其因植物种类不同等因素而不同[②]。而植物的 Pn 随光强的增加而上升，当达一定光强后则 Pn 不再增高，也即达到了光的饱和点 LSP。不同的种类或品种的 LSP 有区别，表明对光强的适应与利用能力的差异。

多项式方程拟合的 B₉、N₂₉，Sieve LCP、LSP 回归方程可以表达为：

LCP、LSP-B₉ Pn=-4E-06 PAR^2+0.0113 PAR-1.3697,R^2 = 0.97；

LCP、LSP-N₂₉ Pn=-5E-06 PAR^2+0.0138 PAR-0.8651,R^2= 0.95；

LCP、LSP-sieve. Pn=-2E^{-06} PAR^2+0.006 PAR-1.8208,R^2= 0.8749。

拟合方程显示,3 个种的 $Pn-PAR$ 响应相关性显著,通过方程得知：光补偿点 LCP 值为 LCP-N_{29} =64 $\mu molCO_2 \cdot m^{-2} \cdot s^{-1}$；$LCP$-$B_9$=127 $\mu molCO_2 \cdot m^{-2} \cdot s^{-1}$；$LCP$-sieve.= 343 $\mu molCO_2 \cdot m^{-2} \cdot s^{-1}$。数据表明了 N_{29} 的弱光利用能力在三者中是最强的，比 B_9 高出一倍，而 Sieve. 弱光利用能力最低。计算的光饱和点 LSP 值分别为 LSP-N_{29}= 1380 $\mu molCO_2 \cdot m^{-2} \cdot s^{-1}$；$LSP$-$B_9$=1412 $\mu molCO_2 \cdot m^{-2} \cdot s^{-1}$；$LSP$-Sieve.=1500 $\mu molCO_2 \cdot m^{-2} \cdot s^{-1}$。说明 B_9 的高光利用能力比 N_{29} 高出 2.3%；Sieve 则比 N_{29} 高出 8.6%。在弱光和暗光下，N_{29} 的呼吸速率（Respiration rate）为 0.8651 $CO_2 \mu mol \cdot m^{-2} \cdot s^{-1}$，小于 B_9 的呼吸速率（1.3697 $CO_2 \mu mol \cdot m^{-2} \cdot s^{-1}$）。

综上可知，N_{29} 的弱光利用能力在三者中是最强的，比 B_9 高出一倍；但 B_9 的高光利用能力比 N_{29} 高出 2.3%。N_{29} 较 B_9 具有高 Tr、Gs，低 Ci 品种特性。

（三）讨论

1. 综上 3 个种类的光合特点认为，B_9、N_{29}，sieve 的光合日变化趋势呈现单峰曲线，高峰值出现在 10 时左右。光合速率为 N_{29}>B_9>sieve。峰值时 N_{29} 的光合速率较 sieve 的 Pn 高出 21.78%，表明其光合系统对环境（强光及湿度变幅）的适应性较强。B_9 的 Pn 较 sieve 的高出 6.32%。同时发现 sieve.砧类的低 Gs、Ci，低 Tr 及高 Ls 的特点，这可能是 sieve. 砧类由于气孔的限制因素使其 Pn 较 B_9、N_{29} 低的原因之一。

2. 对 B_9、N_{29}，sieve 的 Pn-PAR 响应分析认为，B_9、N_{29} 的 Pn-PAR 响应关系较为相似，光补偿点 LCP 值为 LCP-N_{29} =64 $\mu molCO_2 \cdot m^{-2} \cdot s^{-1}$；$LCP$-$B_9$=127 $\mu molCO_2 \cdot m^{-2} \cdot s^{-1}$；$LCP$-sieve.=343 $\mu molCO_2 \cdot m^{-2} \cdot s^{-1}$。数据表明了 N_{29} 的弱光利用能力比 B_9 高出一倍，而 sieve. 弱光利用能力最低。光饱和点 LSP 值分别为 LSP-N_{29}=138 $\mu molCO_2 \cdot m^{-2} \cdot s^{-1}$；$LSP$-$B_9$= 1412 $\mu molCO_2 \cdot m^{-2} \cdot s^{-1}$；$LSP$-sieve.=1500 $\mu molCO_2 \cdot m^{-2} \cdot s^{-1}$。说明 B_9 的高光利用能力比 N_{29} 高出 2.3%；Sieve 则比 N_{29} 高出 8.6%。在弱

光和暗光下,N_{29} 的呼吸速率为 0.8651 $CO_2\ \mu mol \cdot m^{-2} \cdot s^{-1}$,小于 B_9 的呼吸速率(1.3697 $CO_2\ \mu mol \cdot m^{-2} \cdot s^{-1}$)。$N_{29}$ 的物质积累相对高于 B_9,实际也发现 N_{29} 圃地生长量高于 B_9。

在果树的矮化栽培中使用的中间砧的光合效率会影响品种的生产能力,所以 N_{29} 可能比 B_9 更具增产潜质。在园林景观配置中,从理论上来说,在考虑光合因素时,以高干嫁接的 B_9 光合有效辐射 $PAR > 150\ \mu mol \cdot m^{-2} \cdot s^{-1}$、$N_{29}$ 的 $PAR > 100\ \mu mol \cdot m^{-2} \cdot s^{-1}$ 基本可以满足光合生理的要求,但这对它们的生殖生长、果实色泽、彩叶叶色的影响程度有待进一步验证研究。

第六章　几种主要彩叶乔灌植物品种栽培要点

通过对引种品种生物学特性与生态适应性观察试验，筛选出适于宁夏栽培的彩叶灌木品种有金枝红瑞木、金脉连翘、金山绣线菊、金焰绣线菊、金叶小檗、金红久忍冬、红心紫叶李、紫叶矮樱、金叶接骨木、红花多枝柽柳 10 个品种；观果品种有现代海棠（红丽、绚丽、雪球、王族等）、红叶乐园（B_9）、N_{29}、芭蕾系苹果（Ballerna）等多品种（系），本章逐一说明各品种植物的形态特征、生态习性、栽培要点、繁殖技术（扦插、嫁接、播种）、园林用途。

一、彩叶灌木类

1. 金枝红瑞木（*Cornns alba* L.）

山茱萸科梾木属植物。

【形态特征】落叶灌木，高 1.5 米。干直立丛生。越冬枝条金黄色，无毛，光滑，常被白粉，髓大而色白，生长季节绿色。单叶对生卵形或椭圆形，边缘具细锯齿，叶脉 5~6 对，叶表面暗绿色、背面粉绿色。花小，白色。花期 5~7 月，有香味。

【变种、变型及品种】

(1)银边红瑞木(cv. Argenteo marginata):叶边缘白色。

(2)花叶红瑞木(cv. Gonohanltii):叶黄白色或有粉红色斑。

(3)金边红瑞木(cv. Spaethii):叶缘有黄色边。

【生态习性】喜光,耐半阴,极耐寒,耐湿,也耐干旱,萌蘗力强,耐修剪。喜湿润、肥沃的土壤,根系发达,适应性强,不抗强紫外线照射。

【栽培要点】移植易在春季芽萌动前进行,移栽后需重剪。金枝红瑞木萌芽力较强,定植初期勤浇水,以后适当修剪,以保持良好树形。生长期无严重病虫害。

【繁殖技术】用播种、扦插方法繁殖。

【园林用途】金枝红瑞木枝条冬季金黄色,夏季绿色是优良的观茎、观叶、观果树种。宜丛植在草坪边缘、建筑物前或常绿树前,若与红瑞木、月季等配置在一起,更能为绿色增添景色。也常用于快、慢车道的隔离带中。

2. 金山绣线菊(*Spiraea bumalda* "Gold mound")。

蔷薇科,绣线菊属。

【形态特征】落叶小灌木,高度仅 30~40 cm。枝细长而有角棱。叶棱状披针形,长 1~3 cm,叶缘具锯齿,叶面稍感粗糙。春天发芽时,新叶小时为红色,展开后渐变为淡黄绿色,秋叶霜打后变红。花期 6~10月,伞形总状花序,粉红色。

【生态习性】喜光,耐干旱,耐寒,不耐水湿,不耐阴。喜深厚、肥沃、排水良好的壤土,在土壤酸碱度大于 8.0 的立地条件下生长缓慢。

【栽培要点】移植易在春季芽萌动前进行,移栽后需修剪。萌芽力

图 6-1 金枝红瑞木花序

图 6-2 金枝红瑞木开花状

图 6-3　金枝红瑞木叶片枝条

图 6-4 金枝红瑞木结果状

图 6-5　金山绣线菊叶片形态

图 6-5　金山绣线菊花序蕾期　　　图 6-6　金山绣线菊景观配置生长状态

较强,生长季节不宜追施氮肥,生长期无严重病虫害。

【繁殖技术】扦插繁殖为主。硬枝扦插于春季未萌芽前进行,嫩枝扦插于 6~9 月间进行,扦插成活率高。

【园林用途】金山绣线菊是良好的地被灌木,花期长,叶色美丽,群植效果特别好;夏季金黄,秋季火红,可作公路绿化分车带。由于其蓬圆整而丰满,故也可列植于园路两侧或孤植于草坪边缘。

3. 金焰绣线菊(*Spiraea bumalda* cv."Gold Flame")

蔷薇科绣线菊属,是白花绣线菊(*S. albiflora*)与日本绣线菊(*S. japon:ca*)的杂交种。

【形态特征】落叶小灌木,高度 40~50 cm。枝细长而有角棱。叶棱状披针形,长 1~3 cm,叶缘具深锯齿,叶面稍感粗糙。春天发芽时,新叶小时为黄红色,展开后渐变为淡黄绿色,秋叶霜打后变红。花期 6~8 月,伞形总状花序,紫粉红色。

【生态习性】喜光,不耐阴。喜深厚、肥沃、排水良好的壤土,不耐水湿,耐干旱。在土壤酸碱度大于 8.0 的立地条件下生长缓慢。

【栽培要点】移植易在春季芽萌动前进行,移栽后需修剪。萌芽力较强,生长季节不宜追施 N 肥,生长期无严重病虫害。

【繁殖技术】播种易产生变异,扦插繁殖为主。硬枝扦插于春季未萌芽前进行,嫩枝扦插于 6~9 月间进行,扦插成活率高。

【园林用途】金焰绣线菊是良好的地被灌木,花期长,叶色美丽,群植效果好;与金山锈线菊混栽,夏季金黄,秋季火红,可作公路绿化

图 6-7　金焰绣线菊枝叶形态

图 6-8　金焰绣线菊花序生长状

图 6-9　金焰绣线菊生长状

分车带,亦可在岩石园种植。由于其蓬圆整而丰满,故也可列植于园路两侧或孤植于草坪边缘。

4. 金叶小檗(*Berberis thunbergii* DC. cv. Aurea)

为小檗科小檗属变种。

【形态特征】落叶小灌木,株高 0.5~0.8 m。多分枝广展,老枝灰褐色,粗糙;嫩枝黄绿色,光滑,具棱。叶常簇生,倒卵形或匙形,正面黄绿色、背面黄白色,全缘,短枝及叶下常有不分叉的刺。花小,白色,单生或簇生,花期 4 月。

【生态习性】喜阳,耐半阴,喜凉爽、湿润环境,耐旱,耐寒,不耐涝,在肥沃、排水良好的土壤中生长旺盛。萌蘖性强,耐修剪。

【栽培要点】移植在春季或秋季进行,苗木可裸根沾泥浆或带宿土。栽植时浇透水,并进行强度修剪,促使多发枝丛、生长旺盛。

【繁殖技术】用播种和扦插繁殖。

【园林用途】金叶小檗叶细密有刺,叶片黄色,是观叶的刺篱材料。可丛植于园路转角、岩石园、林缘及池畔,作为绿篱具有较高的防范作用,也是盆景的材料,特别是与紫叶小檗配置更佳。

图 6-10　金叶小檗(左)与紫叶小檗(右)枝叶对比

植株内含小檗碱,可提制具杀菌消炎之效的黄连素。根、茎、叶入药,茎皮可作黄色染料,果味酸甜可食。

5. 金红久忍冬(*Lonicera heckrotti*)

忍冬科忍冬属。

图 6-11　金红久忍冬枝、叶、蕾(左)及花(右)示意

图 6-12　金红久忍冬一年生枝蔓生长量(左)与群植(右)效果示意

图 6-13　金红久忍冬春季萌发状态

【形态特征】落叶缠绕藤本。树皮灰白色,片状剥离,小枝无毛,灰绿色。羽状复叶,长卵形,先端渐尖或尾尖,基部阔楔形,叶对生,浅绿,强光下黄褐色。花序顶生,花 2~3 层,每层 5~6 朵单花,单花管状花,长 2.5 cm,花金橘红色,花期 4~5 月。

【生态习性】喜光,稍耐阴,对气候条件要求不严,适应性强,喜肥沃、疏松沙壤土。忌涝,耐旱,耐寒。根系发达,萌蘖性强。

【栽培要点】以扦插繁殖为主,春季扦插成活率高,裸根移植需施用腐熟堆肥。以后不需特殊管理,仅春季作适当修剪生长不充实的枝条和冬季干枯的嫩梢,以保持树冠整洁美观;干旱季节适当浇水。

【繁殖技术】播种或扦插繁殖。

【园林用途】夏秋红果累累,且经久不落,园林中可配植于花篱旁或作护坡栽培。

6. 红心紫叶李(*Prunus cerasifera* cv.)

蔷薇科李属。

【形态特征】落叶小乔木,树干紫褐色,光滑,一年生枝条褐色,皮孔小。叶心形至卵圆形,叶缘有细锯齿,叶片薄,对生,老叶红褐色,新叶亮红紫色,单花重瓣,粉红,较紫叶李、紫叶矮樱花大,花期4~5月。

【生态习性】喜光,忌涝,耐旱,耐寒。对气候条件要求不严,适应性强,喜肥沃、疏松、肥沃的沙壤土。

【栽培要点】定植时应每穴施腐熟堆肥,一般不再追肥。以后不需特

图 6-14　红心紫叶李植株、枝、新叶生长形态示意

图 6-15　红心紫叶李强修剪(左)促发新梢(右)

图 6-16　红心紫叶李嫁接苗应用于　　　　图 6-17　红心紫叶李应用于
景观(嫁接口愈合阶段)　　　　　　　景观栽培中(花期)

殊管理,仅春季作适当修剪生长不充实的枝条和冬季干枯的枝条,以保持树冠整洁美观,夏末秋初要适当摘心,干旱季节适当浇水。

【繁殖技术】以嫁接繁殖为主,以中国李子做砧木并可高接。

【园林用途】春夏秋季枝梢叶片红色,春季花瓣为重瓣、粉红,花期较紫叶李稍晚,花繁茂。园林中可群植、孤植、列植配植于花篱旁或作护坡栽培,也可以作分车带材料植物。

7. 紫叶矮樱(*Prunus×Cistna* "*Pissardii*")

蔷薇科李属。

图 6-18　紫叶矮樱叶片、枝(左)、花(右)特点示意

【形态特征】落叶灌木或小乔木,高可达 2.5 m,冠幅 1.8~2.5 m。老皮黄褐色新皮阳面红色阴面绿色,片状剥离初生叶深红色,成熟叶常年紫红色。一年生枝条红褐色,。叶心形至卵圆形,叶缘有细锯齿,叶片较紫叶李厚,对生,老叶红褐色,新叶亮红紫色,花单朵,5 花瓣,花展直径 1.2 cm 较紫叶李小,花期迟于紫叶李。

【生态习性】喜光,耐半阴,忌涝,耐旱,耐寒,耐修剪。萌蘖性强。对气候条件要求不严,适应性强,喜肥沃、疏松、肥沃的沙壤土。

【栽培要点】高干嫁接或圃地肥水良好时,生长快,易于成形;病虫害少,是优良的彩叶植物之一。生长势优于紫叶李,抗寒性比紫叶

图 6-19　高接紫叶矮樱生长季修剪管理

图 6-20　紫叶矮樱芽接繁殖与新梢生长量示意

图 6-21　紫叶矮樱枝接繁殖(插皮接、劈接)及新梢生长量示意

李低,移植需施用腐熟基肥,夏末秋初要控肥水并适当摘心。

　　【繁殖技术】以嫁接繁殖为主,嫁接在中国李子、山杏、毛桃上的紫叶矮樱不存在越冬冻害危险。嫁接在山桃上的紫叶矮樱耐涝性较差。

　　【园林用途】可以丛植、孤植或作为树篱应用于景观配置中。

图 6-22　紫叶矮樱景观群植示意

8. 金叶接骨木(*Sam bucus Canadensis* "Aurea")

为忍冬科接骨木属植物,又名公道老、扦杆活、接骨母、舒筋树、续骨树、续骨木等。较好品种有"花叶"接骨木(*Sam bucus nigra* 'Varie sace),"金羽"接骨木(*Sam bucusracem osa* 'plum osa Aurea'),"紫云"接骨木(*Sam busus nigria* 'Thunder Cloud')。

【形态特征】落叶灌木或小乔木。树皮灰褐色,小枝无毛,皮孔密生,隆起显著,骨髓心淡黄褐色。羽状复叶,小叶 3~7,卵形、窄椭圆形或长圆状披针形,先端渐尖或尾尖,基部阔楔形,常不对称,缘具细锯齿,中下部具 1 或数枚腺齿。圆锥花序顶生,花小,白色至淡黄色,有香味。果圆形,黑紫色或红色。花期 4~5 月,果熟期 6~9 月。

【生态习性】喜光,稍耐阴,忌涝,耐旱,耐寒。对气候条件要求不

图 6-23　金叶接骨木枝(左)、叶(右)形态示意

图 6-24　金叶接骨木花、果形态示意

严,适应性强,喜肥沃、疏松沙壤土。根系发达,萌蘖性强。

图 6-25　金叶接骨越冬植株茎基抽生新梢示意

【栽培要点】裸根移植时应每穴施腐熟堆肥,一般不再追肥。以后不需特殊管理,仅春季作适当修剪生长不充实的枝条和冬季干枯的嫩梢,以保持树冠整洁美观;干旱季节适当浇水,夏末秋初要摘心。

【繁殖技术】以扦插繁殖为主,夏季嫩枝扦插成活率高。

【园林用途】金叶接骨木枝叶繁盛,春季白花满树,夏秋红果累累,且经久不落,园林中可配植于园路、草坪、林缘、水溪等处。因抗污染性强,可作工厂绿化树种。萌蘖性强,生长旺盛,也可用为落叶性的花果篱。

图 6-26　金叶接骨木景观应用列植示意－1

图 6-27 金叶接骨木景观应用列植示意 - 2

接骨木为重要的中草药,可活血消肿、接骨止痛,枝叶治跌打损伤、骨折等;根及根皮治痢疾、黄疸等;花可作发汗药,种子油作催吐剂或制肥皂。

9. 红花多枝柽柳(*Tamarix chinensis* Lnn.)

柽柳科柽柳属,又名三春柳、红筋条、观音柳。

【形态特征】落叶小乔木,树冠近圆球形,树皮红褐色,枝细长常

图 6-28 红花多枝柽柳枝叶(左)花蕾(右)形态示意

图 6-29　红花多枝柽柳开花形态示意

下垂，红紫色有光泽。叶嫩绿色，钻形或卵状披针形，背面有脊先端内弯。总状花序侧生于去年枝上者春季开花，总状花序集成顶生大圆锥花序者夏秋开花，花深粉红色，花期 4~9 月。

【生态习性】阳性树，耐强光曝晒，不耐庇荫。适应性强，耐寒，耐热，耐干，耐湿，耐盐碱土，耐沙害和沙埋。深根系，根系发达，抗风力强。萌芽力强，耐修剪和刈割。生长较快，寿命较长。

【栽培要点】柽柳须根发达，移植极易成活，可在春秋两季进行。养护管理简单，每次花谢后，应将残花剪除，并进行适当修剪，保持植株整齐美观，促进下一次花早开。

图 6-30-1　红花多枝柽柳与普通栽培柽柳色泽对比

【繁殖技术】繁殖以扦插为主，也可用播种、分株、压条等法繁殖。

【园林用途】柽柳树形

图 6-30-2　红花多枝柽柳景观应用

婆娑,枝叶纤秀,花色美丽,花期又长,具有垂柳的缠绵柔性,可为园林中的优良观赏树种。性耐修剪,可作篱垣用,也是防风固沙、护坡的优良树种。

红花多枝柽柳茎皮含鞣质,可提制栲胶。幼枝、叶可入药。

二、彩叶观果乔木类

1. 红丽(*Malus* 'Red Splender')

蔷薇科苹果属,现代海棠品种之一。

【形态特征】落叶小乔木或灌木。树态峭立,枝直立性强,树皮灰褐色,平滑树冠枝条耸立向上,枝条粗壮,红褐色或紫色。单叶互生,叶长椭圆形,红丽品种叶色较绚丽暗淡,红丽与艾京品种嫩梢相似,有绒毛,但红丽幼叶叶缘锯齿状比艾京品种略尖,基部楔形,叶缘具浅细钝锯齿,叶两面无毛,薄革质,有托叶,全缘。腋生伞形花序,重瓣,粉红比绚丽色泽略浅,红丽花期4月20日至5月初。花朵梗长2.0 cm,花萼与王族近等长,单花萼基部较王族宽,萼色较王族浅;单花朵花瓣5枚、花瓣无内凹特点,花瓣中脉内廷。红丽果期5月中旬至10月上旬,果实始终红色。果实特点:果形指数0.85,果实梗长3.9~4.36 cm,单果重1.1 g。果实花萼脱离,果实较绚丽、(艾京)品种大。

【生态习性】喜光,耐寒,耐旱,畏涝,喜肥沃土层深厚、排水良好的沙壤土。

【栽培要点】春季移植易成活。为提早成活率,大苗移植需挖大坑并施腐熟堆肥,日常管理应注意

图 6-31　红丽(*Malus* 'Red Splender')观赏果实状态

修剪,剪去枯枝、重叠枝、密枝、病枝、徒长枝、细弱枝,促使枝条均匀分布,树冠丰满美观并可依据景观需求培养树形。

【繁殖技术】多用嫁接技术繁殖,授粉树可以采用 forent、N₂₉ 等。

【园林用途】红丽树姿潇洒峭立,春花艳丽缀满枝头,秋季红果累累,是园林绿化中优良的观花、观果树种,可对植于庭园、路旁、假山石旁及溪边,也可丛植于草坪边缘、分车带。

2. 雪球(*Malus* 'Snowdrift')

蔷薇科苹果属,现代海棠品种之一。

【形态特征】落叶小乔木,树形整齐,枝直立性强,老枝黄褐色,小枝紫褐色。叶绿色有毛叶长椭圆形,先端尖,缘锯齿,尖细,叶质硬,叶面有光泽,叶柄细长。花苞粉色,花开后为白色。果小宿存,亮橘红色,直径 1cm。花期 4 月下旬,果熟期 8 月。

【生态习性】喜光,耐寒,耐干旱,忌涝,喜肥沃、深厚、排水良好的沙壤土。

【栽培要点】在春季移植易成活。为提高成活率,移栽时挖大坑并施腐熟堆肥。日常管理应注意修剪,剪去枯枝、重叠枝、密枝、病枝、徒长枝、细弱枝,促使枝条均匀分布,树冠丰满美观。

【繁殖技术】多用嫁接法繁殖。

【园林用途】花繁似锦,洁白如雪,姿态优美,适合在北方城市做观花阔叶树,是园林绿化中优良的观花、观果树种。

3. 王族(*Malus* 'Royalty')

为蔷薇科苹果属,现代海棠品种之一。

【形态特征】落叶小灌木,树皮灰褐色,小枝条深紫色。叶长椭圆形,缘锯齿,尖细,叶柄细长,新叶红色。花深紫色,重瓣。果小,成熟后果深紫色带绿晕,直径 1.5 cm。花期 4 月下旬,果熟期 6~10 月。

【生态习性】喜光,耐寒,耐旱,畏涝,喜肥沃土层深厚、排水良好

图 6-32　王族(*Malus*'Royalty')枝、叶、果实示意

图 6-33　王族(*Malus*'Royalty')果实

图 6-34　王族(*Malus*'Royalty')
景观应用纺锤形树型示意

沙壤土。

　　【栽培要点】在春季移植易成活。为提高成活率,移栽时挖大坑并施腐熟堆肥,适合培养纺锤形树型。日常管理应注意修剪,剪去枯枝、重叠

枝、密枝、病枝、徒长枝、细弱枝,促使枝条均匀分布,树冠丰满美观。该品种抗桧柏锈病。

【繁殖技术】多用嫁接法繁殖、平邑甜茶作砧木易产生"大脚"现象。授粉树可以采用 Forent、N_{29} 等。

【园林用途】该品种花、叶及果实均为紫红色,是少有的可林下配置的彩色观叶海棠品种。'王族'海棠是一个既观花、观果又观枝、叶的优秀小乔木。与其他乔化特性海棠配置应用,可以列植、群植或应用于分车带当中。

4. 绚丽(*M.* 'Radiant')

蔷薇科苹果属,现代海棠品种之一。

【形态特征】落叶小乔木或灌木,有乔化短枝特性。树皮灰褐色,平滑树冠枝条耸立向上。但是成熟功能叶柄为绿色,幼叶浅紫红色,叶柄红色。嫩梢、尖叶片正反有绒毛,4 月 20 日至 5 月初花期;50%花序中心花开,冠下部先开,短枝先开;4 月 23 日盛花期。花展直径 3.5 cm,单瓣长 1.5 cm,花梗长 2.4 cm。果期 5 月下旬~12 月,果实自幼粉红、红色。果形指数 1.1,单果均重 0.75g,花萼宿存。

【生态习性】喜光,耐寒,耐旱,畏涝,喜肥沃土层深厚,排水良好的沙壤土。

图 6-35　绚丽(*Malus* 'Radiant')枝、叶示意

图 6-36　绚丽(*Malus* 'Radiant')植株景观应用(左,分车带)、结果状(右)示意

【栽培要点】春季移植易成活。为提高成活率,移栽时挖大坑并施腐熟堆肥。日常管理应注意修剪,剪去枯枝、重叠枝、密枝、病枝、徒长枝、细弱枝,促使枝条均匀分布,树冠丰满美观,注意基角开张,控制顶端优势。应注意桧柏锈病防治。

【繁殖技术】多用嫁接法繁殖,也可用播种法,砧木可以采用平邑甜茶授粉树可以采用 forent、N_{29} 等。

【园林用途】与其他乔化特性海棠配置应用,可以列植、群植或应用于分车带当中。

图 6-37　绚丽(*Malus* 'Radiant')植株景观应用(分车带,左)开花状(右)

5. 凯尔斯(*Malus* 'Kelsey')

蔷薇科苹果属,现代海棠品种之一。

【形态特征】落叶小乔木或灌木,有乔化特点,主枝开张,越冬枝条皮紫红色。新梢长势旺,枝条开张。新叶紫红色,老叶绿色。花玫瑰红色。果实深红色,果形指数 0.80,果梗长 3.81~3.77 cm,单果重 2.7 g。该品种呈现典型的串枝花特点,花期 4 月 20 日至 5 月初花色绢紫红色,果实较"红丽"、"绚丽"均大。

图 6-38　凯尔斯(*Malus* 'Kelsey')植株生长、枝条特点示意

图 6-39　凯尔斯(*Malus* 'Kelsey')植株蕾花、果实示意

【生态习性】喜光,耐寒,耐旱,畏涝,喜肥沃土层深厚、排水良好的沙壤土。

图 6-40　凯尔斯(*Malus* 'Kelsey')分车带容土,"杯状"开心树形生长态(10a)

图 6-41　凯尔斯 *Malus* 'Kelsey'(左),与绚丽 *Malus* 'Radiant'(右),景观应用树势比较

【栽培要点】在春季移植易成活,幼龄期应注意主干立杆扶正。为提高成活率,移栽时挖大坑并施腐熟堆肥。日常管理应注意修剪,剪去枯枝、重叠枝、密枝、病枝、徒长枝、细弱枝,促使枝条均匀分布,树冠丰满美观,注意及时回缩,背上枝抬头。该品种抗病性强。

【繁殖技术】多用嫁接法繁殖。授粉树可以采用 forent、N_{29} 等。

【园林用途】可与乔化性海棠配置应用,可以列植、群植或应用于分车带当中。

6. 红叶乐园(B_9,Budagovsky syetem,bud-9 or B_9)

蔷薇科苹果属 B 系(Budagovsky syetem,Milling × Red standard)(Budagovsky)。

【形态特征】耐寒苹果矮化砧木之一,选育地为苏联米丘林园艺大学,主要有 Bud-57-490、Bud-9、Bud-54-146、Bud-57-491 等。落叶小乔木,春夏秋叶色紫红,叶片蜡质较厚,花期 4 月中旬至 5 月中旬,花娟紫红色,果实红色,9 月中旬成熟。

【生态习性】喜光,耐寒,耐旱,畏涝,喜肥沃土层深厚、排水良好的沙壤土。

【栽培要点】在春季移植易成活。为提高成活率,移栽时挖大坑并

图6-42　红叶乐园(Budagovsky syetem,bud-9 or B_9)枝(左)花(中)叶果(右)

图 6-43　修剪形成 B_9 适宜的花序数量

施腐熟堆肥。日常管理应注意修剪,剪去枯枝、重叠枝、密枝、病枝、徒长枝、细弱枝,促使枝条均匀分布,树冠丰满美观并适宜交接后培养珠帘树形。

【繁殖技术】多用嫁接法繁殖(插皮接、芽接、带木质芽接),以新疆野苹果为砧木高干繁殖。

【园林用途】群植、列植等,微景观配置。

图6-44　红叶乐园(B_9)微景观应用示意

图6-45 红叶乐园(B₉)高接植株越冬(左)、开花(中)、结果(右)示意

7. N₂₉ (LAOSHANNAIZI)〔*M. prunifolia*(Willd.)Borkh.)〕

又称子母海棠、小果海棠。蔷薇科苹果属。N₂₉是青马果树所杨进先生从山东楸子中的 32 份崂山奈子中选拔的优系。

【形态特征】落叶小乔木,春夏秋叶片绿色,枝条淡黄色,花浅粉红色,花期 4 月上旬至 5 月上旬,果实宝石绿色,成熟为黄色成熟期

图 6-46 N₂₉ 花期(左)、终花初果态(右)

8月中下旬。

【生态习性】喜光，耐寒，耐旱，畏涝，喜肥沃土层深厚、排水良好的沙壤土。

【栽培要点】在春季移植易成活。

图6-47　N₂₉果期

为提高成活率，移栽时挖大坑并施腐熟堆肥。日常管理应注意修剪，剪去枯枝、重叠枝、密枝、病枝、徒长枝、细弱枝，促使枝条均匀分布，树冠丰满美观。需配置授粉树。

【繁殖技术】多用嫁接法繁殖，以新疆野苹果、八楞海棠、平邑甜茶为砧木高干繁殖。

【园林用途】群植、列植等，也可以做砧木。果味甜而微酸，可鲜食或加工成蜜饯。

图6-48　N₂₉高接后成活休眠枝条（左）及成活生长态（右）

图 6-49　N₂₉ 列植生长态（10 年生）

8. 舞美（Maypole，英）

蔷薇科苹果属，芭蕾系苹果品种之一。

【形态特征】落叶小乔木或灌木，树态峭立，枝直立性强，小枝紫褐色或暗褐色。叶长椭圆形，缘锯齿，尖细，叶质硬买，叶面有光泽，叶柄细长，幼叶红褐色，春夏叶片深绿色。花淡红色，重瓣。果大，红色，落果现象严重。花期 3~4 月，果熟期 8~9 月。

图 6-50　舞美（*M.* 'Maypole'），花、果示意

图6-51　舞美(*M.*'Maypole')植株生长季示意(12年生,摄于青岛果树研究所)

【生态习性】喜阳光,耐寒,忌涝,喜肥沃、深厚、排水良好的沙壤土。

【栽培要点】在春季移植易成活。为提高成活率,移栽时挖大坑并施腐熟堆肥。日常管理应注意修剪,剪去枯枝、重叠枝、密枝、病枝、徒长枝、细弱枝,促使枝条均匀分布,树冠丰满美观。不抗蚜虫危害。需配置授粉树。

【繁殖技术】多用嫁接法繁殖。

【园林用途】群植,列植等。

9. 福蕊特(*M.*'Forent')

为蔷薇科苹果属。

【形态特征】常用于其它海棠品种的授粉树,树体乔化,生长较快。花期4月下旬至5月5日,花色浅粉白。果期5月中旬至10月20日。果实有五棱,花萼内陷、小、宿存;成熟果实底色金黄色,向阳面表色洋红色。果形指数0.82,梗长3.70 cm,单果重,3.0 g左右,较N_{29}果实(单果重 50~70 g)小,frent 果柄似库尔勒香梨果柄,有突凸凹感。

【生态习性】喜阳光,耐寒,耐旱,忌涝,喜肥沃、深厚、排水良好的沙壤土。

图6-52　Forent 果实的色泽季相变化示意

【栽培要点】在春季移植易成活。为提高成活率,移栽时挖大坑并施腐熟堆肥。日常管理应注意修剪,剪去枯枝、重叠枝、密枝、病枝、徒长枝、细弱枝,促使枝条均匀分布,树冠丰满美观。需配置授粉树。

【园林用途】春花艳丽缀满枝头,秋季红果累累,是园林绿化中优良的观花、观果树种,可对植于庭园、路旁、假山石旁及溪边,也可丛植于草坪边缘。与乔化性海棠配置应用,可以列植、群植或应用于分车带当中并解决相互的授粉需要。

图 6-53　Forent 观(左)、果实(右)示意

附表 1 银川市的彩叶、观花、观果、观枝灌木及小乔木植物种类(品种)

编号	植物中文名称	拉丁学名	中文别名	科属	栽培地点	品种主要习性及景观栽植状况
1	红叶小檗	Berberis thunbergii var. atropurpurea Chenault.	子檗,日本小檗	小檗科 小檗属	银川市及周边县市	引种。落叶小灌木,全光照情况下,叶常年紫红色。喜阳,耐半阴,喜凉爽湿润,耐旱,耐寒,萌蘖性强,耐修剪,幼龄树耐践踏性较差。园林用途:群植为主,色带等。
2	金叶小檗	Berberis thunbergii var. aurea		小檗科 小檗属	银川市	项目引种。落叶小灌木,全光照情况下,叶常年黄色。喜阳,耐半阴,喜凉爽湿润,耐旱,耐寒,萌蘖性强,耐修剪,幼龄树耐践踏性较差。园林用途:群植,色带等。
3	金叶女贞	Ligustrum vicaryi		木犀科 女贞属	银川市及周边县市	引种。落叶小灌木,全光照情况下,叶常年黄色。喜阳,半阴,喜凉爽湿润,耐旱,耐寒,萌蘖性强,耐修剪,不耐寒,需保护越冬。园林用途:群植,色带等。
4	金山绣线菊	Spiraea×bumalda 'Gold mound' (Spiraea japonica 'Gold mound')		蔷薇科 绣线菊属	银川市及周边县市	项目引种。落叶小灌木,新叶红色,展开后渐变为淡黄绿色,霜后秋叶变红,伞状小花粉红色。花期6~8月初。喜光,不耐阴,不耐水湿,耐干旱,分车带等。园林用途:群植,色带,分车带等。
5	金焰绣线菊	Spiraea×bumalda 'Gold Flame' (Spiraea japonica 'Gold Flame')		蔷薇科 绣线菊属	银川市及周边县市	项目引种。落叶小灌木,新叶红色,展开后渐变为淡黄绿色,霜后秋叶变红,伞状小花深粉红色。花期6~8月初。喜光,不耐阴,不耐水湿,耐干旱,分车带等。园林用途:群植,色带,分车带等。
6	金叶莸	Caryopteris clandonensis 'Worcester Gold'	莸属的一个杂交种	马鞭草科 莸属	自治区及西北地区	引种。落叶小灌木,叶片从基部到穗部叶片皆为鹅黄色,花紫色。聚伞花絮,腋生,有香气;花期8~10月。耐旱,耐寒,喜光,不耐阴,不耐水湿,萌蘖性强,耐修剪。园林用途:群植,色带。

续附表 1

编号	植物中文名称	拉丁学名	中文别名	科属	栽培地点	品种主要习性及景观栽植状况
7	金叶连翘	Forsythia koreanna 'Gold leaves'		木犀科连翘属	银川市苗圃	项目引种。落叶灌木，植株丛生状生长，枝条似普通连翘开展，多拱形下垂，先花后叶，花期3月下旬~5月初。叶金黄绿色。喜光，耐旱怕涝。园林用途：群植，孤植。
8	金脉连翘	Forthsia 'Koreanna' 'Sawon Gold'		木犀科连翘属	银川市庭院单位	项目引种。生长势与金叶连翘相似。先花后叶，叶脉金黄色，花期3月下旬~5月初。喜光，耐旱怕涝。园林用途：群植，孤植。
9	连翘	Forsythia suspensa (Thunb.) Vahl.	黄寿丹	木犀科连翘属	全国各地均有栽培	引种。落叶灌木，植株丛生状生长，枝条似普通连翘开展，多拱形下垂，先花后叶，花期3月下旬~5月初。花金黄，叶绿色。喜光，耐旱怕涝。园林用途：群植，孤植。
10	紫丁香	Syringa oblata Lindl.	华北紫丁香	木犀科丁香属变种有白丁香、紫萼丁香	全国各地均有栽培	落叶小乔木，叶绿色，花期4~5月，紫色、白色。喜阳，有较强的耐寒及耐旱性，耐瘠薄，不耐高温。园林用途：群植，孤植。
11	探春	Jasminum floridum Bunge	迎夏	木犀科茉莉属	银川市	引种。半常绿灌木，叶绿色，聚伞花序顶生，金黄色，花期5月。浆果近圆形，绿褐色。喜温暖、湿润，寒性强。园林用途：群植，孤植。
12	紫花醉鱼木	Buddleja alternifolia Maxim	护叶醉鱼草	马钱科醉鱼草属	西北地区	小灌木，花紫堇色，花序密集簇生圆锥状，花期5~6月，有香味。喜阳，有较强的耐寒及耐旱性，耐瘠薄，不耐高温。园林用途：群植，孤植。

续附表 1

编号	植物中文名称	拉丁学名	中文别名	科 属	栽培地点	品种主要习性及景观栽植状况
13	金红久忍冬	Lonicera heckrotti		忍冬科 忍冬属	银川市	项目引种。落叶缠绕藤本,藤条可达2~5米。叶浅绿色,强光下紫褐色,花喇叭状,色洋桔红美丽,有香味,花期5月下旬~10月霜降。喜温暖,湿润,畏涝,耐寒性强,可露地越冬。园林用途:可设置篱笆供立体观赏或地被使用。扦插繁殖为主。
14	垂红忍冬	Lonicera tatarica 'Arnold Red'		忍冬科 忍冬属	银川市	项目引种。落叶缠绕藤本,藤条可达1~2米。叶绿色,强光下叶背紫褐红色,色洋桔红,有香味,花期5月下旬~10月霜降。喜温暖,湿润,畏涝,有一定的耐寒性。园林用途:可设置篱笆供立体观赏或地被使用。扦插繁殖为主。
15	蓝叶忍冬	Lonicera korolkowi zabelii		忍冬科 忍冬属	银川市	项目引种。落叶小灌木。叶蓝绿色,叶洋红色,叶背密背绒毛,花洋红色,花期5月下旬~8月,浆果樱桃红色10月成熟。喜温暖,湿润,畏涝,有一定的耐寒性。园林用途:群植,丛植。
16	金叶接骨木	Sambucus racemosa Plumosa Aurea		忍冬科 接骨木属	银川市	项目引种。落叶灌木或小乔木。叶金黄色。花期5月底~8月上旬。伞状花序大(25cm),花色乳白有丁香花香气。生长势极强。喜光,耐一定水湿。生长量大,定植翌年冠幅可达2.5米,高1.6米左右。可露地越冬。一年生新梢约1/3~1/5抽干。为减少越冬枝条有精部抽干现象,8月份应适度轻水并进行摘心修剪。园林用途:群植、孤植、列植或作坡地植被。

续附表 1

编号	植物中文名称	拉丁学名	中文别名	科属	栽培地点	品种主要习性及景观栽植状况
17	四季锦带	*Weigela florida*(Bunge.) A.DC.		忍冬科 锦带花属	银川市及周边县市	引种。落叶小灌木，叶绿色，花白色、玫瑰色、红色，花期5~6月，蒴果柱形，10月成熟。喜光，耐阴，耐寒，萌蘖力强。园林用途：丛植或景观疏林下使用。
18	红王子锦带	*Weigela florida* 'Red prince'		忍冬科 锦带花属	银川市及周边县市	引种。落叶小灌木，叶绿色，花玫瑰色，红色，花期5~6月，蒴果柱形，10月成熟。喜光，耐阴，畏劳，萌蘖要求严格。园林用途：丛植、群植，列植，花篱或景观流林下使用。
19	金银木	*Lonicera maackii* (Rupr.)Maxim	金银忍冬、马氏忍冬	忍冬科 忍冬属	全国各地	引种。落叶灌木，花期5月，花黄白色，浆果，圆形，成熟时暗红色。喜光，耐荫，耐寒，对土壤要求不严。适应性强。园林用途：丛植、群植。
20	金银花	*Lonicera japonica* Thunb.	金银藤	忍冬科 忍冬属	全国各地	引种。花期5~6月，花白色或黄白色，有香味。浆果红色10月成熟。喜光，稍耐荫，耐寒，耐旱，耐水湿。园林用途：攀援花架，花廊作垂直绿化材料。
21	金叶风箱果	*Physocarpus amurensis* Maxim.		蔷薇科 风箱果属	银川市	项目引种。落叶灌木，幼叶金黄色，花期5~6月，初秋果实变红。喜光也耐阴，耐低温，干旱，引种苗当年对土壤要求较高。在碱性土壤上表现为移栽苗成活率下降，叶片边缘焦黄，生长量下降事实。银川地区需要选择土壤偏中性或微酸性土壤栽培。扦插繁殖。园林用途：景观配置以群植为主。孤植或与其它品种配置效果果较好。

续附表 1

编号	植物中文名称	拉丁学名	中文别名	科属	栽培地点	品种主要习性及景观栽植状况
22	珍珠梅	*Sorbaria sorbifolia* (L.) A. Br.		蔷薇科珍珠梅属	全国各地	落叶灌木，花小白色，顶生圆锥花序，花期6~7月。喜光。耐荫，耐寒，对土壤要求不严。园林用途：丛植，孤植。作花篱。群植。
23	榆叶梅	*Amygdalus triloba* (Lindl.)	榆梅	蔷薇科桃属	全国各地	引种。落叶灌木，叶绿色，花粉红，粉红，深红单瓣或重瓣。花期3~4月，先花后叶或花叶同放，肥沃的沙壤土。总夏阳性树种，不耐庇荫，喜排水良好。季湿热，不耐涝。园林用途：丛植，孤植。群植。
24	毛樱桃	*Cerasus tomentosa* (Thunb.)Wall	白樱桃	蔷薇科樱属	银川市	落叶灌木，花白色略带粉色，先花后叶或花叶同放，花期4月，核果近球形，红色果熟6~9月。喜光，耐荫，耐寒。耐旱，耐瘠薄。园林用途：丛植，群植。
25	黄刺梅	*Rosa xanthina* Lindl.		蔷薇科蔷薇属	全国各地	落叶丛状灌木，花黄色，花期4月下旬~5月中，单瓣或重瓣。果球形，红褐色。喜光。耐寒耐旱，耐土壤瘠薄，畏涝。园林用途：丛植，孤植，群植。
26	玫瑰	*Rosa rugosa* Thunb.		蔷薇科蔷薇属变种有红玫瑰、紫玫瑰、白玫瑰等	全国各地	变种较多，落叶丛状灌木，花紫红色，重瓣，芳香，花期5~6月。果扁球形，砖红色。喜光及凉爽通风，耐寒，耐旱畏湿，萌蘖性强。园林用途：丛植，孤植，群植。
27	棣棠	*Kerria japonica* (L.) DC.		蔷薇科棣棠花属	银川市庭院单位等	引种。落叶灌木，叶绿色，花色金黄，4~5月，重瓣，有香味。瘦果黑褐色，8月成熟，喜光和温暖气候，较耐寒，畏涝，萌蘖力较强，能自然更新。越冬需保护。园林用途：可用于花篱笆，花境，列植。孤植。繁殖方式：分株或嫩枝扦插为主，可种子繁殖。经济用途：花，根可入药。

续附表 1

编号	植物中文名称	拉丁学名	中文别名	科属	栽培地点	品种主要习性及景观栽植状况
28	贴梗海棠	*Chaenomeles specios* (Sweet)Nakai.	铁脚海棠、皱皮木瓜、铁角梨、红梅	蔷薇科木瓜属	银川市	引种。落叶灌木，叶绿色，先后叶，花期4~5月，朱红、粉红，果球形，黄色或黄绿色，9月下旬成熟。喜光，耐土壤瘠薄，耐寒，耐旱，花朵极多，可露地越冬。园林用途：春季花色艳丽夺目，孤植、列植，或形成花篱观果效果极佳。经济用途：果实可以入药。
29	木槿	*Hibiscus syriacus* L.		锦葵科木槿属	银川市庭院单位	引种。落叶灌木，花白色，粉色，红色，花期7~9月。喜光和湿润土壤，萌蘖力强，耐修剪，不耐寒。园林用途：丛植，孤植，群植。
30	柽柳	*Tamarix chinensis* Lour	三春柳、观音柳	柽柳科，柽柳属	西北地区	本地种。落叶灌木或小乔木，树皮红褐色至灰褐色，总状花序侧生，花红色，花期4~9月，耐强光暴晒，不耐庇荫，耐寒耐旱，耐盐碱，沙害，萌芽力强，耐修剪。园林用途：灌木群植，孤植。盐碱地及护坡栽培。
31	红花多枝柽柳	*Tamarix hohenackeri* Bunge.		柽柳科，柽柳属	银川市	项目引种。灌木。树皮红褐色至灰褐色，总状花序侧生，花粉红色，花期4~6月，耐强光暴晒，不耐庇剪，耐寒耐旱，耐湿，耐盐碱，沙害，萌芽力强，极耐修剪。移栽2a生苗冠幅可达2.5米，3a生冠幅直径可达4m，可植物控制幅下杂草。园林用途：灌木群植，孤植。盐碱地及护坡栽培。
32	胶东卫矛	*Euonymus kiautschovicus* Loes.		卫矛科卫矛属	银川市庭院单位及苗圃	引种。常绿灌木，叶绿色，花小而密，淡黄色，蒴果扁球形，粉红色，花期7~8月，果期10~11月。适应性强，喜阴湿环境，较耐寒园林环境。园林用途：可丛植，群植。

续附表 1

编号	植物中文名称	拉丁学名	中文别名	科属	栽培地点	品种主要习性及景观栽植状况
33	大叶黄杨	Euonymus japonicus Thunb.		卫矛科卫矛属变种有金边大叶黄杨	庭院单位	引种。常绿灌木，绿叶革质，花绿白色，蒴果近球形，淡粉红色，假种皮桔红色，花期5~6月，果期9~10月。喜光，耐荫，喜湿润，耐干旱瘠薄，耐修剪，不耐寒。保护越冬。园林用途：可盆栽丛植，孤植。群植摆放。
34	锦熟黄杨	Buxus sempervirens L.		黄杨科黄杨属	庭院单位及街道	引种。常绿灌木，枝条密集。四棱具柔毛，叶革质，椭圆至椭圆状长椭圆形，先端钝或微凹，叶面绿色，叶背绿白色。遇寒为紫褐色，柄短有毛。花期4月，喜光，较耐阴，强光下生长不良，我市栽培前三年需保护越冬，不耐水湿，耐修剪。园林用途：群植。作绿篱。
35	雀舌黄杨	Buxus sinica var. parvifolia M.Cheng.	小叶黄杨	黄杨科黄杨属	庭院美化	引种。常绿灌木，枝条密集，小枝纤细具四棱，叶革质，倒披针形至倒卵形，先端钝圆或微凹，叶脉隆起明显，叶中脉背密生白色钟乳体，叶柄极短。花簇生叶腋，黄绿色花期4月。喜光，耐半阴，耐干旱，喜温暖湿润，不耐水湿，耐修剪。我市栽培前三年需保护越冬。园林用途：群植。作绿篱。
36	日本海棠	Chaenomeles japonica Indl.	日本木瓜,倭海棠	蔷薇科木瓜属	银川市	项目引种。落叶灌木，花重瓣，直径8~10CM，洋红色，不接实。喜温暖湿润的气候，喜光，不耐阴，不耐寒，需越冬保护，自然越冬抽干严重。园林用途：丛植或孤植，在庭院中背风向阳处栽培。

续附表 1

编号	植物中文名称	拉丁学名	中文别名	科属	栽培地点	品种主要习性及景观栽植状况
37	金枝红瑞木	*Cornus strolonifera* var. *glaviamea*	金枝梾木	山茱萸科梾木属	银川市	项目引种。落叶灌木,越冬枝条黄褐色,有枯梢现象,生长季节黄绿色,直立。顶生复伞房花序,花色黄白,花期 5 月。核果,8~9 月成熟。喜光,耐半阴,喜肥沃,排水良好的土壤。园林用途:孤植,群植应用较多。适于与草地、建筑物配置。
38	红瑞木	*Cornus alba* L.		山茱萸科梾木属	银川市	引种。落叶灌木,越冬枝条深红褐色,嫩枝绿色,直立。顶生复伞房花序,花冠白色,4 瓣。喜光,耐旱,喜湿润、半阴及肥沃的土壤。适应性广。强光下生长正常,据几年的观察认同龙雅宜的观点:在干旱、寒冷地区春季出现过回暖抽条现象。园林用途:初花时白花点缀,初秋红果晶莹,秋叶红颜。冬季红枝皆为观赏点。孤植,列群植皆可。
39	紫叶矮樱	*Prunus × Cistena* 'Pissardii'		蔷薇科李属	银川市及周边县市	项目引种。落叶灌木或小乔木,高可达 2.5 米,冠幅 1.8~2.5 米。初生叶深红色,成熟叶常年紫红色。花单瓣比紫叶李小,花期迟于紫叶李。喜阴,耐半荫,萌蘖性强,耐修剪;病虫害少,是优良的彩叶植物之一。生长势优于紫叶李,抗寒性、抗旱性比紫叶樱低,但是嫁接在中国李子、山杏、毛桃上的紫叶矮樱耐涝性较差。注意:嫁接在山桃上的紫叶矮樱不存在越冬冻害危险。园林用途:丛植、孤植或树篱应用作为树篱配置中。

续附表 1

编号	植物中文名称	拉丁学名	中文别名	科属	栽培地点	品种主要习性及景观栽植状况
40	白玉兰	*Magnolia denudate* Desr.	玉兰、玉堂春	木兰科 木兰属	银川市及周边县市	引种。落叶乔木,先花后叶,顶生,喜光,花白色芳香,花期3~4月,果熟期8~9月。喜光,喜肥,肉质根不耐积水,稍耐寒,对温度敏感。不耐修剪。以嫁接繁殖为主,在庭院背阴处孤植或丛植。砧木为紫玉兰。园林用途,在庭院背阴处孤植或丛植。
41	紫玉兰	*Magnolia liliflora* Desr.	木兰或辛夷	木兰科 木兰属	银川市及周边县市	引种。落叶小乔木,花叶同放或稍后子叶开放,顶生,花紫色,花期3~4月,果熟期10~11月。喜光,喜肥,喜温暖湿润的环境,肉质根不耐积水,不耐盐碱,对温度敏感。不耐修剪。园林用途,在庭院背阴向阳处孤植或丛植。
42	花叶复叶槭	*Acer negundo* 'Variegatum'	彩叶槭	槭树科 槭树属	银川市 (北京路) 等	项目引种。落叶小乔木(嫁接树),复叶对生,小叶3~5枚,剪发小叶卵形,呈黄白色泽。成熟叶表现黄白与绿色相间,全枝叶片色泽从下向上由浅绿变为黄白色泽,视觉效果良好。喜光,稍耐阴,耐寒性强,喜深厚、肥沃、湿润的土壤。园林用途:丛植列植。
43	紫薇	*Lagerstroemia indica* L.	痒痒树、百日红	千屈菜科、紫薇属	银川市庭院单位	引种。落叶小乔木,树冠多不整齐,顶生圆锥花序,花娟粉红色,花期6~9月,蒴果近球形,经久不落10~11月果实成熟。稍耐阴,抗寒性差,露地保护越冬(小气候)。较耐土壤瘠薄,耐修剪。园林用途:群植,孤植,以孤植为主。
44	紫叶碧桃	*Amygdalus persica* f. *atropurpurea* Schneid.		蔷薇科 桃属	银川市及周边县市	引种。落叶小乔木叶紫色,花色较多,以粉色居多,近年引进的品种多为重瓣。夏季易于受蚜虫危害。喜光,喜阳,耐半荫,萌蘖性强,树体抗寒性一般,有流胶现象,小苗易抽干。园林用途:以孤植,群植均可,用于分车带。嫁接繁殖,砧木毛桃等。

续附表 1

编号	植物中文名称	拉丁学名	中文别名	科属	栽培地点	品种主要习性及景观栽植状况
45	金枝国槐	*Sophora japonica* 'Golden Stem'	金叶国槐	豆科槐属	银川市及周边县市	引种。以普通国槐为砧木高干嫁接。越冬枝条黄色,生长季节枝条黄绿色,老叶绿色。嫩叶金黄色。同龄树的 Pn(净光合效率)值小于普通国槐。其它抗性同国槐。园林用途:用于景观孤植、群植或行道树应用。
46	金叶刺槐	*Robinia pseudoacacia* 'Frisia'		蝶形花科刺槐属	银川市(北京路)	引种。春秋叶色金黄,夏季黄绿。初夏花色白。抗逆性强。小枝有刺,抗旱、寒,耐瘠薄。初夏开白花,抗性同刺槐。园林用途:用于景观孤植、群植或行道树应用。
47	五角枫	*Acer mono* Maxim.		槭树科槭树属	银川市中心公园,宁夏大学等处	引种。秋色叶树种,落叶乔木,叶掌状 5 裂,入秋叶色变为红色或黄色,花期 4 月,果实成熟 9~10 月。喜阳,稍耐阴,喜温凉湿润,耐寒性强,喜土层深厚,肥沃的土壤。园林用途:用于景观孤植、群植。
48	元宝枫	*Acer truncatum* Bunge.	平基槭	槭树科槭树属	银川市,西干渠苗圃	引种。秋色叶树种,落叶小乔木,树冠圆球形,叶掌状 5 裂,入秋叶色变为红色或黄色,花期 5 月,较喜阳,稍耐阴,喜温凉湿润,耐寒性强,喜土层深厚,肥沃的土壤。园林用途:用于景观孤植、群植。

续附表 1

编号	植物中文名称	拉丁学名	中文别名	科 属	栽培地点	品种主要习性及景观栽植状况
49	山荆子	*Malus baccata* (L.) Borkh.	山定子，林荆子	蔷薇科 苹果属 （山荆子系）	银川市，宁夏六盘山（杨深《中国苹果品种资源》[M]山东科技出版社 1990）等地	根系较浅，较耐湿，不抗旱，粘重土壤生长差。不耐盐，抗寒性强。可孤植应用等。多做砧木使用，在我区碱性土壤中栽培，有缺铁黄化症状。我区通常不用其做砧木，避免小脚现象等缺陷。
50	新疆野苹果	*Malus sieversii* (Ledeb) Roem.	野苹果 （塞威氏苹果和吉尔吉斯苹果）	蔷薇科 苹果属 苹果组 苹果系	区内	抗寒性强，多用于苹果果种栽植砧木，种子层积 70 天。抗盐抗立强，苗期抗立枯，白粉病能力多。园林绿化中多做砧木嫁接其它海棠品种。园林用途：作为 N₂₉、B₉，王族，绚丽，红丽，雪球，艾京，袤京，frient 等品种以其做砧木解决抗寒性问题而应用于园林景观。
51	西府海棠	*Malus micromalus* Makino.		蔷薇科 苹果属	银川市及周边市县	落叶小乔木，树态峭立，枝直立性强，花淡红色，3–4 月，果小红色成熟期 8–9 月。喜光，耐寒，耐旱，畏涝，喜肥沃土层深厚，排水良好的土壤。园林用途：群植，列植等。也可以做砧木。配置授粉树可以解决观赏果实的需要。

续附表 1

编号	植物中文名称	拉丁学名	中文别名	科属	栽培地点	品种主要习性及景观栽植状况
52	N₂₉	*Malus prunifolia* (Willd.) Borkh	子母海棠，小果海棠。	蔷薇科苹果属 山东楸子中的 32 份崂山楸子中选拔的优系	银川市，永宁等地	项目引种。落叶小乔木，春夏秋叶片绿色，枝条浅黄色，花浅粉红色，花期 4 月上旬至 5 月上旬，果实宝石绿色，成熟为黄色成熟期 8 月中下旬。喜光、耐寒、耐旱、良劳，喜肥沃土层深厚，排水良好的土壤。嫁接繁殖。园林用途：群植，列植等。也可以做砧木。配置授粉树可以解决观赏果实的需要。以新疆野苹果为砧木高干繁殖。
53	B₉	*Budagovsky syetem, bud-9 or B₉*	红道(叶)乐园	蔷薇科苹果属 B 系 (Budagovsky syetem, Millingx red standard) (Budagovsky)	银川市，永宁等地	项目引种。耐寒苹果矮化砧木之一。选育地为前苏联米丘林园艺大学，主要有 Bud-57-490;Bud-9;Bud-54-146;Bud-57-491 等。落叶小乔木，春夏秋叶色紫红，叶片腊质较厚，花期 4 月中旬至 5 月上旬，花娟紫红色，果实红色，9 月中旬成熟。喜光、耐寒、耐旱、良劳，喜肥沃土层深厚，排水良好的土壤。园林用途：群植，列植等。微景观配置。以新疆野苹果为砧木高干繁殖。
54	Forent 海棠	*M. 'Forent'*	福润特(音译)	蔷薇科苹果属	银川市，永宁等地	项目引种。常用于其它海棠的授粉树，树体乔化，生长较快。花期 4 月下旬~5 月 5 日，花色浅粉白。果期 5 月中~10 月 20 日。果实五棱，果萼肉陷，小，宿存；果实金黄色有着光洋红色表皮（纵径×横径 cm：1.88/2.28 果形指数:0.82。梗长:3.70cm,单果重:3.0g 左右)较 N29 果实(单果重:50~70 g)小，frent 果柄似库尔勒香梨果柄，而 N29 的光滑。喜光、耐寒、耐旱、良劳，喜肥沃土层深厚，排水良好的土壤。园林用途：与其它乔化特性海棠配置应用，可以列植，群植或应用于分车带当中并解决相互的授粉需要。

续附表 1

编号	植物中文名称	拉丁学名	中文别名	科 属	栽培地点	品种主要习性及景观栽植状况
55	红丽海棠	*Malus* 'Red Splender'		蔷薇科苹果属	银川市、永宁等地	项目引种。红丽品种叶色较绚丽暗浓，红丽与艾京品种嫩梢相似，有绒毛，但红丽幼叶叶缘锯齿状比艾京品种略浅，艾京品种叶缘锯齿状略显钝。红丽花期4月20~5月初。花瓣粉红，比绚丽色泽略浅，单花萼基部较王族宽，花萼硬长2.0cm，花萼与王族近等长，单花朵与王族宽，花萼色较王族浅，单花朵花瓣5枚，花瓣无内凹特点，花瓣中脉内延。红丽果期5月中~10月上旬，果实始终红色。果实特点如下：果形指数：0.85，果实硬长：3.9~4.36cm，单果重，1.1 g。果实花萼脱离，果熟。喜光，耐旱，耐寒，喜肥沃，排水良好的土壤。园林用途：群植，列植等，微景观配置。与其它乔化特性海棠应用于分车带当中。授粉树可以采用京②(艾京)品种均大。喜光，耐旱，耐寒，喜肥沃，土层深厚，排水良好的土壤。园林观赏配置应用，可以列植、群植或应用于分车带当中。授粉树可以采用 forent、N29 等。
56	绚丽海棠	*Malus* 'Radiant'		蔷薇科苹果属	银川市、永宁等地	项目引种。乔木化特点明显。幼叶浅紫红色。叶柄红色。嫩梢尖叶片正反无绒毛并具有光泽。绚丽的花期4月20~5月初。花瓣粉红，花萼硬长2.0cm，花萼与王族近等长，花萼硬。花瓣椭圆形，δ花药等短，无尾尖。绚丽果期5月中旬~10月初。果实自幼红色，花萼宿存。果实果形指数为1.1。果实硬长：2.47cm。单果均重：0.75g。喜光，耐寒，耐旱，喜肥沃土层深厚，排水良好的土壤。园林用途：与其它乔化特性海棠配置应用，可以列植、群植或应用于分车带当中。授粉树可以采用 forent、N29 等。

续附表 1

编号	植物中文名称	拉丁学名	中文别名	科属	栽培地点	品种主要习性及景观栽植状况
57	王族海棠	Malus 'Royalty'		蔷薇科苹果属	银川市	项目引种。小乔木,小枝条深紫色;新叶红色,成熟后为带绿晕的紫色,果深紫色,直径1.5cm。花期4月下旬,果熟期6~10月。该品种花、叶及果实均为紫红色,是少有的彩叶海棠品种。'王族'海棠是一个既观花、观果又观枝、叶的优秀小乔木品种。喜光、耐寒、耐旱,畏涝,喜肥沃土层深厚、排水良好的土壤,可以列植、群植。海棠用途:与其它乔化特性海棠配置应用于分车带当中。授粉树可以采用 forent,N29 等。
58	平邑甜茶	Malus hupehensis var. pinyiensia.	湖北海棠（M. hupehensis）	蔷薇科苹果属	银川市	项目引种。叶卵形至椭圆形,初被柔毛,后脱落。伞房花序,有花4~6朵,花梗细长并被稀疏长柔毛,花粉红色,4月中下旬现蕾。花繁密,花期4~5月。果椭圆形,直径约1cm,成熟时绿黄色稍带红晕成熟期8~9月。喜光、耐寒、耐旱,畏涝,喜肥沃土层深厚、排水良好的土壤。园林用途:与其它乔化特性海棠配置应用,可以列植、群植或应用于分车带当中。授粉树可以采用 forent,N29 等。
59	舞美	North american Begonia. Malus 'Maypole'		蔷薇科苹果属	银川市	项目引种。乔木,树皮灰褐、光滑,萌芽力强,短枝型品种需高开张枝条,叶卵圆形,无叶基刻裂,叶片轮生、老叶绿色,嫩叶紫红,花粉白,花瓣5,花期4月下旬5月初,成熟果实紫红,9~10月成熟。畏涝,喜肥沃土层深厚、排水良好的土壤。园林用途:与其它乔化特性海棠配置应用,可以列植、群植或应用于分车带当中。授粉树可以采用 forent,N29 等。

续附表 1

编号	植物中文名称	拉丁学名	中文别名	科属	栽培地点	品种主要习性及景观栽植状况
60	雪球(坠)海棠	*Malus 'Snowdrift'*		蔷薇科苹果属	银川市	项目引种。乔木，树形整齐，株高6~8米，冠幅6米；老枝黄褐色有毛；叶绿色；花苞粉色，花开后为白色；果实亮桔红色，直径1厘米。花期4月下旬，果熟期8月，果宿存。耐寒。本品种花繁如雪，姿态优美,适合在我国北方做观花路树。
61	蓝果山楂	*C. pinnatifida var. major N.E.Br*		蔷薇科山楂属	市内海宝西区	引进。试验中。
62	紫叶稠李	*Prunus virginiana 'Red Select Shrub'*		蔷薇科李属	银川市	引进。新叶嫩绿，成熟叶紫色，花期4~5月，叶片5月中旬转为紫色，落叶乔木，树形高大紧密6m，叶背发灰，花白色，喜光，耐半荫，很少病虫害,是优秀的彩叶植物。试验中。
63	美人梅	*Prunus blireana 'Meiren'*		蔷薇科李属		引种。落叶小乔木，高4~5m，树冠圆形，新叶紫色，成熟叶紫色有绿晕。花淡粉，重瓣，4月上旬开花。喜光，喜空气湿度较大，耐瘠薄，微酸土最宜，耐整型修剪。
64	紫叶李	*Prunus cerasifera Ehrh f. atropurpurea Jacq*	红叶李	蔷薇科李属	银川市	引种。落叶小乔木，树冠多直立。枝条光滑，叶倒卵形，叶单生于叶腋，水红色，倒卵形，枝条与叶片深紫色。花期3~4月，果熟期6~7月。叶色不鲜艳，喜温暖湿润的气候，较耐寒，耐旱，对土壤要求不严。园林用途：列植，群植。
65	红心紫叶李	*Prunus cerasifera cv.*	紫叶李的芽变品种	蔷薇科李属	银川市	项目引种。落叶小乔木，叶卵形至倒卵形，枝条与老叶深紫色，新叶亮红色，花单生于叶腋，水红色，花期3~4月，果熟期6~7月。阳性树，在庇荫的条件下，叶色不鲜艳，喜温暖湿润的气候，耐寒，耐旱，对土壤要求不严。园林用途：列植，群植栽植于分车带中。

附表2   景观应用彩叶植物拉丁文

中文名	拉丁文
红枫	*Acer palmaturn* var. *atropurpureum*(Vanh)Schwer;(*Acer palmatum* 'Atropurpureum'
紫叶李	*Prunus cerasifera* Ehrhart f. *atropurpurea* Jacq,Purp leaf plum
红花继木	*Lorpetalum chindense* var. *rubrum*
紫叶锦带	*Weijgela fborida* cv. Ziye;*Weijgela fborida* 'Foliia purpureis*
洒金柏	*Sabina chinensis*(L.) Ant. cv. Aurea
金叶女贞	*Ligustrum gui houi* cv. 'Golden leaves'
金边女贞	*Ligustrum ovalifolium* f. *aureomarginata*
金边瑞香	*Daphne odora* var. Aureo *marginata*
金边黄杨	*Euonymus japonicus* cv. Aureo–ma.
朝鲜黄杨	*Buxus microphylla* var. *koreana*
小叶黄杨	*Buxus microphylla* L.
大叶黄杨	*Buxus megistophlla* Levl
银白杨	*Populus alba*
金叶刺槐	*Robinia pseudoacaeia* 'frisia'
金合欢	*Acacia pennata* (Linn.) Willd
悬钩子	*Chinese bramble* (Rubus L.)
胡颓子	*Elaeagnus pungens* Thunb.
美国红栌	*Purpureu coggyria* var. *cinerea* Engi. et Wils
黄栌	*Purpureu coggyria* Scop
美国红枫(红花槭)	*Acer rubrum* L.
紫叶矮樱	*Prunus cistena* 'Pissardii' (*Prunus×cistena*)
紫叶小檗	*Berberis thumbergii* DC. f. *atropurpurea* Rehd; *Berberis thumbergii* cv. Atropurpurea

续附表 2

中文名	拉丁文
红叶石楠	*Photinia×fraseri*；*Photinia serrulata*
五角枫	*Acer mono* Maxim
南天竹	*Nandina domestica* Thunb.
金叶风箱果	*Physocarpus opulifolium* 'Lutein'
金焰绣线菊	*Spiraea bumalda* cv. 'Gold Flame'
美国梓树	*Catalpa bignoniodes*
红瑞木	*Cornus alba* Linn.
白桦	*Betula platyphylla* Suk.
加拿大紫荆	*Cercis canadensis* 'Forest Pansy'
杜英	*Eleocarpus sylvestris*(Lour.) Poir
银槭	*Acer saccharinum* L.
日本小檗	*Berberis thunbergii* DC；*Berberis Jepaneca*
冬青卫矛	*Euonymus japonicus* Thunb.
金脉(网叶)连翘	*Forsythia suspensa* 'Gold vein'
金叶连翘	*Forsythia koreanma* 'Sauon Gold'.
金叶莸	*Caryopteris clandonensis* 'Worcester Gold'
金边马褂木	*Liriodendron tulipifera* 'Aureo marginatum'
中华金叶榆	*Ulmus pumila* 'Zhonghua Jinye'；*Ulmus pumila* cv. Jinye
紫叶黄栌	*Cotinus coggygria* 'Purpureus'；*Cotinus coggygria* Scop. var. *purpurens* Rehd
黄栌	*Cotinus coggygria* Scop.
紫叶榛	*Corylus maxima* 'Purpurea'；*Corylus maximacy* Purea
蓝杉	*Picea pungens* 'Hoopsii'；*Picea pungens*
金叶红瑞木	*Cronus alba* 'Aurea'；*Cronus alba* Aurea

续附表 2

中文名	拉丁文
山桃	*Amygdalusdavidiana*（Carrière）de Vos ex Henry
山杏	*Armeniaca sibirica*（L.）Lam.
海棠	*Malus spectabilis*（Ait）Borkh
沙果	*Malus asiatica* Nakai,
新疆野苹果	*Malus sieversii*（Ledeb.）Roem.
杜梨	*Pyrus betulifolia* Bunge
酸枣	*Ziziphus jujuba* Mill. var. *spinosa*（Bunge）Hu ex H. F. Chow
山楂	*Crataegus pinnatifida* Bunge.
平邑甜茶	*Malus hubehensis* var. *pinyiensis* Rehd
红叶桃'Rutgers'	*Prunus persica f atropurpurea*, 'Red-leaf peach'
黄叶假连翘	*Duranta repens* cv. 'Dwarf Yellow'
绿叶桃(白芒蟠桃)	*Prunus persica* 'Green-leaf peach'
普通李树(红美丽李)	*Prunus salicina* Lindl. 'Green-leaf plum'
红叶石楠	*Photiniaxfraseri*; *Photiniax fraseri* 'Red robin'
北美海棠(王族)	*Malus.* 'Royalty'
金叶榆	*Ulmus pumila* cv. Jinye
白榆	*Ulmus pumila* Linn
金枝国槐	*Koelreuteria paniculata* Laxm
国槐	*Sophora japonical* Linn. cv. 'Golden Stem'
八棱海棠	*M. robusta*
西府海棠	*M. micromalus* Makino
海棠果,揪子	*M. prunifolia*（Wind.）Borkh.
金红久忍冬	*Lonicera heckrotti*

DB64

宁 夏 回 族 自 治 区 地 方 标 准

DB 64/ T705—2011

红花多枝柽柳栽培技术规程

2011-09-07发布　　　　　　　　　　　　2011-09-07实施

宁夏回族自治区质量技术监督局　发布

前　言

本标准的编写格式符合 GB/T1.1–2009《标准化工作导则　第 1 部分:标准的结构和编写》的要求。

本标准由银川市园林管理局提出。

本标准由宁夏回族自治区林业局归口。

本标准主要起草单位:银川市林业(园林)技术推广站、宁夏大学。

本标准主要起草人:徐庆林、俞晓艳、张光弟、齐建国、徐桂花、廉用奇、钟建元、王建国、李金柱、冯晓容、崔新琴、吴立卫、丁永峰、李澜、赵游丽、杨自立、吴韶寰。

红花多枝怪柳栽培技术规程

1 范围

本标准规定了红花多枝怪柳栽培技术的术语和定义、气候与土壤条件、育苗、栽植。

本标准适用于宁夏回族自治区境内红花多枝怪柳栽培生产的全过程。

2 规范性引用文件

下列文件对于本文件的应用是必不可少的。凡是注日期的引用文件,仅所注日期的版本适用于本文件。凡是不注日期的引用文件,其最新版本(包括所有的修改单)适用于本文件。

LY1000-1991 容器育苗技术

物检疫条例(1983 年 1 月 3 日国务院发布)

3 术语和定义

下列术语和定义适用于本标准。

3.1 红花多枝怪柳

灌木,新枝紫红色,老枝深紫色或紫红色,多分枝,密集,圆柱形,较柔软。叶小,鳞片状,新叶嫩绿,老叶浓绿,叶痕排列密集、整齐。花小,具短梗,深红粉色或红粉色,花期 5 月~8 月,圆锥花序。

3.2 塑料薄膜容器苗

选择厚度为 0.02mm~0.06mm 的无毒塑料薄膜加工制作而成的容器,在设施中培育的幼苗。

3.3 裸根苗

用容器等繁殖的红花多枝怪柳 1 年~多年生苗木,根系裸露在外,泥土等附着物少或无。

4 气候与土壤条件

4.1 气候条件

红花多枝柽柳适宜生长范围北纬 35°30′~39°30′,东经 105°~107° 60′,年太阳辐射总量 5711MJ/m²~6096MJ/m²,年日照时数 3000h 左右,年平均气温 8℃~9℃,平均无霜期 150d~195d,年平均降水量在 300mm 以下,年干燥度>3 的宁夏境内栽培。

4.2 土壤条件

红花多枝柽柳在 pH 为 7.2~8.5,含盐量≤3g/kg 的沙壤土、沙土、壤土、粘土生长良好。

5 育苗

5.1 整地

大田及设施内均选择沙壤土进行育苗。育苗前将场地平整,清除杂草。

5.2 作床

依据条田或设施宽度,南北方向划分苗床与布道,床宽 1m~1.2m,布道 40cm~50cm。嫩枝扦插选用低床,深度 10cm~15cm。硬枝扦插选用平床或低床。

5.3 安装喷灌设备及搭设拱架棚

依据育苗量及苗床长度安装喷灌设备。如无喷灌设备必须在苗床上用竹批等绑扎搭设拱宽 1m~1.2m,高 0.8m~1m 的半圆形拱架。

5.4 容器

选择 5cm×5cm、6cm×6cm 黑色塑料薄膜容器。其它容器选择参照 LY1000–1991 规定的育苗容器种类及技术要求。

5.5 基质

5.5.1 嫩枝扦插用素沙、泥炭两种基质按照 1:1 比例均匀混合装入容器。

5.5.2 硬枝扦插直接将沙质壤土装入容器。

5.6 装填高度及容器摆放

装填高度距容器上缘 1cm;压实后,整齐摆放于苗床上。

5.7 基质处理

扦插前 2d 用 0.3% 的高锰酸钾溶液进行消毒。

5.8 扦插方法

5.8.1 嫩枝扦插

5.8.1.1 采条及处理

6月下旬~8月上旬,剪取当年生半木质化枝条,上口平,下口楔形,长度 6cm~8cm,手工剪除插条基部 3cm~5cm 的叶片,保留上部叶片。扦插时将插条基部 2cm~3cm 速蘸 α-萘乙酸或吲哚-乙酸 500mg/kg 溶液。

5.8.1.2 扦插

扦插前将容器内的基质浇透水后,直接将插条垂直插入基质,深度 3cm~4cm,然后再次浇透水。

5.8.1.3 插后管理

5.8.1.3.1 无喷灌设施的苗床

5.8.1.3.1.1 插后立即将拱棚上敷塑料薄膜后四周盖严。生根前,拱棚内基质含水量 70%~75%;空气湿度 90%~95%;温度 24℃~28℃。视天气情况将拱棚揭开喷水,晴天 10h~17h 喷水 5 次~6 次。当温度高于 28℃,在拱棚薄膜上搭设 70% 透光率的遮阴网,傍晚取下。阴天不搭遮阴网并减少喷水次数。

5.8.1.3.1.2 生根初期将拱棚薄膜两头揭开,晴天上午喷水 1 次,午后找水。每周喷施 0.3% 磷酸二氢钾 1 次~2 次,加强通风。生根后期将薄膜完全揭开,充分炼苗。

5.8.1.3.2 有节灌设备的苗床

插后基质含水量 80%~85%；设施内空气湿度 85%~85%；温度 24℃~28℃。晴天每 1h 喷水 1 次~2 次，时间 5s~10s。生根后每 1d 喷水 2 次~3 次，每次 10s~20s。炼苗期 1d~2d 喷水 1 次，每次 10s~20s。

5.8.2 硬枝扦插

5.8.2.1 采条及处理

入冬前采取 1 年生生长健壮的硬枝，在温度 0℃~3℃，湿度 60%~70% 的冷室中沙藏。11 月~翌年 3 月在设施中将插条剪成长度 6cm~8cm，上口平，下口微楔形，50 根为 1 捆。扦插前用 100mg/kga-萘乙酸或吲哚-乙酸浸泡插条基部 2cm~4cm 处 2h。

5.8.2.2 扦插

提前 1d~3d 将苗床上容器内基质浇透水，扦插时用略粗于插条的木棍垂直打孔，然后将插条插入孔洞，深度 4cm~6cm，浇透水。

5.8.2.3 插后管理

5.8.2.3.1 生根前，设施内空气湿度 60%、温度 10℃以上，基质含水量 50%~60%，每周喷水 1 次~2 次。

5.8.2.3.2 生根后，减少喷水次数，充分炼苗。

5.9 移栽

5.9.1 嫩枝扦插苗

嫩枝扦插苗经充分炼苗后选择阴雨天或傍晚进行大田移栽。培育 2 年生以上苗木移栽株行距为 0.3m×0.5m。移栽要保证土坨完整，栽后立即灌水。

5.9.2 硬枝扦插苗

硬枝扦插苗可在翌年 4 月~10 月间适时移栽。移栽符合设计要求，移栽时保证容器苗土坨完整，栽后立即灌水。

5.10 苗木出圃

5.10.1 裸根苗

5.10.1.1 裸根苗分级

红花多枝柽柳裸根苗出圃种苗质量应为苗龄达到 1 年以上,生长量达到三级以上标准方可采挖。1 年生裸根苗分级标准见表 1。

表 1 1 年生裸根苗分级标准

单位:cm

等级	规格	
	高度	地径
一级苗	>60	>1.5
二级苗	50~59	0.7~1.0
三级苗	40~49	0.5~0.7
不合格苗	<20	<0.5

5.10.1.2 起苗方法

人工先垂直贴苗开沟,挖到红花多枝柽柳苗根下端,顺垄逐行采挖,避免伤及茎干和根系,保持根系完整。一级苗截干 40cm,二级苗截干 30cm。

5.10.1.3 分级打捆

按标准分级打捆,根头各朝 1 个方向每 50 株~100 株打 1 捆。

5.10.1.4 运输

裸根苗根系速蘸泥浆或保湿水剂药液,略晾干。装车时码放于运输车箱中,长途运输中要遮盖篷布,防止风干失水,同时还应注意通风,以防止种苗发热烂根。

5.10.1.5 假植

种苗来不及运输或栽植时,立即假植防风干。假植方法为挖宽 1m~1.5m,深度 0.5m~0.8m 假植沟,将成捆裸根苗整齐斜码于假植槽中,用潮湿沙土覆盖。覆盖厚度以不露出根部为宜,假植后立即适量浇水。

5.10.1.6　出圃时间

适宜出圃时间 4 月 1 日~4 月 30 日。

5.10.2　容器苗

5.10.2.1　容器苗分级

1 年生容器苗分级标准见表 2。

表 2　1 年生容器苗分级标准

等级	规格		
	高度(cm)	分枝(个)	地径(cm)
一级苗	>30	>8	>0.5
二级苗	20~29	5~7	0.3~0.5
三级苗	10~19	3~4	0.2~0.3

5.10.2.2　起苗方法

出圃前提前 1 周转盆断根,1d~2d 浇透水。

5.10.2.3　运输

装车要注意分层整齐码放,运输中要减少车辆颠簸。

5.10.2.4　出圃时间

出圃时间 4 月~10 月。

5.10.3　苗木检疫

出圃苗木生产要具备"三证一签",即生产许可证、经营许可证、质量合格证、苗木标签。苗木出圃按照《植物检疫条例》(1983 年 1 月 3 日国务院发布)要求,向检验检疫机构办理报检手续,办理检疫手续。

6　栽植

6.1　裸根苗种植

根据苗龄挖种植穴,穴径 30cm×30cm,拌入适量腐熟的有机肥或复合肥,然后再种植。栽植时可选择三埋二踩一提苗的方法,栽后灌足定根水。

6.2 容器苗种植

初植时按设计要求挖 30cm~40cm 深的沟,填上或拌入适量腐熟的有机肥(4m³/667m²)或复合肥,根据密度设计要求种植,栽后轻压,灌足定根水。

6.3 生长期管理

春季定植后裸根苗地上部分重剪或极重剪;容器苗栽植后要按照设计图案进行轻剪。

6.3.1 施肥

生长期追肥以氮为主,尿素量 5kg/667m²~10kg/667m²,复合肥 10kg/667m²~15kg/667m²。

6.3.2 灌水

栽植第一年灌水 5 次~6 次。8 月控水,适时灌冬水。

6.3.3 中耕除草

人工除按照"除早、除小、除了"的原则,做到田间无杂草。

6.3.4 整形修剪

6.3.4.1 孤植树整形修剪

早春发芽前,定干高度 50cm~80cm,定干后剪去剪口下第 1 个二次枝让主芽萌发培养中心领导枝,下部选择 3 个~4 个方位好、角度适宜的二次枝培养,定干高度以下枝条全部疏除。

6.3.4.2 规则式绿篱整形修剪

绿篱生长至 30cm 高时开始修剪。按设计类型 3 次~5 次修剪成雏型。首次修剪后,清除剪下的枝叶,加强肥水管理,待新的枝叶长至 4cm~6cm 时进行下 1 次修剪,红花多枝柽柳间隔 15d~20d 进行修剪。中午、雨天、强风、雾天不宜修剪。绿篱机操作时要求刀口锋利紧贴篱面,不漏剪少重剪,旺长突出部分多剪,弱长凹陷部分少剪,直线平面处可拉线修剪,造型(圆型、磨菇型、扇型、长城型等)绿篱按型修剪,顶部多剪,周围少剪。

6.3.5 促控技术

8月下旬进行摘心或修剪,并适当控水,促枝条的木质化,提高越冬抗寒性。

6.3.6 主要病虫害防治

红花多枝柽柳育苗期立枯病用绿亨 1 号 1.5g,兑水 2kg,灌根处理。

DB64

宁 夏 回 族 自 治 区 地 方 标 准

DB 64/T1075—2015

红花多枝柽柳种条贮藏技术规程

2015-07-30 发布　　　　　　　　　　2015-07-30 实施

宁夏回族自治区质量技术监督局　发布

前　言

本标准的编写格式符合 GB/T 1.1–2009《标准化工作导则　第 1 部分：标准的结构和编写》的要求。

本标准由宁夏大学提出。

本标准由宁夏回族自治区林业厅归口。

本标准起草单位：宁夏大学、银川市园林管理局、宁夏设施园艺（宁夏大学）技术创新中心。

本标准主要起草人：张光弟、蒋文娟、杨晓艳、刘涛、宋晓旭、俞晓艳、宋丽华、崔新琴、张黎、赵瑞、曹景远、张永健、左青霞、朱启敏。

红花多枝柽柳种条贮藏技术规程

1　范围

本标准规定了繁殖用红花多枝柽柳（*Tamarix hohenackeri* Bunge）嫩枝及硬枝的贮藏运输技术的术语和定义、技术要求、包装方法、贮运环境技术要求。

本标准适用于红花多枝柽柳嫩枝及硬枝的贮藏运输。

2　规范性引用文件

下列文件对于本文件的应用是必不可少的。凡是注日期的引用文件，仅所注日期的版本适用于本文件。凡是不注日期的引用文件，其最新版本（包括所有的修改单）适用于本文件。

GB2760-2014《食品添加剂使用卫生标准》- ClO_2

DB64/T705-2011《红花多枝柽柳栽培技术规程》

3　术语和定义

DB64/T705-2011 确定的以及下列术语和定义适用于本标准。

3.1　嫩枝

生长期带有鳞片状新叶的初步木质化枝条。

3.2　硬枝

树体自然落叶后已木质化休眠越冬的枝条。

3.3　贮藏库 R 值

是库体传热系数的倒数，即 R=1/库体传热系数。

注：R 值越大表明库体保温性能越好。库体传热系数（λ）是指库体两面温差 1 度，每小时通过每平方米传递的热量（单位：$W/m^2 \cdot K$）

4 技术要求

4.1 嫩枝贮运技术

4.1.1 嫩枝采收

在 6 月中下旬至 8 月上旬,选择晴天上午 10 时前,在采穗圃采集半木质化、粗度 0.3cm~0.6cm 之间的新梢,采后直接剪除嫩梢顶部。

4.1.2 贮运包装

采集后就近扦插使用的穗材,使用保湿材料运至有遮阳环境的扦插地点剪穗。

对运输较远或 4 日~5 日才使用的穗材,将穗材整齐码入壁厚 3.5cm~4.0cm 的聚苯乙烯周转箱(箱体外径长×宽×高为 45cm×32.5cm× 24.5cm,制箱材料密度为 20kg/m³),四周水平放入冰瓶 3 个~4 个(每个冰瓶 0.5kg,长距离运输使用 4% 盐水冻结制备冰瓶),然后胶带封箱编号。

4.1.3 贮运温湿度

保温箱装车后外部包裹棉被运输。运输时依据运距采用 RH95% ±2%、0℃~4℃的贮运环境条件

4.1.4 插穗回温与消毒

对运抵目的地的试材依据扦插进度尽快升温至扦插环境温度。在遮阳环境下,采用 30% 甲霜灵(瑞苗清)1mg/kg 处理插穗 5min~ 10min,或使用稳态 32.5% 的 ClO₂ 20 mg/kg~30 mg/kg 处理插穗 5min,并满足 GB2760–2007 之要求。

4.2 硬枝贮运技术

4.2.1 硬枝采收

已冬灌的采穗圃采集硬枝插穗可延至 12 月下旬;反之提前至 11 月下旬。

4.2.2 贮运包装

硬枝插穗采集粗度在 0.4cm~0.8cm 之间，将插穗剪截长度 50cm，每捆 50 穗双道捆扎后挂采集信息标签，保湿运至贮藏场所。

4.2.3 消毒

4.2.3.1 消贮藏库消毒

可以采用普通民房或通风贮藏库（R 值≥1.6）贮藏硬枝插穗。空库（房）消毒采用 3 g/m³~10g/m³ 的硫磺粉点烟熏蒸 24h~48h 后排空备用，或使用 0.3%~1.0%H_2SO_3 喷洒消毒苯乙烯泡粒质量要求满足 GB/T10801.2-2002 之规定。软体泡粒保温毯成品抗拉力质量要求同 5.1.2。

4.2.3.2 硬枝插穗与基质消毒

硬枝插穗采用 3°Brix 石硫合剂浸条 10min 后取出晾干。

二次利用的基质须要使用 0.3%K_2MnO_4 消毒。

4.2.4 基质包埋

在贮藏库内，选择 2m×2m 的地面平铺厚度 4cm~5cm、含水量 60%~65% 的基质，将穗捆理顺平铺摆码一层，穗捆间封实基质，然后再均匀撒埋 3cm 左右的基质，摆码第二层，依次类推。待穗捆摆放完毕后，最上层撒埋 10cm 左右厚度基质，外裹 150g/m² 拉力毯二层。

4.2.5 贮藏期管理

贮藏期不定期在拉力毯上喷水确保基质含水量为 60%~65%（以手捏成团，撒手微散为宜）。

贮藏库温度 0℃~4℃，相对湿度 90%±2%。

贮藏期每 15d 左右使用百菌清烟剂熏蒸一次。

4.2.6 插穗使用前消毒

根据气温回升，及时检查包埋基质中插穗的萌芽状态，发现芽眼有萌动迹象及时将整捆插穗置于 3°Brix 石硫合剂浸条 10min 后剪穗扦插。

5 清库、包装箱回收

5.1 清库

5.1.1 基质清除

插穗出库完毕,将包埋基质清除到库外;剔除基质杂质后,覆盖 0.12mm 防雨膜备用

5.1.2 库体消毒

清除所有杂物,对空库使用 $10g/m^3$ 燃硫发烟剂消毒

5.2 包装箱回收

使用 1%~2% 的 $CuSO_4$ 对保温箱体、箱盖清洗后用流动自来水冲净消毒液,放置在通风库内保存备用。

DB64

宁 夏 回 族 自 治 区 地 方 标 准

DB 64/ T704—2011

红叶乐园栽培技术规程

2011–09–07 发布　　　　　　　　　　　2011–09–07 实施

宁夏回族自治区质量技术监督局　 发布

前 言

本标准的编写格式符合 GB/T1.1-2009《标准化工作导则 第 1 部分:标准的结构和编写》的要求。

本标准由银川市园林管理局提出。

本标准由宁夏回族自治区林业局归口。

本标准主要起草单位:宁夏大学、银川市林业(园林)技术推广站。

本标准主要起草人:张光弟、崔新琴、俞晓艳、徐庆林、齐建国、钟建元、廉用奇、王建国、庞亚平、冯晓容、吴立卫、吴韶寰、邓景丽、解天波。

红叶乐园栽培技术规程

1 范围

本标准规定了红叶乐园栽培技术的术语和定义、气候与土壤条件、种苗及栽植。

本标准适用于宁夏引黄灌区红叶乐园栽培技术的全过程。

2 规范性引用文件

下列文件对于本文件的应用是必不可少的。凡是注日期的引用文件,仅所注日期的版本适用于本文件。凡是不注日期的引用文件,其最新版本(包括所有的修改单)适用于本文件。

GB2772 林木种子检验规程

GB9847 苹果苗木

GB/T6001-1985 育苗技术规程

GB/T14175-1993 林木引种

CJ/23-1999 城市园林苗圃育苗技术规程

植物检疫条例(1983年1月3日国务院发布)

3 术语和定义

下列术语和定义适用于本标准。

3.1 红叶乐园(B_9)

蔷薇科苹果属 B 系落叶小乔木,芽褐红色,有茸毛,春、夏、秋季三季叶色紫红,叶片卵圆形,叶缘有锯齿,叶背有绒毛,叶片蜡质较厚。花瓣 5 片,绢紫红色,花期 4 月中旬至 5 月上旬,果实圆形,自幼紫红色,9 月初成熟,单果重 100g~120g。性喜光,耐寒,适应性强,是西北地区优良的观叶、观果及果树盆景、砧木品种之一。

4 气候与土壤条件

4.1 气候条件

适宜在宁夏引黄灌区各市县公园、绿地、居住区、庭院适宜栽培；适生条件为本地绝对气温>−29℃以上，≥5℃活动积温 3245.6℃以上、光照条件好，无霜期 140d 以上地区栽培。

4.2 土壤条件

红叶乐园适应性强，在 pH 值为 7.2~8.2，含盐量≤2.15g/kg 的沙、壤及轻壤土可良好生长。

5 育苗

5.1 砧木的选择

砧木采用新疆野苹果、八棱海棠、西府海棠等，其种子检疫依据 GB2772、引种依据 GB/T14175−1993 进行。

5.2 砧木的粗度

砧木接口粗度 0.5cm~1.0cm。

5.3 接穗

生长季芽接选择半木质化可离皮的无病虫害红叶乐园接穗，休眠种条需在适宜环境贮藏备用。

5.4 嫁接方法与时间

春季带木质芽接、插皮接或劈接，7 月下旬至 8 月上旬采用"T"芽接。

5.5 接后管理

成活后及时除萌，解除绑缚，必要时立杆防止新梢折损；做好土肥水管理。苗木管理依据 GB9847、GB/T6001−1985、CJ/23−1999 技术规程进行。

5.6 起苗

起苗前对苗木挂牌标明品种、砧木类型等。起苗前 20d 在距根茎外 30cm 处垂直开沟,挖到根下端,顺垄逐行采挖,不拔苗,少断根。

5.7 分级

根据苗木规格进行高接苗分级,红叶乐园嫁接苗分级标准见表1。绿化景观工程用苗根据设计要求修剪,剪口距主芽 1cm~2cm。高干嫁接 2 年以上苗木,生长量达到三级(含三级)以上标准方可采挖移植。一年生苗木等级规格指标按 GB9847 执行。

表 1　红叶乐园嫁接苗分级标准

分级	规格	
	嫁接高度(cm)	嫁接口愈合度(%)
一级	>81	>85
二级	50~80	75~84
三级	<50	50~74
不合格苗	根茎长度<10	地径<0.5cm

注:品种纯正、砧木类型正确,地上部枝条健壮、充实,具有一定高度和粗度,芽饱满;根系发达,须根多,断根少,无及机械损伤。

5.8 种苗检疫

出圃苗木生产要具备"三证一签",即生产许可证、经营许可证、质量合格证、苗木标签。苗木出圃按照《植物检疫条例》(1983 年 1 月 3 日国务院发布)要求,向检验检疫机构办理报检手续,办理检疫手续。

5.9 运输

5.9.1　用保湿剂液 300 倍~400 倍,浸泡裸根苗 3min~5min 后取出,略晾干。

5.9.2　长途运输中要遮盖篷布、棚膜,防止失水并注意通风。种苗来不及运输或移栽时,应及时假植。假植方法为潮湿沙土覆盖,不露出根部,假植后适量浇水。

6　栽植

6.1　种植时间

适宜春季栽培。

6.2　种植方法

选择生长健壮、整齐、无病虫害的优质种苗按株距 50cm、行距 100cm 挖坑定植,定植坑长×宽×深为 30cm×30cm×40cm,定植后浇透水。红叶乐园为观叶、观果彩叶植物,景观配置时需要保持与大乔木的一定距离,以满足光照需求。

6.3　栽植后管理

6.3.1　水肥管理

6.3.1.1　定植当天灌定根水,根据栽植土壤含水量状况,选择 1 周或 2 周后再浇 1 次水,灌水后及时松土,以防土壤板结。早春和秋末可浇足浇透返青水和封冻水。在夏季雨后及时将树坑内的积水排除。

6.3.1.2　新植苗木除在栽植时施基肥外,在生长期应适当追肥,在上午或傍晚可采用 0.3% 的磷酸二氢钾进行叶面施肥,间隔时间为 10d~15d,3 次为宜。因树体观果,需在早春、初夏各追施 1 次氮、磷、钾复合肥,秋末再施用 1 次腐熟的农家肥。

6.3.2　树形培养

参照桃树"杯状开心形"培养树形。

6.3.3　越冬管理

红叶乐园耐寒,但需要越冬期间预防鼠、兔伤干,主干涂白可以避免。

6.3.4　病虫害防治

红叶乐园生长期主要病虫害防治应参照附录 A 执行。注意与桧柏的栽植距离 500m 以上,预防苹–桧锈病的发生。

附 录 A

（资料性附录）

红叶乐园生长期主要病虫害防治方法

A.1 红叶乐园生长期主要病虫害防治方法见表A.1。

表A.1 红叶乐园生长期主要病虫害防治方法

名称	防治对象	使用方法
绿享 1 号、绿享 3 号，或移栽灵	立枯病	每 $1m^3$ 用绿享一号 1g~1.5g，兑水 1kg~2kg，灌根。
阿米西达	褐斑病	1500 倍液，每次喷药的间隔期 10d~15d，连喷 2 次 ~3 次。
辛硫磷微胶囊	苹毛金龟子	25%辛硫磷微胶囊 100 倍液灌根。
灭扫利	苹果黄蚜	20%灭扫利 3000 倍喷雾。
尼索朗、扫螨净、克螨特	山楂叶螨	5%的尼索朗可湿性粉剂 1000 倍~2000 倍液喷雾、25%的扫螨净 600 倍~800 倍液、73%的克螨特乳油 2000 倍~4000 倍液轮换使用。
氟氯菊酯（天王星）、青虫菌 6 号、灭幼脲 3 号。	桃小食心虫	2.5%氟氯菊酯(天王星)乳油 1500 倍液、青虫菌 6 号、灭幼脲 3 号 500 倍~1000 倍液喷雾。

DB64

宁 夏 回 族 自 治 区 地 方 标 准

DB 64/ T706—2011

紫叶矮樱栽培技术规程

2011-09-07 发布 　　　　　　　　　　　2011-09-07 实施

宁夏回族自治区质量技术监督局　发布

前 言

本标准的编写格式符合 GB/T1.1-2009《标准化工作导则 第1部分:标准的结构和编写》的要求。

本标准由银川市园林管理局提出。

本标准由宁夏回族自治区林业局归口。

本标准主要起草单位:银川市林业(园林)技术推广站、宁夏大学。

本标准主要起草人:俞晓艳、徐庆林、张光弟、龚玉梅、齐建国、廉用奇、钟建元、崔新琴、王建国、吴立卫、李澜、冯晓容、庞亚平。

紫叶矮樱栽培技术规程

1 范围

本标准规定了紫叶矮樱栽培技术的术语和定义、气候与土壤条件、育苗及栽植。

本标准适用于宁夏引黄灌区紫叶矮樱栽培生产的全过程。

2 规范性引用文件

下列文件对于本文件的应用是必不可少的。凡是注日期的引用文件,仅所注日期的版本适用于本文件。凡是不注日期的引用文件,其最新版本(包括所有的修改单)适用于本文件。

GB2772 林木种子检验规程

GB/T6001-1985 育苗技术规程

GB/T14175-1993 林木引种

CJ/T23-1999 城市园林苗圃育苗技术规程

LY1000-1991 容器育苗技术

植物检疫条例(1983 年 1 月 3 日国务院发布)

3 术语和定义

下列术语和定义适用于本标准。

3.1 紫叶矮樱

蔷薇科李属落叶灌木或小乔木。株高 1.8m~2.5m,冠幅 1.5m~2.5m,枝条幼时紫褐色,无毛,老枝有皮孔,分布于整个枝条。单叶互生,叶长卵形或卵状长椭圆形,长 4cm~8cm,先端渐尖,叶基部广楔形,中部较渐宽,叶缘有不整齐的细钝齿,叶紫红色或深紫红色。当年生枝条木质部红色。花单生,中等偏小,淡粉红色,花瓣 5 片,微香,单雌蕊,雄蕊多数,花期 4 月~5 月,花后无果。

4 气候与土壤条件

4.1 气候条件

适宜在宁夏引黄灌区各市县公园、绿地、居住区、庭院栽培。适于本地日平均气温≥5℃,积温 3623.5℃,无霜期 140d 以上,冬季绝对最低气温>-29℃的地区栽培。

4.2 土壤条件

紫叶矮樱在 pH7.2~8.5,含盐量≤2.4g/kg 的沙土、沙壤土、壤土生长良好。

5 育苗

5.1 砧木选择

砧木选用山杏、山桃等,种子检疫依据 GB2772、引种依据 GB/T14175-1993、砧木育苗依据 GB/T6001-1985 执行。

5.2 砧木粗度

一年生苗砧木粗度达到 0.5cm 以上即可嫁接,砧木高接接口粗度 1.0cm~5.0cm 较好,>5.0cm 需多头高接。

5.3 接穗

生长季芽接选择半木质化可离皮的无病虫害紫叶矮樱接穗,休眠种条需在温度 0℃~3℃,湿度 60%~70%的冷室中沙藏备用。

5.4 嫁接

春季带木质部嵌芽接、插皮接及劈接;7 月下旬至 8 月上旬采用"T"型芽接。

5.5 接后管理

成活后及时除萌、解除绑缚,必要时立杆防止新梢折损;做好土肥水管理。苗木管理依据 GB/T6001-1985、CJ/T23-1999 技术规程进行。

5.6　起苗

起苗前对苗木挂牌标明品种、砧木类型等。起苗前 20d 及时断根，在根茎外 30cm 处垂直开沟，挖至根下端，顺垄采挖，不拔苗，少断根。

5.7　分级

紫叶矮樱种苗质量应为苗龄达到 2 年以上，生长量达到三级以上标准方可采挖移植。裸根苗分级标准见表 1，带土球起苗规格见表 2。

表 1　紫叶矮樱裸根苗分级标准

单位：cm

标准	规格	
	枝条长度	枝条横径
一级	>80	>2.0
二级	80~70	1.5~2.0
三级	60~70	1.0~1.5
不合格苗根茎	<10	<0.5

注：品种纯正、砧木类型正确，地上部枝条健壮、充实，具有一定高度和粗度，芽饱满；根系发达，须根多，断根少，无及机械损伤。

表 2　紫叶矮樱带土球起苗规格

单位：cm

规格（地径）	土球（尺寸）
1.0~2.0	15.0~20.0
2.0~3.0	20.0~30.0
3.0~4.0	30.0~40.0
≥4.0	≥40.0

5.8　种苗检疫

出圃苗木要具备生产许可证、经营许可证、质量合格证、苗木标签，按照《植物检疫条例》（1983 年 1 月 3 日国务院发布）要求，向检验检疫机构报检,办理检疫手续。

5.9 运输

5.9.1 用保湿剂液 300 倍~400 倍,浸泡裸根苗 3min~5min 后取出,略晾干。

5.9.2 长途运输中要遮盖篷布、棚膜,防止失水并注意通风。种苗来不及运输或移栽时,应及时假植。假植方法为潮湿沙土覆盖,不露出根部,假植后适量浇水。

6 栽植

6.1 栽植时间

适宜春季栽植。

6.2 栽植方法

每 666.7m² 施入有机肥 4m³。种苗栽植按株距 50cm、行距 100cm 挖坑定植,定植坑长×宽×深为 30cm×30cm×40cm。

6.3 栽植方法

6.3.1 裸根苗栽植

按设计要求挖定植穴,填上或拌入腐熟的有机肥或复合肥,根据设计密度要求进行栽植。

6.3.2 带土球苗栽植

选择二年生以上苗在早春进行种植,根据苗龄挖定植穴后填上或拌入适量腐熟的有机肥或复合肥,然后再种植。

6.4 栽植后管理

6.4.1 水肥管理

定植当天浇定根水;以后根据栽植土壤含水量状况,选择 1 周或 2 周后再浇 1 次水,灌水后及时松土,以防土壤板结。早春和秋末可浇足浇透返青水和封冻水。雨季及时将树坑内积水排除。

在生长期间隔时间 10d~15d,于上午或傍晚采用 0.3%的磷酸二氢钾叶面追肥 1 次。在早春、初夏各追施 1 次氮、磷、钾复合肥,秋末再施用 1 次腐熟的农家肥。

6.4.2 树形培养

紫叶矮樱树形培养根据设计要求而异。

6.4.2.1 灌木栽植整形修剪方法

早春发芽前,定干高度 50.0cm~80.0cm,定干后剪去剪口下第 1 个二次枝让主芽萌发培养中心领导枝,下部选择 3 个~4 个方位好、角度适宜的二次枝培养,定干高度以下枝条全部疏除。

6.4.2.2 规则式绿篱整形修剪方法

绿篱栽植后先按设计要求定干, 生长至 30.0cm 高时开始修剪。按设计类型 3 次~5 次修剪成雏型。首次修剪后,清除剪下的枝叶,加强肥水管理,待新枝长至 4.0cm 时进行下一次修剪,紫叶矮樱一般间隔 15d~20d 进行修剪,保持图案不失形。中午、雨天、强风、雾天不宜修剪。

6.4.3 越冬管理

新植苗木在第 1 年越冬时,采用树干缠草、根部覆膜及培土,第 2 年采用树干涂白越冬即可。

6.4.4 病虫害防治

紫叶矮樱砧木及生长期主要病虫害防治方法应参照资料性附录 A 执行。

附 录 A

（资料性附录）

紫叶矮樱砧木及生长期主要病虫害防治方法

A.1 紫叶矮樱砧木及生长期主要病虫害防治方法见表 A.1。

表 A.1 紫叶矮樱砧木及生长期主要病虫害发生规律及防治方法

名称	防治对象	使用方法
绿亨 1 号、绿亨 3 号,或移栽灵	立枯病	每 1m³ 用绿亨一号 1.0~1.5g,兑水 1.0~2kg,灌根
阿米西达	褐斑病	1500 倍液，每次喷药的间隔期 10~15d,连喷 2~3 次
辛硫磷微胶囊	苹毛金龟子	25%辛硫磷微胶囊 100 倍液灌根
灭扫利	苹果黄蚜	20%灭扫利 3000 倍喷雾
尼索朗、扫螨净、克螨特	山楂叶螨	5%的尼索朗可湿性粉剂 1000~2000 倍液喷雾、25%的扫螨净 600 倍~800 倍液、73%的克螨特乳油 2000 倍~4000 倍液轮换使用
氟氯菊酯（天王星）、青虫菌 6 号、灭幼脲 3 号	桃小食心虫	2.5%氟氯菊酯(天王星)乳油 1500 倍液、青虫菌 6 号、灭幼脲 3 号 500 倍~1000 倍液喷雾

DB64

宁 夏 回 族 自 治 区 地 方 标 准

DB 64/ T703—2011

景观柰 –29 栽培技术规程

2011–09–07 发布   2011–09–07 实施

宁夏回族自治区质量技术监督局   发布

前　言

本标准的编写格式符合 GB/T1.1–2009《标准化工作导则　第1部分：标准的结构和编写》的要求。

本标准由银川市园林管理局提出。

本标准由宁夏回族自治区林业局归口。

本标准主要起草单位：宁夏大学、银川市林业（园林）技术推广站。

本标准主要起草人：张光弟、王达娅、俞晓艳、徐庆林、齐建国、钟建元、廉用奇、王建国、冯晓容、吴立卫、庞亚平、徐桂花、裴仙娥、田耘。

景观奈–29 栽培技术规程

1 范围

本标准规定了景观奈–29 栽培技术的术语和定义、气候与土壤条件、育苗及栽植。

本标准适用于宁夏引黄灌区景观奈–29 栽培生产的全过程。

2 规范性引用文件

下列文件对于本文件的应用是必不可少的。凡是注日期的引用文件,仅所注日期的版本适用于本文件。凡是不注日期的引用文件,其最新版本(包括所有的修改单)适用于本文件。

GB2772 林木种子检验规程

GB9847 苹果苗木

GB/T6001–1985 育苗技术规程

GB/T14175–1993 林木引种

CJ/23–1999 城市园林苗圃育苗技术规程

植物检疫条例(1983 年 1 月 3 日国务院发布)

3 术语与定义

下例术语和定义适用于本标准。

3.1 景观奈–29

蔷薇科 N 系苹果矮化砧木之一,属于真正苹果组苹果系楸子类型山东楸子中崂山奈子的选拔优系。景观奈–29 为落叶小乔木,树高 3.0m,冠幅 2.0m;发枝力强,枝条春夏绿色,秋冬淡黄色,春、夏、秋季叶色绿。花期 4 月初至 5 上旬,花瓣初期色泽浅粉至红色白;春、夏季果实为宝石绿,初秋至成熟果实金黄色,平均单果重约 50g~70g。树休喜光,较耐寒,适应性强。

4　气候与土壤条件

4.1　气候条件

适宜在宁夏引黄灌区各市县公园、绿地、居住区、庭院栽培;适生条件为本地绝对气温 > -29℃以上,≥5℃活动积温 3245.6℃以上,无霜期 140d 以上,年日照时数 2866h 以上均能生长。

4.2　土壤条件

景观奈-29 适应性强,在 pH 为 7.2~8.2,含盐量≤2.15g/kg 的沙、壤土中均能正常生长。

5　育苗

5.1　砧木选择

砧木采用新疆野苹果、八棱海棠、西府海棠等,其种子检疫依据 GB2772、引种依据 GB/T14175-1993 进行。

5.2　砧木的粗度

砧木接口粗度为 0.5cm~2.0cm。

5.3　接穗

生长季芽接选择半木质化可离皮的无病虫害景观奈-29 接穗,休眠种条需在适宜环境贮藏备用。

5.4　嫁接方法与时间

春季带木质芽接、插皮接或劈接,7 月下旬至 8 月上旬采用"T"芽接。

5.5　嫁接苗管理

成活后及时除萌、解除绑缚,必要时立杆防止新梢折损;做好土肥水管理。苗木管理依据 GB9847、GB/T6001-1985、CJ/23-1999 技术规程进行。

5.6　起苗

起苗前对苗木挂牌标明品种、砧木类型等。起苗前 20d 及时断根。在根茎外 30cm 处垂直开沟,挖至根下端,顺垄采挖,不拨苗,少断根。

5.7 分级

根据高接苗木相关指标进行分级,景观奈-29 嫁接苗分级标准见表 1。

表 1 景观奈-29 嫁接苗分级标准

分级	规格	
	嫁接高度(cm)	嫁接口愈合度(%)
一级	>81	≥85
二级	50~80	75~84
三级	<50	50~74
不合格苗	根茎长度<10	地径<0.5cm

注:品种纯正、砧木类型正确,地上部枝条健壮、充实,具有一定高度和粗度,芽饱满;根系

5.8 种苗检疫

出圃苗木要具备生产许可证、经营许可证、质量合格证、苗木标签,按照《植物检疫条例》(1983 年 1 月 3 日国务院发布)要求,向检验检疫机构报检,办理检疫手续。

5.9 运输

5.9.1 用保湿剂液 300 倍~400 倍,浸泡裸根苗 3min~5min 后取出,略晾干。

5.9.2 长途运输中要遮盖篷布、棚膜,防止失水并注意通风。种苗来不及运输或移栽时,应及时假植。假植方法为潮湿沙土覆盖,不露出根部,假植后适量浇水。

6 栽植

6.1 栽植时间

适宜春季栽植。

6.2 栽植方法

每 666.7m² 施入有机肥 4m³。种苗栽植按株距 50cm、行距 100cm 挖坑定植,定植坑长×宽×深为 30cm×30cm×40cm。

6.3 栽植后管理

6.3.1 水肥管理

6.3.1.1 定植当天浇定根水;以后根据栽植土壤含水量状况,选择 1 周或 2 周后再浇 1 次水,灌水后及时松土,以防土壤板结。早春和秋末可浇足浇透返青水和封冻水。雨季及时将树坑内积水排除。

6.3.1.2 在生长期间隔时间 10d~15d,于上午或傍晚采用 0.3% 的磷酸二氢钾叶面追肥 1 次。在早春、初夏各追施 1 次氮、磷、钾复合肥,秋末再施用 1 次腐熟的农家肥。

6.3.2 树形培养

参照桃树"杯状开心形"培养树形。

6.3.3 越冬管理

景观柰-29 耐寒,但需要越冬期间预防鼠、兔伤干,主干涂白可以避免。

6.3.4 病虫害防治

景观柰-29 生长期主要病虫害防治应参照附录 A 执行。注意与桧柏的栽植距离 500m 以上,预防苹-桧锈病的发生。

附　录　A

（资料性附录）

景观奈–29生长期主要病虫害防治方法

A.1　景观奈–29生长期主要病虫害防治方法见表A.1。

表A.1　景观奈–29生长期主要病虫害防治方法

名称	防治对象	使用方法
绿亨 1 号、绿亨 3 号，或移栽灵	立枯病	每 1m³ 用绿亨 1 号等 1g~1.5g，对水 1kg~2kg，灌根。
阿米西达	褐斑病	1500 倍液，每次喷药的间隔期 10d~15d，连喷 2 次~3 次。
辛硫磷微胶囊	苹毛金龟子	25%辛硫磷微胶囊 100 倍液灌根
灭扫利	苹果黄蚜	20%灭扫利 3000 倍，喷雾
尼索朗、扫螨净、克螨特	山楂叶螨	5%的尼索朗可湿性粉剂 1000 倍~2000 倍液喷雾、25%的扫螨净 600 倍~800 倍液、73%的克螨特乳油 2000 倍~4000 倍液轮换使用
氟氯菊酯（天王星）、青虫菌 6 号、灭幼脲 3 号	桃小食心虫	2.5%氟氯菊酯(天王星)乳油 1500 倍液、青虫菌 6 号、灭幼脲 3 号 500 倍~1000 倍液喷雾。

参考文献

[1]袁涛.彩叶植物漫谈[J].植物杂志,2001,(5):12~13.

[2]董俊岚.绿化与生活[J].2005,119,(1).

[3]王艳,人吉君,将云仙.佛山市顺德区彩叶植物在园林上应用调查研究初报[M]//中国园艺学会观赏园艺专业委员会,张启祥主编.中国观赏园艺研究进展2005:519~523.

[4]吕福梅,沈向,王东生,等.紫叶矮樱叶片色素性质及其光合特性研究[J].中国农学通报,2005,21,(2):225~228.

[5]鞠志国.苹果果实中酚类物质与虎皮病的关系[J].果树科学,1990,7(4).

[6]赵宗方,谢嘉宝,吴桂法,等.富士苹果果皮花青素的相关因素分析[J].果树科学,1992,(9):134~137.

[7]俞晓艳,张光弟,等.宁夏常见花卉品种无土栽培技术的研究[J].北方园艺,2002,(6):36~37.

[8]朱士吾.花卉无土栽培[M].北京:中国农业出版社,1989.

[9]罗新建,张瑞,罗颖,郭庆华.5种接骨木嫩林扦插技术研究[J].河南农业科技,2012,32,(3).

[10]王国良,闫小红.IBA与人工复合基质对11个黄花黄叶树种扦插生根的影响与分析[J].江苏林业科技,2005(8):12~16.

[11]许晓尚,童丽丽.垂丝海棠扦插生根过程的科学研究[J].安徽农

业,2006,34,(19):4889~4891.

[12]梁玉堂,龙庄如.树木营养繁殖与技术[M].北京,中国林业出版社,1993.

[13]Adventitious root formation in bean hypocotyls cutting in relation to IAA translocation and hypocotyls anatomy[J].J.EXP.Bot.30.1979.

[14]郑州果树研究所.矮化砧苹果苗木繁殖技术[M].1978.

[15]唐前瑞,陈友云,周朴华.红花檵木花色素苷稳定性及叶片细胞液 pH 值变化的研究[J].湖南林业科技,2003,30(4):24~25.

[16]汤章城.植物抗逆性生理生化研究的某些进展[J].植物生理学报,1991,27,(2):146~148.

[17]宋云,等.不同光质下生长的满江红叶绿体和共生者满江红鱼腥藻的吸收光谱和荧光光谱的研究[J].植物生理学报,1983,9(1):69~75.

[18]Arehur M , Smith Y . Light treatment and color development of apple skin[J]. Ame. J. Bot,1964, 51:27~30.

[19]张启翔,吴静,周肖红,罗成.彩叶植物资源及其在园林中的应用[J].北京林业大学学报,1998,20, (4):126~127.

[20]Drumm –Her –rely (Drumm –Herrel H. Blue/UV light effects on anthocyanin synthesis [J]. In;Senger H (ed). Blue Light Effects in Biological Systems. Berlin: Spinger–Verlag,1984:375~383.

[21]Tusda T,Shiga K,Ohshima K et al. Inhibition of lipid peroxidation and the active oxygen radical scavenging effect of anthocyanin pigments isolated from Phaseolus vulgaris L[J]. Biochem Pharmacol. 1996. 52:1033~1039.

[22]程海燕,李德红. 光、糖与激素影响植物花色素苷合成与积累的研究进展(综述)[J]. 亚热带植物科学,2010,39,(3):82~86.

[23]于景华,唐中华,祖元刚.喜树高温和干旱逆境生态适应分子机理[M].科学出版社,2007:31~32.

[24]吴冰洁,石雷,吴玉厚,等.中华红叶杨叶片生长过程中的光合及气孔特性研究[J].安徽农业科学,2010,38(9):4525~4528.

[25]王建华,任士福,史宝胜.遮荫对连翘光合特性和叶绿素荧光参数的影响[J].生态学报,2011,31,(7):1811~1817.

[26]王瑞,丁爱萍,杜林峰,等.遮荫对12种阴生园林植物光合特性的影响[J].2010,29(3):369~374.

[27]Herold A. Regulation of photosynthesis by sink activity–the missing link[J].New Phytologist,1980,86:131~134.

[28]Nii N. Changes of starch and Sorbitol in leaves before and after removal of fruits from peach trees[J].Ann.Bot.,1977,79:139~144.

[29]朱亚静,等.果实的有无对桃叶片净光合效率及相关生理反应的影响[J].园艺学报,2005,32,(1):11~14.

[30]马丽,等.果实花色等合成激素调控的研究进展[J]北方园艺,2006,(3): 42~43.

[31]David W. Regulation of flower pigmentation and growth: multiple signaling pathways control anthocyanin synthesis in expanding petals[J]. Physiol Plant,2000:110,152~157.

[32]聂庆娟,史宝胜,孟朝,刘冬云,娄丽娜.不同叶色红栌叶片中色素含量、酶活性及内含物差异的研究 [J].植物研究,2008,28(5):509~602.

[33]潘增光,等.苹果果实花青素形成与乙烯释放的关系[J].植物生理学通讯,1995,31,(5): 338~340.

[34]李明,等.脱落酸(ABA)对苹果果实着色相关物质变化的影响[J].沈阳农业大学学报,2005,36,(2):189~193.

[35]阮成江,何祯祥,周长芳.植物分子生态学[M].化学工业出版社,2005,3:185~199.

[36]Grace S, Logan BA, Keller A et al. Acclimation of leaf antioxidant systems to light stress[J]. Plant Physioh,1995,108:36.

[37]宋庆安,童方平,易霭琴.几种乡土树种光合生理特性研究[J].湖北林业科技,2007,34,(3):9~12.

[38]庄猛,姜卫兵,花国平,曹晶,李刚.金边黄杨与大叶黄杨光合特性的比较[J].植物生理学通讯,2006,42,(1):39~42.

[39]李红秋,刘石军.光强度和光照时间对色叶树种叶色变化的影响[J].植物研究,1998,18,(2):194~205.

[40]张斌斌,姜卫兵,翁忙玲,韩键.遮荫对红叶桃叶片光合生理的影响[J].园艺学报,2010,37,(8):1287~1294.

[41]Stamps R H. effects of shade level all fertilizer rate on yield and vase life of Aspidistea elatior "Variegata" leaves[J]. Journal of Environmental Horticulture,1995,13,(3):137~139.

[42]光照强度对彩叶植物元宝枫叶色表达的影响[J].山西农业大学学报(自然科学版),2009,29(1).

[43]刘红军,刘石军.光强度和光照时间对色叶树叶色变化的影响.植物研究,1998,18,(2):194~204.

[44]Dong YH, Beuning L, Davies K, Mitra D, Morris B, Koot-stra A (1998). Expression of pigmentation genes and photo-regulation of anthocyanin biosynthesis in developing Royal Gala apple flowers[J]. Aust J Plant Physiol. 1998,25:245~252.

[45]Chalker-Scott L. Environmental significance of an-thocyanins in plant stress responses[J]. Photochem Photo-bio,1999,170:1~9.

[46]Guo J, Han W, Wang MH. Ultraviolet and environmental stresses

involved in the induction and regulation of anthocyanin biosynthesis: a review[J]. Afr J. Biotechnol, 2008, 7: 4966~4972.

[47]MoscoviciS, Moalem-BenoD, WeissD. Leaf-mediated light responses in Petunia flowers[J]. Plant Physiol, 1996, 110: 1275~1282.

[48]刘明, 赵琦, 工小著, 赵玉锦, 童哲. 植物的光受体及其调控机制的研究[J]. 生物学通报, 2005, 40: 10.

[49]马月萍, 戴思兰. 高等植物成花分子机理的研究进展[J]. 分子植物育种, 2007, 5: 21~28.

[50]童哲. 光形态建成[J]. 植物生理生化进展, 1987,(5): 98~104.

[51]费芳, 王慧颖, 唐前瑞. 不同湿度对红花檵木叶色影响试验[J]. 南华大学学报(自然科学版), 2008, 22,(1).

[52]王立新, 田丽. 两种彩叶植物光合特性的研究[J]. 安徽农业科学, 2010, 38,(2): 715~717.

[53]陈磊, 潘青华, 金洪温. 温度对紫叶黄栌光合特性变化的影响[J]. 中国农学通报, 2008,(6).

[54]Shaked-Sachray L, Weiss D, Reuveni M, Nissim-Levi A, Oren-Shamir M. Increased anthocyanin accumulation in aster flowers at elevated temperatures due to magnesium treatment. Physiol Plant, (2002), 114: 559~565.

[55]Nemat-Alla MM, Younis ME. Herbicide effects on phenolic metablism in maize (Zea mavs L.)and soybean (Glvcine max L.) seedlings[J]. J Exp Bot, 1995, 46: 1731~1736.

[56]Toyama-Kato et al., Toyama-Kato Y, Yoshida K, Fujimori E, Haraguchi H, Shimizu Y, Kondo T. Analysis of metal elements of hydrangea sepals at various growing stages by ICP-AE S [J]. Biochem Eng J, 2003, 14: 237~241.

[57]徐清炳,戴思兰.蓝色花卉分子育种[J].分子植物育种.2004,2: 93~99.

[58]Shaked-Sachray L, Weiss D, Reuveni M, Nissim-Levi A, Oren-Shamir M. Increased anthocyanin accumulation in aster flowers at elevated temperatures due to magnesium treatment[J]. Physiol Plant, 2002,114:559~565.

[59]孙明霞,工宝增,范海,赵可夫.叶片中的花色素什及其对植物适应环境的意义[J].植物生理学通讯,2003,39:688~694.

[60]张斌斌,姜卫兵,翁忙玲,韩键.遮荫对红叶桃叶片光合生理的影响[J].园艺学报,2010,37(8):1287~1294.

[61]庄猛,等.紫叶李与红美丽李(绿叶)光合特性的比较[J].江苏农业学报,2006,22,(2):154~158.

[62]贾虎森,李得全,韩亚琴.高等植物光合作用的光抑制研究进展[J].植物学通报,2000, 17 (3):218~224.

[63]张光弟,俞晓艳,徐庆林,等.观花、观果型苹果矮化砧 B_9、N_{29} 的引种表现[J].宁夏农林科技,2005,(6).

[64]Roy C.Rom and Robort F.Carlson Rootstocks for Fruit Crops[M]. US. .Jhon Wiley & Sons,Inc.1987:108~140.

[65]杨进.中国苹果砧木资源[M].济南:山东科学技术出版社,1990: 25~26.

[66]Czynczyk,A.,and T.Houbowicz. Hardy,productive apple tree rootstocks in Poland[J],Compact Fruit Tree,1984:17, 19~31.

[67]张光弟、俞晓艳、徐庆林,等.观花、观果型苹果矮化砧 B_9、N_{29} 的引种表现[J]. 宁夏农林科技,2005,(6).

[68]刘飞虎 ,梁雪妮,刘小莉.四种野生报春花光合作用特性的比较[J],园艺学报,2004,31(4):482~486.

[69]王中英.矮化苹果树营养生理[M].北京.中国农业出版社,1996:11,2~16.

[70]张继亮,孙海伟,马玉敏,等.土壤干旱条件下板栗品种光合指标的差异性与耐寒力分析[J].河北果树,2004,19(4):330~333.

[71]许大全.光合作用效率[M].上海.上海科学技术出版社,2002:192.

[72]沈允钢,施教耐,许大全.动态光合作用[M].北京.北京科学出版社,1998:130~134.

[73]吕忠恕.果树生理[M].上海:上海科技出版社,1984:32~33.

[74]李作文,王玉晶.东北地区观赏树木图谱[M].沈阳:辽宁人民出版社,1999:199.

[75]张颖文,张颖杰,贾文枕.金焰绣线菊的繁殖栽培技术[J].中国林业特产,2008,(5):59~60.

[76]陈勇,李芳东,廖结波,等.深圳市生态风景林彩叶植物资源调查[J].中南林业科技大学学报,2012,32(8):12~17.

[77]胡静,杨树华,杨礼攀.宫胁法原理、步骤及其在滇西北地区植被恢复中的应用[J].云南林业科技,2003,(2):35~37.

[78]王希华,陈小勇.宫胁法在建设上海城市生态环境中的应用[J].上海环境科学,1999,(2):100~101.

[79]甘德欣,王明群,龙岳林,等.3种彩叶植物光合特性研究[J].湖南农业大学学报(自然科学版),2006,(6).